工业生产实习

主编　蔡安江　张　丽　阮晓光

机 械 工 业 出 版 社

本书以我国企业的工业生产为素材，资料翔实，具有典型性、科学性、实践性和先进性。全书分为四篇共十三章，内容包括：绪论、生产实习基本知识、典型零件机械加工、齿轮加工、数控加工、装配与拆卸、工程材料与热处理、铸造、锻造与冲压、焊接、智能制造技术概论、制造过程的智能制造技术和智能制造装备。全书采用现行国家标准和名词术语，力求简明扼要、内容实用、图文并茂、便于自学，强调对学生工程实践能力、工程素质和创新思维的培养。

本书是高等学校工科类专业本、专科学生生产实习的基本教材，也可供工程技术人员参考。

图书在版编目（CIP）数据

工业生产实习 / 蔡安江，张丽，阮晓光主编 .—北京：机械工业出版社，2021.6（2025.1 重印）
ISBN 978-7-111-68230-1

Ⅰ.①工… Ⅱ.①蔡… ②张… ③阮… Ⅲ.①工业生产－实习 Ⅳ.① T-45

中国版本图书馆 CIP 数据核字（2021）第 091343 号

机械工业出版社（北京市百万庄大街 22 号 邮政编码 100037）
策划编辑：陈玉芝 责任编辑：陈玉芝 王 博
责任校对：张 薇 封面设计：张 静
责任印制：郜 敏
北京富资园科技发展有限公司印刷
2025 年 1 月第 1 版第 2 次印刷
184mm × 260mm · 14 印张 · 333 千字
标准书号：ISBN 978-7-111-68230-1
定价：49.80 元

电话服务
客服电话：010-88361066
010-88379833
010-68326294

网络服务
机 工 官 网：www.cmpbook.com
机 工 官 博：weibo.com/cmp1952
金 书 网：www.golden-book.com
机工教育服务网：www.cmpedu.com

前　言 FOREWORD

本书是为适应我国高等工程教育教学改革，加强对学生工程实践能力、工程素质和创新思维的培养，根据教育部普通高等学校生产实习教学的基本要求，结合“卓越工程师教育培养计划”的实施及“工程教育专业认证”的需求，在认真总结多年生产实习教学经验的基础上，结合科技发展、工业企业的生产实际编写而成的。

本书取材于我国工业重镇、千年古都洛阳的工业企业，针对性强。本书在内容安排上，紧扣工业企业生产现场，突出并融合了工程技术领域应用较多的新材料、新工艺、新设备和新技术；理论阐述上，力求少而精，突出重点的同时注重典型性和系统性，注重理论知识在工业企业生产中的应用。书中全面采用现行国家标准的计量单位、名词术语、材料牌号等，力求做到简明扼要、内容实用、图文并茂、便于自学，强调对学生工程实践能力、工程素质、创新思维的培养。

本书由西安建筑科技大学、洛阳东方教育科技有限公司联合组织编写，蔡安江、张丽和阮晓光担任主编。西安建筑科技大学蔡安江编写第三章的第一、二、五节以及第七章，阮晓光编写第八章、第九章、第十章，郭师虹编写第五章、第十一章、第十三章，林红编写第四章、第六章，李冀编写第三章的第三、四节；洛阳东方教育科技有限公司张丽、靳夏元琛编写第一章；西安航空学院蔡其聪编写第二章、第十二章。蔡安江负责全书的统稿、定稿，郭师虹负责书中图形的计算机绘制、处理，蔡安江、阮晓光负责校稿。

本书在编写和审稿过程中，得到了学校各有关单位及相关高校、企业的大力支持和帮助。本书的编写参考并选用了近几年来国内出版的有关教材、论著和手册，已在书后的参考文献中列出，特在此表示诚挚的谢意。

由于编者水平有限，书中难免存在疏漏及不足之处，敬请学界同仁及广大读者批评指正。

编　者

目　录 CONTENTS

第三篇 材料成形生产实习

第四篇 智能制造技术实习

第一篇　基本知识

第一章　绪　　论

第一节　生产实习的目的与要求

生产实习是高等工科学校重要的实践性教学环节，是学生强化工程意识，获得工程实践知识，培养工程实践能力、创新精神的主要教育形式，是学生接触工业企业获得工业生产技术及管理知识，进行工业生产一线工程师基本素质训练的必要途径。

一、生产实习的目的

1）加深对所学专业在工业中所处的门类、地位和作用的认识，巩固专业思想，强化工程意识，培养事业心、责任心和务实精神。

2）了解和掌握本专业基本的工业生产实践知识，印证和巩固已学过的专业基础课与部分专业课，并为后续专业课的学习、课程设计和毕业设计打下良好的基础。

3）通过工业企业生产现场对机械产品从原材料到成品生产过程的学习和分析，了解专业的国内外科技发展水平和现状，开阔专业视野，拓宽专业知识面，丰富工程实践知识。

4）熟悉工业企业生产技术、安全技术，培养在工业生产实践中调查研究、观察问题的能力，以及理论联系实际，运用知识分析问题、解决工程实际问题的能力，进行工业企业生产一线工程师的基本训练。

5）增强劳动观念、集体观念和组织纪律性，树立经济观点和质量意识，培养吃苦奉献、对工作认真负责的敬业精神。

二、生产实习的要求

1）掌握工业企业产品制造的一般过程和基本知识。

2）熟悉工程语言、工艺文件，熟练读图等工业企业生产技术文件。

3）分析典型零件的机械加工过程及其所属部件的装配工艺过程。

4）掌握典型零件加工所用设备、工装（夹具、刀具、量具、辅具）的工作原理，结构特点及适用范围。对重点工序的部分专用夹具能分析定位、夹紧，并计算定位误差。

5）掌握工业企业材料成形加工所用设备、工装的工作原理、结构特点及适用范围。

6）分析工业生产现场所制定的各项工艺技术文件对保证产品制造所起的作用及可行性和可靠程度。

7）熟悉工业企业的生产组织、技术管理、质量保证体系等方面的工作及生产安全防护方面的组织措施。

8）了解 CAD/CAM 技术、机电一体化技术、计算机技术、信息技术、现代管理技术等先进制造技术在工业企业生产中的应用。

9）了解工业企业技术改造和新工艺、新技术、新材料的发展与应用状况。

第二节 生产实习的方式与考核

一、生产实习的方式

生产实习是培养学生具备工程师综合素质和基本能力的重要实践教学形式。生产实习的主要方式如下：

1. 专题报告和专题讲座

企业在实习开始时一般指派专门人员做企业概况、产品介绍、生产安全防护等方面的专题报告，使学生初步了解基本生产知识，熟悉企业的生产任务、生产规模、主要产品及性能、开发新产品的计划等方面的情况，明确安全防护、劳动纪律与技术保密规定，保证生产实习安全顺利进行。在生产实习过程中，适时安排一些典型零件的工艺分析、质量管理、刀具设计、设备与技术工作经验介绍等专题讲座，使学生全面了解工业企业的技术管理模式，熟悉一线工程师的基本工作。

2. 教师讲课

为保证学生在专业理论知识不足及对生产实习现场不了解的情况下进行生产实习的效果，教师就专门的工程知识进行讲解是十分必要的。教师主要讲授分析工程问题、认识工程问题的基本原理、基本方法和基本思路，尽量采用生产实习内容，理论联系实际，进一步引导学生深入生产实习现场。

3. 现场实习

现场实习是学生进行生产实习的主要方式，学生应根据规定的生产实习内容认真进行实习。对于重点生产实习的内容要反复深入企业生产现场，仔细观察、认真分析、阅读资料和图样、听取专题讲座、向现场工人和技术人员请教，在弄懂搞透的基础上做好归纳总结。现场实习中，学生应将每天的实习内容、现场观察分析的结果、收集的有关资料、所听报告的内容等均记入实习日记。实习日记是检查和考核生产实习单元成绩的重要依据之一。

4. 参观实习

参观实习是整个工业生产实习中的重要环节。教师应根据教学需要组织学生参观相关工业企业，重点了解不同生产类型工业企业的生产特点、设备及工艺装备，以开阔学生的工程视野。

5. 阅读生产实习教材和现场图样资料

生产实习教材是学生生产实习过程中进行预习、复习和自学的主要资料，是检查学生实习效果的标准和依据。它的内容紧密结合生产实习的具体要求，通过工业企业生产现场的工艺实例教给学生分析问题的思路和方法，帮助学生尽快地熟悉工业企业生产现场，深入了解和分析企业生产现场，从而主动、积极地去实习。因此，教师应根据工业企业生产实习点的不同指定阅读工业生产实习教材的相应内容，学生必须按要求认真学习。

现场图样资料和工艺文件是企业生产现场直接用于指导生产的技术性文件，也是学生应该学习的重要“实践知识”，认真阅读这些资料文件是深入生产实习的重要条件。

6. 作业与实习报告

教师应根据现场生产实习内容布置一定的作业，要求学生完全弄懂与生产实习有关的思考题。每个生产实习单元结束时应交一次作业，作为考核生产实习单元成绩的重要依据之一。

生产实习报告是生产实习结束后，按一定的要求和形式写出生产实习总结和体会，它是考核生产实习成绩和生产实习效果的重要依据。

二、生产实习考核

生产实习考核是生产实习的重要教学环节，对提高生产实习质量起着十分重要的作用。生产实习的考核可按下面内容进行评定：

（1）平时表现　平时表现包括生产实习态度、组织纪律和生产实习单元的考核。其中生产实习单元的考核主要是检查生产实习日记和作业的完成情况。

（2）生产实习报告　按提纲要求撰写生产实习报告。考核主要是根据生产实习报告的质量进行的。

生产实习报告的提纲如下：

1）全面、详细地对工业企业生产实习过程进行概述性总结。

2）完成指定零件加工工艺规程的编制，主要包括零件加工工艺规程的设计及加工工艺卡片的编写。

3）完成典型零件重点工序的工艺分析（由指导教师指定），主要包括分析加工方法及工艺特点；用六点定位原理进行定位、夹紧及定位误差的分析；加工精度和加工质量的分析。

4）生产实习体会。通过现场实习和参观实习，写出收获和体会，并对本次生产实习提出建设性的意见。

生产实习报告要求简明扼要、语言通顺、内容充实、层次分明、图文并茂、重点分析突出，并按规定时间完成。

（3）生产实习内容的考试　考试主要包括生产实习内容的理论考试（笔试）和生产实习现场内容及相关内容的考核（口试）。

在上述考核中，平时表现一般占总考核成绩的40%，生产实习报告一般占总考核成绩的40%，生产实习内容的考试一般占总考核成绩的20%。这种考核方式可以促使学生重视平时生产实习的各个环节，保证生产实习的顺利进行。生产实习日记可以系统检查生产实习的要求与目的是否达到；生产实习报告可以系统检查学生对实习内容的掌握情况，进一步深化生产实习，提高生产实习成效。同时，教师也可以从生产实习报告中发现生产实习指导中的不足，有利于完善今后的生产实习指导。

第三节　生产实习的管理与指导

一、生产实习管理

生产实习管理是保持良好的生产实习秩序，有计划、按步骤进行生产实习的重要保证，是提高生产实习教学质量的基础。因此，生产实习必须严格管理，不断探索生产实习管理的新办法、新途径。

搞好生产实习管理除了增强指导教师的责任感和事业心及制订详细具体的管理措施外，最重要的是严明生产实习纪律，它是生产实习顺利进行的保证，也是保障生产实习安全的一项必要措施，学生在生产实习的全过程中必须无条件地遵守生产实习纪律。生产实习纪律主要归纳如下：

1）生产实习前必须学习生产实习企业的安全规则和各项制度，严格遵守生产实习企业的一切规章制度，主要有上下班制度、门卫制度、技术安全制度、卫生制度和作息制度等。

2）生产实习时必须按规定穿好工作服，戴好工作帽，长发要放入帽内。不得穿凉鞋、拖鞋、高跟鞋、短裤或裙子参加实习。生产实习时必须按工种要求戴防护用品。

3）生产实习时必须精神集中，不准与别人闲谈、阅读书刊和收听音乐等，不准在生产实习现场追逐、打闹、喧哗。

4）生产实习中严禁私自动用机床或其他工艺设备，未经许可严禁用手触摸任何工件。

5）生产实习中不准在起重机吊物运行路线上行走和停留。

6）爱护生产实习企业的财产，如有损坏照价赔偿。

7）说话文明，举止礼貌，尊敬师傅、工程技术人员和管理人员。

8）参观实习时，必须服从组织安排，注意听讲，不得随意走动。

9）生产实习期间，在授课、讲座或报告时，不得迟到、早退，严禁旷课现象发生。

10）生产实习期间，确因身体原因需休息者，必须向指导教师请假。

11）生产实习期间，严禁在生产实习企业内和公共场所吸烟，严禁打架、斗殴、酗酒等不良情形发生，一旦发生，必须给予严厉处分。

生产实习纪律应使学生人人皆知，且应采取强有力的措施，狠抓生产实习纪律的落实和执行。

二、生产实习的指导

生产实习必须加强教师的指导，其原因是学生普遍习惯于教师课堂讲课式地传授理论知识，对于现场生产实习往往在开始阶段会出现畏难情绪，不知如何下手，不会观察、提问题，不会记生产实习笔记，且在生产实习最后阶段不知如何总结、提高。因此，教师的指导工作应贯穿于生产实习的全过程，充分认识其自身在生产实习中的地位和作用，认真细致地搞好生产实习的指导工作。

在生产实习中，教师应按照生产实习教学大纲的要求，经常研究生产实习的指导方法，不断总结指导经验。教师指导生产实习时应注意以下几点。

1. 按生产实习的规律组织生产实习内容

生产实习的内容组织一般是：在生产实习的前阶段多注重生产实习基础知识的学习，比如工艺的基本知识、夹具的定位原理、刀具的结构和机床的构造等，并结合现场实例进行分析、研究，布置一定量的思考题，让学生自觉围绕生产实习内容去搜集资料学习，从而做到主动地去生产实习；在生产实习的中期和后期可安排一定量的技术讲座，有助于生产实习的深入，使理论知识与生产知识紧密地结合起来，理论联系实际，提高生产实习的效果。

2. 现场示例讲解

教师在生产实习中可就现场实例进行详细的分析讲解，学生参与讨论，最后教师总结提高，这样就能极大调动学生学习的积极性，达到培养学生分析问题、解决问题的能力。

3. 专题调研

教师可根据生产实习企业的具体情况在生产实习期间给学生布置一定量的工程题目，使学生始终带着问题实习，可以有效地提高生产实习的质量。

4. 讲究生产实习方法

教师应注重教给学生如何生产实习的方法，在生产实习的各阶段要善于启发、诱导学生，使学生的生产实习步步深入。学生应充分发挥主观能动性和积极性，注意观察、深入调查、悉心研究，并努力做到“六勤”：

（1）眼勤 观察现场，学习有关工艺资料、技术文件和参考书。

（2）耳勤 专心听讲、耐心细致。

（3）手勤 多记笔记，多画工装、设备简图等。

（4）嘴勤 不懂、不明白的问题及时求教。

（5）脑勤 多思考、多分析。

（6）腿勤 不明白的问题，反复去现场观察，找人求解。

实践证明，“六勤”是提高生产实习教学质量的有效方法。

第二章　生产实习基本知识

第一节　工业与生产

一、工业

工业是从自然界取得物质资源和对原材料进行加工、再加工的社会物质生产部门，它决定着国民经济现代化的速度、规模和水平，在国民经济中起着主导作用，是国家财政收入的主要源泉，是国家经济自主、政治独立、国防现代化的根本保证。

工业植根于国民经济之中，为自身和国民经济其他各个部门提供原材料、燃料和动力，为物质文化生活提供工业消费品。工业自身又分为上游产业、中游产业和下游产业，各部门之间存在着密切的联系，各自和整体又有着特定的发展规律。

工业的分类如下：

- 工业
  - 基础工业部门
    - 能源工业
    - 冶金工业与材料工业
    - 化学工业
  - 核心工业部门
    - 机械工业
    - 汽车工业
    - 电子工业及信息产业
  - 应用工业部门
    - 轻工业
    - 建筑业

1. 能源工业

能源是能够产生和提供可控能量的各种资源。能源按加工程度可划分为一次能源（直接源于自然界而没有经过加工或转换的能源）和二次能源（由一次能源经过加工转换为其他种类和形式的能源）。能源工业的重要生产部门有煤炭工业部门、石油工业部门和电力工业部门。

2. 冶金工业

冶金工业是从矿石和其他含金属的原材料中制取金属的工业，包括采矿、选矿、冶炼和加工等。习惯上将金属划分为黑色金属和有色金属。黑色金属主要分为钢、铁和铁合金，有色金属主要分为重金属、轻金属、稀有金属和贵金属。冶金工业主要包括炼铁、炼钢、钢材生产和有色金属工业。

3. 材料工业

材料工业主要包括冶金、加工、建材等行业，它既提供生铁、钢、铁合金、有色金属、水泥、塑料、橡胶、化纤、平板玻璃等传统结构材料和原料，又开发信息功能材料、能源材料和生物材料。

4. 化学工业

化学工业是利用物质发生化学变化的规律，改变物质的结构、成分、形态而进行工业化生产的工业部门。化学工业生产的基本过程是流体输送、传热、蒸发、结晶、蒸馏、吸收、萃取、干燥、过滤和反应等化工单元。化学加工是一个渗透于多行业的基本生产方法，与国民经济中的采掘业、加工工业、动力部门和交通运输部门等有着密不可分的联系。

5. 机械工业

机械工业是制造机械产品的工业部门，又称机械制造业。机械工业一般分类如下：

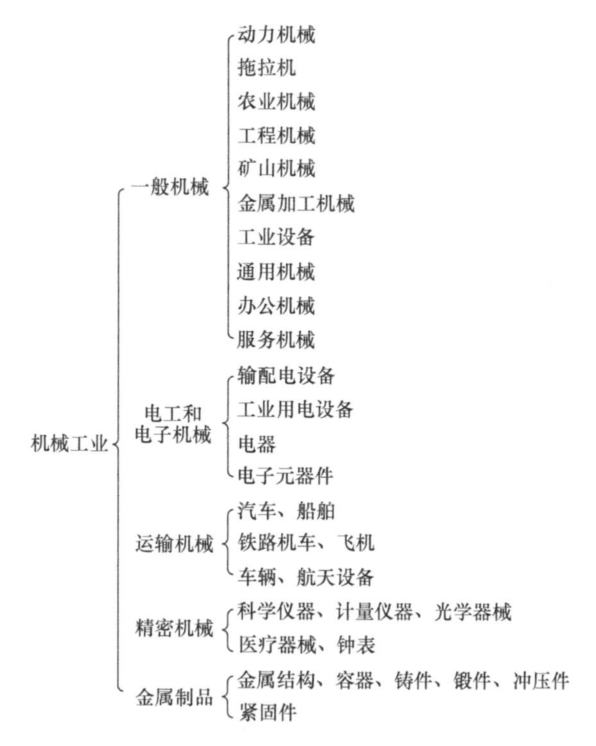

机械工业不仅是科学发现和技术发明转换为现实规模生产力的关键环节，而且已成为为人类提供生活所需物质财富和精神财富的重要基础，是国民经济的支柱产业。社会由低级向高级的发展在很大程度上取决于人类造物活动的水平。

6. 汽车工业

汽车工业是与其他产业关联度最大的产业，涉及钢铁、玻璃、橡胶和塑料等原材料，机床、机械加工、机电零部件及附件，燃油和润滑油供应，以及公路交通、建筑设施和各种消费服务等。汽车工业一般单独划为独立的工业部门，其发展程度是衡量国家工业化水平和科技水准高低的重要标志。

7. 电子工业及信息产业

电子工业的结构为：上游是半导体设备工业，提供制造电子元器件的设备；中游是半导体工业，制造大规模集成电路芯片等电子元器件；下游是电子系统工业，用元器件开发计算机、通信设备等应用系统。电子信息产业主要包括通信与信息服务业、电子信息产品制造业等。

8. 轻工业

轻工业是以消费品生产为主的加工工业，主要包括食品加工业、造纸工业、皮革工业、家具工业、玻璃、陶瓷制品制造等。轻工业承担着改善生活、繁荣市场、支持工业发展、扩大出口创汇和为国家建设积累资金的重要任务。

9. 建筑业

建筑业是从事建筑安装工程的勘察、设计、施工以及对原有建筑物进行维修活动的物质生产部门。建筑业最终提供给社会的产品，一般是已建成并可以投入生产或使用的工厂、矿井、铁路、公路、桥梁、港口、机场、仓库、管线、住宅以及各种公用建筑及设施等。

二、生产

生产是指人们使用工具来制造各种生产资料和生活资料的一种行为。生产活动是人类赖以生存和发展的最基本活动。从系统观点出发，生产可被定义为一个将生产要素转变为生产财富，并创造效益的输入输出系统，如图 2-1 所示。

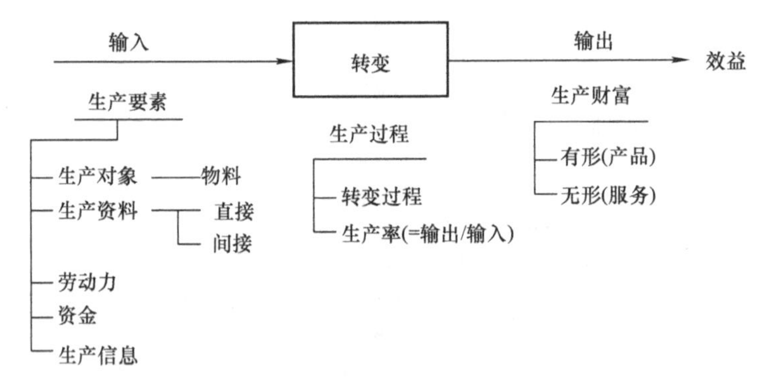

图 2-1 生产的定义

生产系统的输入是生产要素，包括：①作为生产对象的物料；②作为直接生产资料的机器、设备、工具以及作为间接生产资料的厂房、道路等；③作为劳动力的主体人；④资金；⑤作为支持生产活动的信息、情报、知识和方法等。

生产系统的输出是生产财富，包括有形的财富（产品）和无形的财富（服务）。在创造生产财富的同时，必然伴随着一定的经济效益和社会效益的产生。生产财富能够满足人们物质生活和精神生活的需要，促进社会健康发展，但也能给社会带来负面影响，比如对自然生态环境的破坏、各种各样的污染（其中也包括精神污染）等。

生产要素有效地转变成生产财富是十分重要的。生产率是转变过程效率的度量标准，获得尽可能高的生产率，始终是生产企业经营者追求的目标，也是生产企业在激烈的市场竞争中得以生存和发展的重要条件。

生产企业所在领域一般划分为第一产业、第二产业和第三产业。第一产业是指直接利用自然资源的农业、林业、渔业、畜牧业、矿业和石油业等。第二产业是指将第一产业生产的原料转化为产品的产业。制造业属于第二产业的范畴，通常将第二产业中除了建筑业和能源工业以外的其他行业均视为制造业。第三产业是指金融、通信、教育、交通、政府及服务行业等。

第二节　工业技术

工业技术是人类在改造自然的长期生产实践中，不断地发现、探索、结合、积累的基础上产生和发展起来的，是人类共同智慧和劳动的结晶。工业技术主要包括机械、采矿、冶金、土建、石油、化工、轻纺、食品、交通等多门技术，涉及微电子技术、计算机技术、信息技术及材料技术等学科领域。其中，机械及其制造技术是各门技术的基础。

工业技术有着悠久的发展历史，经历了手工业、机器工业、电力工业和现代工业技术等发展阶段。

在古代社会，手工业阶段只是农业的副业，是一个十分漫长，科学技术进展极为缓慢的发展时期，从陶器的出现，到青铜器、铁器冶炼技术的产生，以至用青铜、铁等制造各种工具、器皿、兵器，以及后来陆续出现的简单的机械设备等。在这个时期，科学和技术主要体现在工匠、艺人等的经验技术水平上。

直到 18 世纪英国出现工业革命，尤其是蒸汽机的出现，使原来以手工技术为基础的工场手工业逐步转变为机器大工业，工业才最终从农业中分离出来成为一个独立的物质生产部门。这一时期的工业技术发生了革命性变化，标志着工业技术进入了机器时代。在这个时期，各种类型的机械和简单设备如雨后春笋般地涌现出来，各种机器的动力逐渐由自然力代替了人力，人只需操纵机器，生产力不再受人的体力限制。同时，人们提高了对科学的认识，增强了对自然科学和基础科学等方面的研究和探索，为以后工业技术的进一步发展打下了良好的基础。

随着科学技术的进步，19 世纪末到 20 世纪初，以电力工业为代表的，包括内燃机、新交通工具和通信技术等在内的新技术的出现，使工业技术跨入了电力工业时代，如电灯、电车、电报、电话、电站、电焊机等陆续出现。尤其是内燃机的发明，推动了交通、石油和化学工业的发展，使工业技术进入了一个新的高速发展时期。这一时期，自然科学、基础科学及许多方面的专业技术知识都得到了快速的发展，基础科技与专业技术的有机结合，使许多工业技术趋向于成熟。从 20 世纪 40 年代后期开始，以生产过程自动化为主要特征，采用电子控制的自动化机器和生产线进行生产，改变了生产体系。

从 20 世纪 70 年代后期开始，以计算机技术为主要代表的，包含信息技术、网络工程、生物工程、光导纤维、机器人、微电子技术和纳米技术等在内的现代工业技术的产生，标志着工业技术已进入到了一个全新的发展时期，正在改变着工业生产的基本面貌，在生产技术和管理模式等方面涌现出许多新概念、新思维和新理念，不同的学科之间相互渗透、交汇融合，改变着工业技术，并以其独特的方式应用于产品的设计、加工制造、生产管理、经营管理、检测手段以及售后服务等领域，提高了产品质量，降低了原材料和能源消耗，显著提高了企业的生产效率和经济效益。

进入21世纪以来，随着互联网、物联网、大数据、云计算等新一代信息技术的快速发展及应用，制造业是“互联网+”的主攻方向，而智能制造是新一轮工业革命的核心技术，新一代的信息技术、智能技术正在加速制造业的深度融合，也就是“智能+制造”深度融合，是两化融合（即信息化和工业化融合）的升级。这不是从单一的技术方面影响制造业，而是从研发设计、生产制造、产业形态、商业模式各个方面都给制造业带来深刻的变革。可以说，云计算、大数据、物联网、移动互联等新一代信息技术开启了全新的工业智慧时代；机器人、数字化制造、3D打印等技术的重大突破正在重构工业技术体系；云制造、网络众包、异地协同设计、大规模个性化定制、精准供应链、电子商务等网络协同制造模式正在重塑工业价值链体系，工业技术已从传统的劳动和装备密集型，逐渐向信息、知识和服务密集型转变。

第三节　零件毛坯与自动生产线

一、零件毛坯

1. 零件毛坯的类型

毛坯是指根据零件（或产品）所要求的形状、工艺尺寸等制成的为进一步加工提供的生产对象。毛坯主要通过铸造、锻造、冲压、焊接等工艺方法制成，也可以直接截取各种原材料获得。目前，零件的毛坯主要有以下几种类型：

（1）型材　选用与零件的形状和尺寸相近的型材。轧制的型材组织致密、力学性能较好。

（2）铸件　主要用于受力不大或以承受压应力为主的形状复杂的大中型零件毛坯成形。

（3）锻件　主要用于受重载、动载及复杂载荷的重要零件毛坯成形。

（4）焊接件　主要用于连接各种结构件，尺寸形状不受太大限制，同时常和其他工艺方法组合加工零件毛坯，比如铸－焊、锻－焊、冲压－焊、轧制－焊等。

（5）冲压件　主要用于加工形状复杂、批量较大的板料零件。

（6）冷挤压件　主要用于加工形状简单、尺寸小、批量较大的板料零件。

（7）粉末冶金制件　主要用于零件的大批量生产。

现代工业要求毛坯精化，力求少、无切削加工，因此应采用效率高、质量好、用料省、成本低的新工艺来制造毛坯，比如以精铸件代替锻件，以粉末冶金精锻件代替模锻件，以球墨铸铁件代替铸钢件，以工程塑料件代替金属件等。常用毛坯成形方法的比较见表2-1。

表 2-1　毛坯成形方法的比较

<table>
<tr><th colspan="2">成形方法</th><th>成形原理</th><th>形状控制</th><th>尺寸控制</th><th>结构特点</th></tr>
<tr><td colspan="2">铸造</td><td>熔融金属流动</td><td>铸型</td><td>模样放大，余量收缩</td><td></td></tr>
<tr><td colspan="2">锻造</td><td>固态金属塑性变形</td><td>锻模、操作者技术</td><td>模膛放大，余量收缩</td><td>较简单</td></tr>
<tr><td colspan="2">冲压</td><td>固态金属塑性变形</td><td>冲模</td><td>坯料及冲模尺寸</td><td>可较复杂</td></tr>
<tr><td rowspan="3">焊接</td><td>熔化焊</td><td>再结晶</td><td rowspan="3">焊件及其装配</td><td>焊件尺寸，考虑收缩变形</td><td>尺寸、形状不受限制</td></tr>
<tr><td>压力焊</td><td>塑性变形及原子扩散</td><td>焊件尺寸</td><td>较简单</td></tr>
<tr><td>钎焊</td><td>再结晶及原子扩散</td><td>焊件尺寸</td><td>可特别复杂</td></tr>
</table>

2. 影响毛坯选择的因素

（1）毛坯选择　不同的材料具有完全不同的工艺性能，选择毛坯时应综合考虑以下因素：

1）零件的工作条件及使用性能要求，基本决定了毛坯的种类。

2）零件的结构形式和尺寸大小，基本决定了毛坯的制造工艺方法。

3）零件的生产类型，对毛坯的选择也起着决定性的作用。生产类型与铸造毛坯的选择见表 2-2。

4）零件的非加工面精度和粗糙度也决定毛坯的选择。

5）企业现有设备的条件、技术力量及生产能力，也决定毛坯的选定方案。

6）制造毛坯的工艺方案应选用最佳经济方案。

一般情况下，工业生产中多选用“以铁代钢”“以铸代锻”及“少切削余量、无切削余量精密件”。

表 2-2　生产类型与铸造毛坯的选择

<table>
<tr><th colspan="2" rowspan="2">比较内容</th><th colspan="3">生产类型</th></tr>
<tr><th>单件生产</th><th>成批量生产</th><th>大批量生产</th></tr>
<tr><td colspan="2">产品品种</td><td>多</td><td>不多</td><td>单一</td></tr>
<tr><td colspan="2">同种产品</td><td>少，产品不一定重复</td><td>中等周期性</td><td>多</td></tr>
<tr><td rowspan="3">工件数量 /（件 / 年）</td><td>轻型零件</td><td>＜ 100</td><td>500 ～ 5000</td><td>＞ 50000</td></tr>
<tr><td>中型零件</td><td>＜ 10</td><td>200 ～ 500</td><td>＞ 5000</td></tr>
<tr><td>重型零件</td><td>＜ 5</td><td>100 ～ 300</td><td>＞ 1000</td></tr>
<tr><td colspan="2">毛坯的制造工艺方法</td><td>木模砂型铸造、自由锻、焊接</td><td>金属模砂型铸造、自由锻、模锻</td><td>金属型板机器造型铸造、压铸，以及其他特种铸造、模锻、冲压－焊</td></tr>
</table>

（2）评判依据　评定毛坯设计和选择是否合理的依据如下：

1）适用性。满足零件的使用要求。

2）工艺性。制造过程简单，容易获得优质产品。

3）经济性。生产总成本最低。

3. 常用零件毛坯制造方法的选用

常用机械零件按形状和用途不同，可分为轴类、盘套类、箱体与机架类零件等。零件的结构特征、基本工作条件和受力状态不同，毛坯的成形方法也不同。

（1）轴类零件　轴类零件的结构特点是其轴向（纵向）尺寸远大于径向（横向）尺寸，常采用拔长、滚压、弯曲等工序进行加工。常见的轴类零件有实心轴和空心轴、直轴和弯轴、同心轴和偏心轴以及各类管件、杆件等，如图 2-2 所示。一般轴类零件要求具有高强度、抗扭刚度等性能，有些还要求抗冲击、抗高温氧化等。

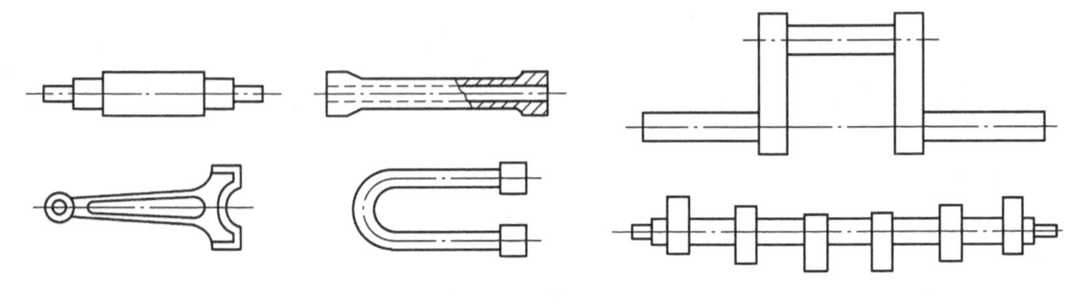

图 2-2　轴类零件

当轴类零件直径不大或变化不大时，一般可选用相应的型材直接进行加工或锻造，然后进行调质处理获得；对于大直径轴类零件，一般采用较大铸钢毛坯，用大型压力机进行自由锻造，形成锻造毛坯件；对于高碳高合金钢的模具类零件，一般采用反复锻压形成毛坯件。在某些情况下，也可采用锻－焊或铸－焊结合的成形方法制造轴类零件。

（2）盘套类零件　盘套类零件的结构特点是其轴向（纵向）尺寸一般小于径向（横向）尺寸，或者两个方向上的尺寸相差不大。常见的盘套类零件有各类齿轮、带轮、飞轮、模具、套环和轴承环等，如图 2-3 所示。盘套类零件在各种机械中有不同的工作条件和使用要求，因此它们所用的材料和毛坯也各不相同。

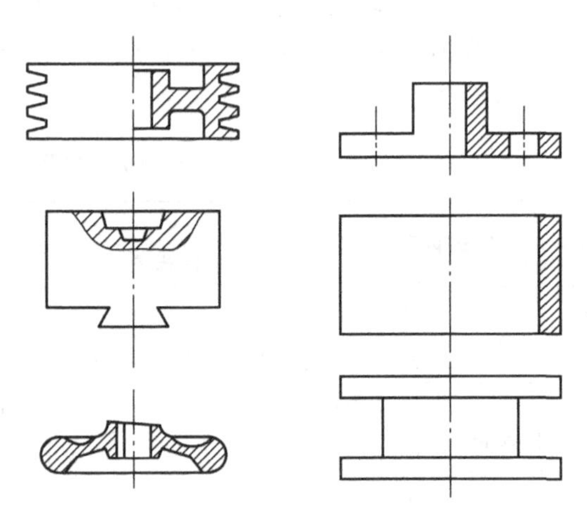

图 2-3　盘套类零件

大批量生产的小型齿轮毛坯一般采用模锻方法制造；小批量生产的小型齿轮毛坯一般可采用冷轧棒料直接进行机械加工，然后进行热处理（齿面表面淬火）或表面改性处理；中型齿轮毛坯一般应选用锻件，其中以大批量生产条件下采用的热轧齿轮性能最好；结构复杂的大型齿轮毛坯可用铸钢或球墨铸铁件，在单件生产的条件下，大型齿轮毛坯也可以用焊接的方式制造。

带轮、飞轮、手轮和垫块等受力不大或承压的零件毛坯通常可采用灰铸铁件，单件生产时也可以采用低碳钢焊接件。

法兰、套环、垫圈等零件毛坯一般根据受力情况及形状、尺寸等，可分别采用铸铁件、锻钢件或圆钢；厚度较小的在单件或小批量生产时，可直接用钢板下料。

各种模具毛坯均采用合金钢锻造。热锻模常用热模具钢，并经淬火和中温回火处理；冲压模常采用冷模具钢，并经淬火和低温回火处理。

（3）箱体与机架类零件 常见的箱体与机架类零件有各种机械的机身、底座、支架、横梁、工作台，以及齿轮箱、轴承座、阀体、泵体等，如图 2-4 所示。该类零件形状较为复杂，特别是带有复杂内腔的结构，最适合于采用铸造毛坯。各类机床的床身、底座、支架等要求具有良好耐压、耐磨和减振性能的零件毛坯一般采用铸铁件；受力复杂或受较大冲击载荷的零件毛坯一般采用铸钢件；单件生产的零件毛坯也可采用焊接件。

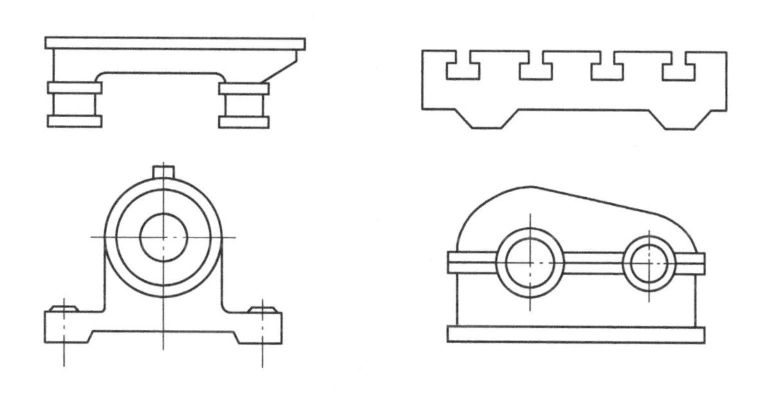

图 2-4 箱体与机架类零件

（4）中大型梁类、柱类、桁架（塔桅）类及板壳类零件 梁类零件一般要求零件具有较高的强度、刚度。常见的梁类零件有中大型起重机梁、钢结构桥梁、大型操作机悬臂梁、车辆的受力中梁等。制造时一般采用各种型材（比如槽钢、异型钢、工字钢等）、轧制板材焊接而成。结构形式一般采用箱型封闭式结构或钢板组焊的开式结构等。

柱类零件一般要求零件具有较高的强度、刚度及抗失稳度。常见的柱类零件有大型操作机立柱、塔吊立柱和架电线用钢结构铁塔、重型压力机立柱、桥梁承力立柱等，制造时一般均采用焊接结构件。

桁架类零件主要由各种型材（比如角钢、工字钢、扁钢等）组焊而成。

板壳类零件一般对强度等常规性能要求不高，但对某些特殊性能（比如气密性、液密性等）要求较高。常见的板壳类零件有储油罐、油箱、储气罐、舰船和导弹壳体等，制造时一般采用先进的焊接工艺（比如埋弧焊、电子束焊、激光焊等）生产。

二、自动生产线

自动生产线是一组用运输机构联系起来的由按既定工艺顺序排列的若干台自动机床（或工位）、工件存放装置以及统一自动控制装置等组成的自动加工系统。在自动生产线的工作过程中，工件以一定的生产节拍，按照工艺顺序自动依次经过各个加工工位进行连续加工，不需要工人直接参与操作，完成预定的加工内容。由于它的加工对象一般是固定不变的，因而大多数自动生产线是专用自动生产线，在汽车、拖拉机、轴承等制造业中广泛使用。

自动生产线由工艺设备系统、工件输送系统、控制监视系统、检测系统和辅助系统等组成，各个系统中又包括各类设备和装置，如图 2-5 所示。由于工件类型、工艺过程和生产率等的不同，自动生产线的结构和布局差异很大，但其基本组成部分都是大致相同的。

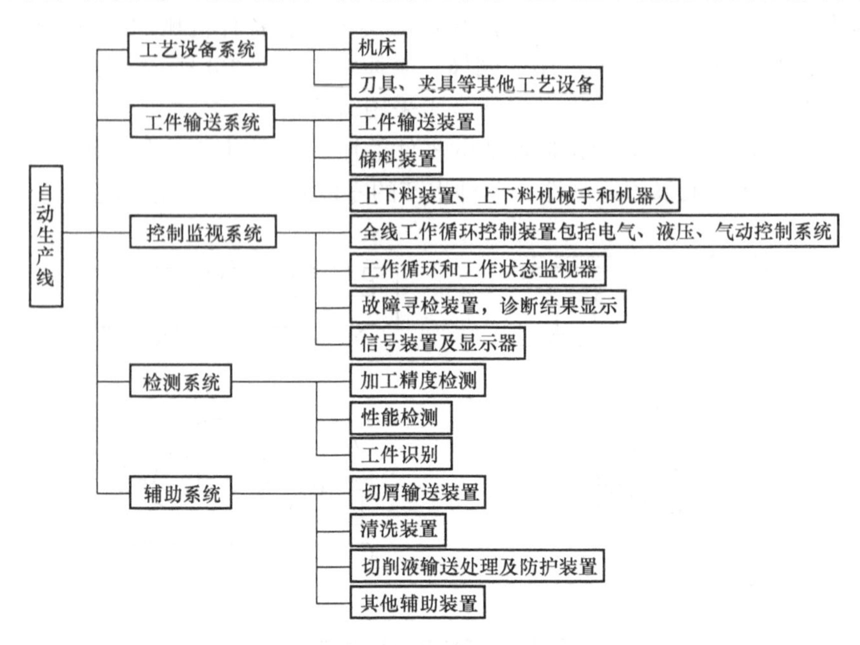

图 2-5　自动生产线的组成

自动生产线能减轻工人的劳动强度，显著提高劳动生产率，改善劳动条件，减少设备布置面积，缩短生产周期，缩减辅助运输工具，减少非生产性的工作量，建立严格的工作节奏，产品质量稳定可靠，在大量生产条件下降低了产品成本。但自动生产线的加工对象通常是固定不变的，或在较小的范围内变化，而且在改变加工品种时要花费许多时间进行人工调整，且初始投资较多，因此只适用于固定产品的大量生产，不适用于多品种、小批量生产的自动化。

20 世纪 90 年代后，自动生产线已达到大规模、短节拍、高生产率、高可靠性及综合化。

加工中等尺寸复杂箱体的自动生产线可以包括几十台机床和设备，分工段与工区连续运转，节拍时间为 15 ~ 30s。一条加工气缸盖的自动生产线年产量可达 100 万件。一条加工轴承环的自动生产线年产量可达 500 万件。采用班间计划换刀，可使组合机床自动线常年三班制进行生产。除工件自动输送和自动变换姿势外，还可以实现线间的自动转装。除切削加工外，还可以进行滚压等无屑加工及其他精加工工序，以及中间装配、尺寸测量、高频淬硬、激光淬硬、铆接、质量及性能检测等工序，从而完成一个零件从毛坯上线到总装前的全部综合加工，并可实现几种同类零件混合在一条自动线上进行加工。

目前，自动生产线正朝着柔性自动生产线（FTL）和柔性制造系统（FMS）方向发展。

柔性自动生产线是为了适应多品种生产，将专用机床组成的自动生产线改用数控机床或由数控操作的组合机床组成的自动生产线。它的工艺基础是成组技术，一般针对某种类型（族）零件，按照成组加工对象确定工艺过程，选择适宜的数控加工设备和物料储运系统，可以有一定的生产节拍，是可变加工生产线，一般由数控机床、专用机床、组合机床、托板（工件）输送系统及控制系统组成。

柔性制造系统是指由计算机信息控制系统和物料自动储运系统将一组数控机床和其他自动化的工艺设备有机结合的整体。它可按任意顺序加工一组有不同工序与加工节拍的工件，能适时地进行自由调度管理，是一种高效率、高精度、高柔性的自动生产线。

第四节　制造自动化与自动检测技术

一、制造自动化

1. 制造自动化概述

制造自动化是人类在长期的生产实践中不断追求的主要目标，是工业现代化的重要标志之一，自动化技术是制造技术的重要发展方向。

制造自动化是指用机电设备、工具取代或放大人的体力，甚至取代和延伸人的部分智力，自动完成特定的制造，其包括物料的存储、运输、加工、装配和检验等各个生产环节的自动化。制造自动化技术主要涉及数控技术、工业机器人技术和柔性制造技术，是机械制造业最重要的基础技术之一。

制造自动化的任务就是研究对制造过程的规划、管理、组织、控制与协调优化等的自动化，实现产品制造过程的高效、优质、低耗、及时和洁净。

（1）制造自动化的主要内容　制造自动化就是在制造过程的所有环节采用自动化技术，实现制造全过程的自动化，其与生产过程相关的自动化技术主要有：

1）加工自动化技术。上下料自动化技术、装卡自动化技术、换刀自动化技术、加工自动化技术和零件检验自动化技术等。

2）物料储运过程自动化技术。工件储运自动化技术、刀具储运自动化技术和其他物料储运自动化技术等。

3）装配自动化技术。零部件供应自动化技术和装配过程自动化技术等。

4）质量控制自动化技术。零件检测自动化技术、产品检测自动化技术和刀具检测自动化技术等。

5）过程控制与管理自动化技术。制造过程的监控、检测、协调与管理自动化技术等。

（2）制造自动化的分类

1）按制造过程分类。毛坯制备过程自动化、热处理过程自动化、储运过程自动化、机械加工过程自动化、装配过程自动化、辅助过程自动化、质量过程自动化和系统控制过程自动化等。

2）按设备分类。局部动作自动化、单机自动化、刚性自动化、刚性综合自动化系统、柔性制造单元、柔性制造系统和计算机集成制造系统等。

3）按控制方式分类。机械控制自动化、机电液控制自动化、数字控制自动化、计算机控制自动化和智能控制自动化等。

2. 制造自动化技术发展趋势

制造自动化技术的发展趋势主要是敏捷化、网络化、虚拟化、智能化、全球化和绿色化。

（1）制造敏捷化　敏捷化制造特点主要如下：

1）柔性。包括机器柔性、工艺柔性、运行柔性、扩展柔性、劳动力柔性及知识供应链等。

2）重构能力。能实现快速重组重构，增强对新产品开发的快速响应能力；产品过程的快速实现、创新管理和应变管理。

3）快速化的集成制造工艺。比如快速原型制造 RPM 就是一种快速化的 CAD/CAM 的集成工艺。

（2）制造网络化　基于 Internet/Intranet 的网络化制造主要包括制造环境内部的网络化，实现制造过程的集成；制造环境与整个制造企业的网络化，实现制造环境与企业中工程设计、管理信息系统等各子系统的集成；企业与企业间的网络化，实现企业间的资源共享、组合与优化利用；通过网络，实现异地制造等。

（3）制造虚拟化　基于数字化的虚拟化技术主要包括虚拟现实（VR）、虚拟产品开发（VPD）、虚拟制造（VM）和虚拟企业（VE）。虚拟化制造是将现实制造环境及其制造过程通过建立系统模型映射到计算机及其相关技术所支撑的虚拟环境中，在虚拟环境下模拟现实制造环境及其制造过程的一切活动和产品制造全过程，并对产品制造及制造系统的行为进行预测和评价。

（4）制造智能化　智能化是制造系统在柔性化和集成化基础上进一步的发展和延伸。智能化制造是通过人与智能机器的合作共事，去扩大、延伸和部分地取代人类专家在制造过程中的脑力劳动，以实现制造过程的优化。

（5）制造全球化　全球化制造主要包括市场的国际化，产品销售的全球网络化，产品设计和开发的国际合作及产品制造的跨国化，制造企业在世界范围内的重组与集成，制造资源的跨地区、跨国家协调、共享和优化利用等。

（6）制造绿色化　绿色制造是一个综合考虑环境影响和资源效率的现代制造模式，其目标是使产品从设计、制造、包装、运输、使用到报废处理的整个产品生命周期中，对环境的影响（副作用）最小，资源使用效率最高。对制造环境和制造过程而言，绿色制造主要涉及资源的优化利用、清洁生产和废弃物的最少化及综合利用。绿色制造已成为全球可持续发展战略对制造业的具体要求和体现。

“知识化”“创新化”也已成为制造自动化技术的重要发展趋势。随着知识对经济发展重要性的加大，未来的制造业将是智力型的工业，产品的知识含量和创新性将成为竞争的基础力量和关键。

二、自动化检测技术

检测是企业产品质量管理的技术基础，也是制造系统不可缺少的重要组成部分。它可以保障高投资自动化加工设备的安全和产品加工质量，避免重大加工事故，提高生产率和机床设备的利用率。

检测一般可分为人工检测和自动检测。人工检测主要是人操作检测工具，收集分析数据信息，为产品质量控制提供依据；而自动检测则是借助各种自动化检测装置和检测技术，自动、灵敏地反映被测工件及设备的参数，为控制系统提供必要的数据信息。自动检测是自动化生产的重要环节。

机械制造过程所使用的自动化检测装置的范围极其广泛。根据不同需要制造各种自动检测装置，比如用于工件尺寸、形状检测的定尺寸检测装置、三坐标测量机、激光测径仪、气动测微仪、电动测微仪和采用电涡流方式的检测装置，用于工件表面粗糙度检测的表面轮廓仪，用于刀具磨损或破损监测的噪声频谱、红外发射、探针测量等测量装置，也有利用切削力、切削力矩、切削功率对刀具磨损进行检测的测量装置。它们的主要作用在于全面快速地获得有关产品质量的信息和数据。

三坐标测量机是现代加工自动化系统的基本设备，它以直角坐标为参考系，检测机械工件轮廓上各被测点的坐标值，并对其数据群进行处理，求得工件各几何元素的尺寸。其测量数据流程如图 2-6 所示。它不仅可以在计算机控制的制造系统中直接利用计算机辅助设计和制造系统中的工件编程信息对工件进行测量和检验，构成设计－制造－检验集成系统，而且能在工件加工、装配的前后或过程中，给出检测信息并进行在线反馈处理。

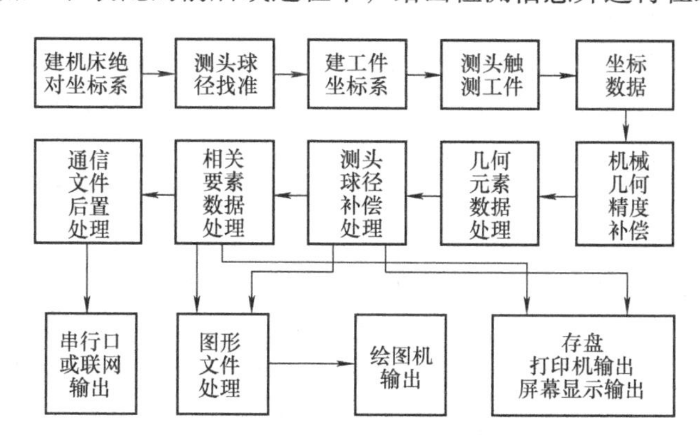

图 2-6　三坐标测量机测量数据流程

第五节　计算机技术的生产应用

一、计算机技术在铸造生产中的应用

目前，计算机技术在铸造生产中的应用主要有铸造结构和工艺设计、铸造过程数值模拟、铸造生产过程控制以及数控铸造设备等。

1. 铸造工艺计算机辅助设计

目前计算机辅助设计（CAD）在铸造领域的应用是铸件的结构设计和工艺设计。

铸件的结构设计是对铸件的最小壁厚、最小铸孔、铸件圆角半径、最小起模斜度、热节处的合理形状、筋的合理布置等结构进行形状和尺寸的确定，并运用CAD软件绘制铸件图。

铸造工艺设计是铸件凝固数值模拟、铸造工艺计算机分析和数据库等技术的综合，主要功能有铸造分型面的确定、浇注系统和冒口的设计、冷铁的设计、砂芯的设计、加工余量和起模斜度的确定、自动形成铸造工艺图及有关的工艺装备图等。它可以实现铸造工艺的快速准确设计，协助工程师优化铸造工艺，提高铸造工艺的可靠性，缩短制造周期，降低生产成本，改善生产条件，确保铸件质量。

铸造过程的数值模拟可以帮助工程师在实际铸造前对铸件可能出现的各种缺陷及其大小、部位和发生的时间予以有效的预测，在浇注前就采取对策以确保铸件的质量。目前，铸造过程的数值模拟主要有充型过程数值模拟（流场模拟）、凝固过程数值模拟（热场模拟）。充型过程数值模拟可以判断和预测气孔、夹渣、冷隔、浇不足及缩孔等缺陷的产生，保证了浇注系统及冒口的优化设计。凝固过程数值模拟可以定量预测铸件凝固过程中产生缩孔、缩松的部位和大小，以实现对所制订的铸造工艺方案进行修改和验证以及浇注系统的合理设计。

2. 铸造生产过程的计算机控制

现代铸造生产过程的计算机应用主要有控制型砂处理、造型操作、冲天炉熔炼、控制合金液的自动浇注以及控制压力铸造的生产过程等。比如，利用计算机对型砂性能进行自动检测和控制，可以实现配砂时的自动定量称料、混砂、测试等全过程的自动控制，能自动检测型砂性能，如紧实率、水分、透气率、湿度和强度等，并能依据生产情况随时修改各个参数，如混砂时间、各种物料加入量等。

铸造生产中配有计算机的设备还能随时记录、储存和处理各种生产信息，实现生产过程的最优化控制。人工智能（AI）、各种专家系统（ES）和计算机辅助生产管理（CAPM）系统则可以对铸造生产的过程进行连续在线监控，并做出决策以控制成本和生产进度，实现设计与制造、工程师与管理人员的直接和适时的信息交流。

3. 数控铸造设备

20世纪80年代以来，计算机技术在铸造设备上的应用越来越广泛。比如数控铸造自动射芯机，可通过屏幕操作，根据所显示的图像，方便地按照芯盒的类型对其进行调整。制芯的工艺过程可由计算机控制，基本的工艺参数生产数据可被显示出来，并能进行自动故障分析，采集运行数据进行统计评估。

二、计算机技术在锻压生产中的应用

近年来，计算机技术在锻压加工中的塑性成形过程模拟、生产过程控制和模具CAD/CAM得到了广泛应用。

计算机模拟可以对塑性成形过程中加工工序的变形过程进行模拟，获得锻件在成形过程中不同阶段、不同部位的应力分布、应变分布、温度分布、硬化状况和残余应力等信息，从而找到最佳的工艺参数和模具结构参数，实现对产品质量的有效控制。目前，数值模拟已应用到近净成形、切削加工、微成形、液压成形，以及镁、铝等难变形轻合金的成形，

且在板、管材成形和机械加工时材料的流动应力、摩擦、逆向工程中材料参数等的数值处理方面取得较大进展。

自 20 世纪 80 年代中期以来，各类锻压机械逐步向数控方向发展，数控技术已经开始全面改造锻压机械和锻压生产线。用数字指令来控制一台或多台锻压设备的动作，比如位移、速度、工作程序和记录各种工艺参数，进行自动换模与自动调节，且对锻压机械加工状况和加工质量进行监控，对锻件进行分选，拣出不合格的锻件。计算机数控技术在数控锻压设备、自动换模系统、自动送料系统，以及高效、高精度、多工位成形设备等方面的广泛应用，大大提高了锻压精度和生产效率，降低了能耗。

目前，模具 CAD/CAM 技术在冷冲模、锻模、挤压模及注射成形模等方面都有较成熟的 CAD/CAM 系统。

三、计算机技术在焊接生产中的应用

现代焊接生产主要依靠计算机控制技术来实现自动化。计算机控制系统在各种自动焊接与切割设备中不仅控制各项焊接参数，还能自动协调成套设备各组成部分的动作，实现无人操作，这些已给焊接生产带来了革命性的变化。

利用计算机技术可以对焊接电流、电压、焊接速度、气体流量和压力等参数快速综合运算分析和控制；也可对各种焊接过程的数据进行统计分析，总结出焊接不同材料、不同板厚的最佳工艺方案。计算机和摄影系统或红外摄影系统连接，采用计算机图像处理和模式识别技术，可以成功地测试各种焊接方法的温度场及动态过程，并可以自动识别各种焊接缺陷，分析焊接接头金相组织等，并输出判别结果。

以计算机技术为核心的各种焊接生产控制系统，比如设备控制系统、质量监控系统、焊接顺序控制系统、PID（比例、积分、微分）调节系统、最佳控制及自适应控制系统等均在电弧焊、压焊和钎焊等生产实际中得到广泛应用。弧焊设备计算机控制系统如图 2-7 所示。该系统可完成对焊接过程的开环和闭环控制，可对焊接电流、焊接速度、弧长等参数进行分析和控制，对焊接操作程序和参数变化等做出反馈，并给出确切的焊接质量信息。

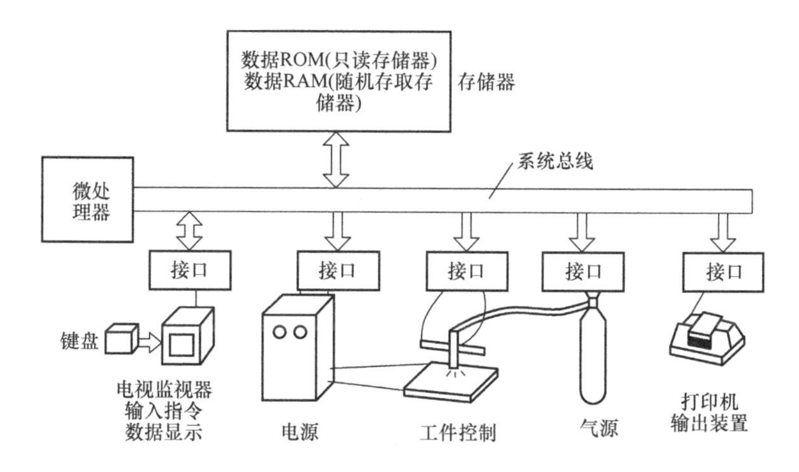

图 2-7　弧焊设备计算机控制系统

计算机模拟技术已用于焊接热过程、焊接冶金过程、焊接应力和变形等的模拟；数据库技术被用于建立焊工档案管理数据库、焊接符号检索数据库、焊接工艺评定数据库、焊接材料检索数据库等；焊接领域中的CAD/CAM正处于不断开发应用阶段，柔性焊接制造系统开始应用。

四、计算机技术在热处理生产中的应用

近年来，计算机技术的应用使热处理从依赖试验、经验和粗略的定性估算进行生产的落后状态，朝着以精确预测和严格定量控制为基础的智能热处理方向发展。

热处理计算机模拟技术目前能高效、逼真、全面地反映热处理过程中各种工艺变化的规律，可以极大地扩展实测数据信息，并与实验测试技术相辅相成，构成功能强大的“实验室”和“生产试验基地”。即输入必要的实测数据（导热系数、比热容、比体积、相变动力学特征数据、相变潜热、弹性模量、屈服强度、磁导率、电阻率、传递系数等）就能模拟各种热处理过程中工件内部的瞬态温度场，以及组织变化、内应力或渗层浓度变化等复杂现象，并依据生产工件的特殊要求和数据等设计功能软件，形成热处理工艺计算机辅助设计（CAPP）技术。应用传热数值模拟计算技术和热处理设备主要参数计算的数学模型以及元器件、材料等的选择系统等，就能构成热处理设备CAD技术，可以求出热处理设备主要技术参数（几何尺寸、电炉丝设计计算及型号选择等），输出设备图样资料等（三维温度场模拟优化加热CAD技术，工件淬火冷却过程CAD设计，热处理生产在线控制与质量管理的CAD技术，热处理电炉计算机辅助设计，以及金相图像分析评定CAD技术等）。

采用计算机技术控制热处理生产可以使热处理过程的控制由静态、单因素控制逐步发展到动态、多因素控制，由预防型改为主动型，由处理后的检测型改为事先预报型、跟踪型。同时，还可以应用于控制整套热处理设备、热处理生产线以至整个热处理车间的自动控制和生产管理。

第二篇　机械制造生产实习

第三章　典型零件机械加工

第一节　概　述

零件的加工过程就是获得符合要求的零件表面的过程。由于零件的结构特点、材料性能和表面加工要求的不同，所采用的加工方法也就不同。即使是同一技术精度要求的零件，也可以采用不同的加工方法。

一、典型零件表面加工

组成零件的各种典型表面，比如外圆面、孔、平面、成形面和螺纹表面等，不仅具有一定的形状和尺寸，同时还应达到一定的技术要求，比如尺寸精度、形状与位置精度和表面质量等。

1. 外圆面的加工

外圆面是轴类、套类、盘类零件，以及外螺纹、外花键、外齿轮等坯件的主要表面，在零件加工中占有十分重要的地位。不同零件上外圆面或同一零件上的不同外圆面，往往具有不同的技术要求，结合具体的生产条件，应采用不同的加工方法和工艺过程。

（1）外圆面的技术要求

1）尺寸精度。直径和长度的尺寸精度。

2）几何精度。圆度、圆柱度等形状精度和与其他外圆面或孔的同轴度、与端面的垂直度等。

3）表面质量。主要指表面粗糙度，对某些重要零件还要求表面硬度、残余应力和金相组织等。

（2）外圆面的加工方法及加工工艺　外圆面的主要加工方法有车削、磨削和光整加工，通常根据零件外圆面的形状、尺寸和批量选择机床，根据零件外圆面的材质选择精加工方法。比如，单件小批量生产选用卧式车床，成批大量生产选用转塔车床及单轴半自动、多轴自动车床或数控车床，直径大、长度短的选用立式车床，铜、铝等有色金属合金的精加工选用精车或精细车，淬火的表面精加工选用磨削等。

外圆面的加工工艺见表 3-1。表中的经济精度是指在正常生产条件下，零件加工后能较经济地达到的精度范围。

表 3-1　外圆面的加工工艺

序号	加工工艺	经济精度 IT	表面粗糙度 *Ra*/μm	适用范围
1	粗车	11~13	6.3~25	适用于淬火钢以外的各种金属材料
2	粗车—半精车	8~10	3.2~6.3	
3	粗车—半精车—精车	6~9	0.8~1.6	
4	粗车—半精车—精车—滚压（或抛光）	6~8	0.025~0.2	
5	粗车—半精车—粗磨	6~8	0.32~0.8	适用于淬火钢件、未淬火钢件，但不宜加工有色金属件
6	粗车—半精车—粗磨—精磨	5~7	0.08~0.63	
7	粗车—半精车—粗磨—精磨—超精加工	5~6	0.01~0.16	
8	粗车—半精车—精车—超精车	5~6	0.025~0.2	主要适用于有色金属件
9	粗车—半精车—粗磨—精磨—超精磨或镜面磨	5	0.006~0.04	高精度外圆加工
10	粗车—半精车—粗磨—精磨—研磨	5	0.006~0.16	

2. 孔的加工

孔是零件的主要组成表面之一。由于受到孔径限制，刀具刚性差，加工时散热、冷却、排屑条件差，测量也不方便，因此，在精度相同的情况下，孔加工要比外圆加工困难。

（1）孔的技术要求

1）尺寸精度。孔径和深度的尺寸精度。

2）几何精度。孔的圆度、圆柱度及轴线的直线度；孔与孔或孔与外圆面的同轴度；孔与孔或孔与其他表面之间的尺寸精度、平行度、垂直度等。

3）表面质量。表面粗糙度和表面物理力学性能等。

（2）孔的加工方法及加工工艺　孔的加工方法很多，粗加工、半精加工时有钻孔、扩孔、车孔；精加工时有铰孔、磨孔、拉孔、珩磨和研磨等。通常孔的加工是在车床、钻床、镗床、拉床和磨床上进行的；大孔和孔系一般在镗床上加工。拟定孔的加工方法及加工工艺时，应考虑孔径的大小、孔的深浅、孔的精度，以及工件的材料、形状、尺寸、重量、批量和现有的生产条件等。孔的加工工艺见表 3-2。

3. 平面的加工

平面是基体类零件（比如床身、机架及箱体，板形和盘形类零件等）的主要表面，有时也是回转体零件的重要表面之一（比如端面及台肩面等），一般分为结合面、导向面和工作面。由于平面的作用不同，其技术要求也不相同。结合具体情况，应采用不同的加工方法和工艺过程。

表 3-2　孔的加工工艺

序号	加工工艺	经济精度 IT	表面粗糙度 *Ra*/μm	适用范围
1	钻	12~13	12.5	加工未淬火钢及铸铁的实心毛坯，也可加工有色金属毛坯，孔径小于 20mm
2	钻—铰	8~10	1.6~3.2	
3	钻—粗铰—精铰	7~8	0.8~1.6	
4	钻—扩	10~11	6.3~12.5	加工孔径大于 20mm 的孔
5	钻—扩—铰	8~9	1.6~3.2	
6	钻—扩—粗铰—精铰	7~8	0.8~6.3	
7	钻—扩—机铰—手铰	6~7	0.16~0.63	
8	钻—（扩）—拉	7~9	0.08~2.5	大批大量生产，毛坯有铸孔或锻孔的未淬火钢及铸件
9	粗镗（或扩孔）	11~13	6.3~20	
10	粗镗（扩）—半精镗（精扩）	10~11	1.25~5	
11	粗镗（扩）—半精镗（精扩）—精镗（铰）	7~8	0.63~2.5	
12	粗镗（扩）—半精镗（精扩）—精镗—浮动刀块精镗	6~7	32~0.8	
13	粗镗（扩）—半精镗—磨孔	7~8	0.16~0.8	适用于加工淬火或不淬火钢件，但不适用于加工有色合金件
14	粗镗（扩）—半精镗—粗磨—精磨	6~7	0.08~0.32	
15	粗镗—半精镗—精镗—金刚镗	6~7	0.04~0.63	适用于有色合金件
16	钻（扩）—粗铰—精铰—珩磨	6~7	0.02~0.32	加工精度要求很高的孔
17	钻—（扩）—拉—珩磨			
18	粗镗—半精镗—精镗—珩磨			

（1）平面的技术要求　平面本身的尺寸精度一般要求不高，其技术要求如下：

1）几何精度。平面度和直线度；平面之间的尺寸精度、平行度、垂直度等。

2）表面质量。表面粗糙度、表面硬度、残余应力和金相组织等。

（2）平面的加工方法及加工工艺　平面的加工方法有车削、铣削、刨削、磨削、拉削、刮研和研磨等。具体的加工方法一般由零件的形状、尺寸、材料、技术要求、生产类型及现有生产条件来决定。平面的加工工艺见表 3-3。

4. 成形面的加工

机械设备中，具有复杂成形面的零件，比如凸轮、叶片等。

（1）成形面的技术要求　与其他表面类似，成形面的技术要求也包括尺寸精度、几何精度及表面质量等。但是，成形面往往是为了实现特定功能而专门设计的，因此，表面的形状要求是十分重要的。加工时，刀具的切削刃形状和切削运动，应首先满足表面形状的要求。

（2）成形面的加工方法　成形面的加工方法有车削、铣削、刨削、拉削或磨削等。这些加工方法归纳起来通常有两种基本形式：①用成形刀具加工；②利用刀具和工件做特定的相对运动加工。

表 3-3 平面的加工工艺

序号	加工工艺	经济精度 IT	表面粗糙度 Ra/μm	适用范围
1	粗车－半精车	8~9	3.2~6.3	端面
2	粗车－半精车－精车	6~8	0.6~2.5	
3	粗车－半精车－粗磨	7~9	0.16~0.8	
4	粗刨（或粗铣）－精刨（或精铣）	7~9	1.6~6.3	不淬硬平面，特别是狭长平面
5	粗刨（或粗铣）－精刨（或精铣）－刮研	5~6	0.08~0.8	精度要求较高的未淬硬平面，批量较大时采用宽刃精刨
6	粗刨（或粗铣）－精刨（或精铣）－宽刃精刨	6~7	0.16~0.8	
7	粗刨（或粗铣）－精刨（或精铣）－磨削	6~7	0.16~0.8	精度要求较高的淬硬平面或不淬硬平面
8	粗刨（或粗铣）－精刨（或精铣）－粗磨－精磨	5~6	0.02~0.63	
9	粗铣－拉	6~7	0.16~0.8	大量生产未淬硬平面
10	粗铣－精铣－磨削－研磨	5	0.006~0.16	高精度平面

用成形刀具车成形面如图 3-1 所示，机床的运动和结构简单，生产效率高，操作方便，但刀具的制造和刃磨复杂（尤其是成形铣刀和拉刀），成本高，且工作主切削刃不宜太长，不宜用于加工刚度差而成形面较宽的工件。

用靠模车成形面如图 3-2 所示，刀具比较简单，且加工成形面的尺寸范围较大，但机床的运动和结构较复杂，成本较高。加工时，一般可采用手动进给、靠模装置、液压仿形装置和数控装置等方式来实现。手动进给适用于单件小批量生产且精度要求不高的成形面。通用机床常采用机械式靠模加工成形面。专门化机床则采用液压靠模、电气靠模。后两者因靠模针与靠模的接触力极小，从而可使靠模的制造过程简化，故在成形面加工中应用较多。随着各种数控机床的发展，许多较复杂、精度要求较高、批量不大的成形面加工变得越来越方便、可靠和经济。

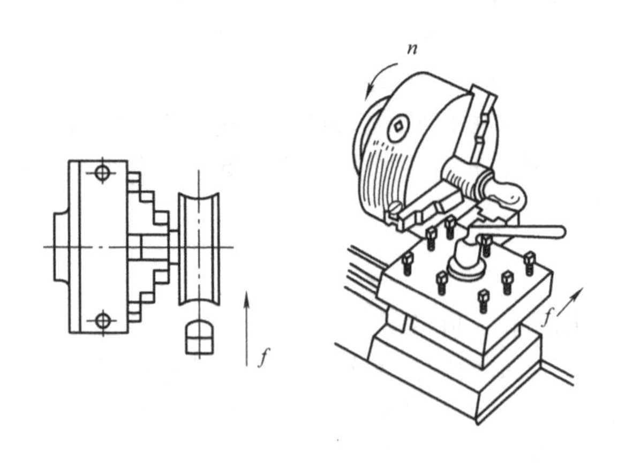

图 3-1 用成形刀具车成形面

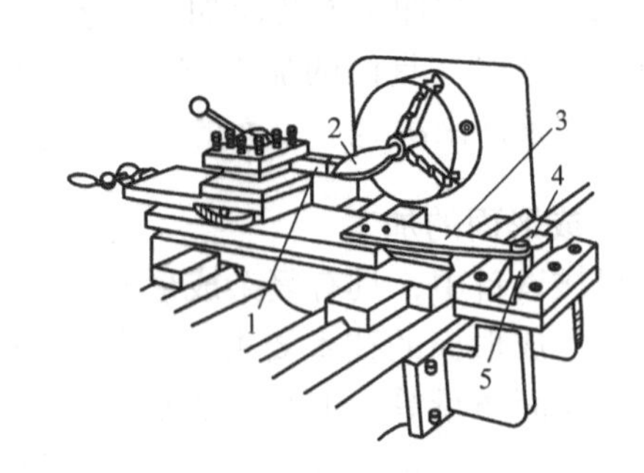

图 3-2 用靠模车成形面

1—车刀 2—成形面 3—拉杆 4—靠模 5—滚柱

目前，成形面的加工已发展到采用特种加工、精密制造等各种加工方法，大大提高了加工质量和生产率。

5. 螺纹的加工

螺纹是零件上常见的表面之一，有多种形式，按用途一般分为紧固螺纹和传动螺纹两大类。

（1）螺纹的技术要求　螺纹和其他类型的表面一样，有一定的尺寸精度、几何精度和表面质量要求。由于它们的用途和使用要求不同，技术要求也有所不同。

1）对于紧固螺纹和无传动精度要求的传动螺纹，一般只要求中径、顶径（外螺纹大径、内螺纹小径）的精度。

2）对于有传动精度要求或用于读数的螺纹，除要求中径和顶径的精度外，还要求螺距和牙型角的精度。为了保证传动或读数精度及耐磨性，对螺纹的表面粗糙度和硬度等有较高的要求。

（2）螺纹的加工方法及加工工艺　螺纹的加工方法很多，可以在车床、钻床、螺纹铣床和螺纹磨床等机床上利用不同的工具进行加工。具体的加工方法一般由工件形状、螺纹牙型、螺纹的尺寸及精度、工件材料和热处理以及生产类型来决定。螺纹的加工工艺见表 3-4。

表 3-4　螺纹的加工工艺

序号	加工方法	经济精度 IT	表面粗糙度 Ra/μm	适用范围
1	攻螺纹	6~8	1.6~6.3	适用于单件小批量加工精度要求不高的小尺寸螺纹
2	套螺纹	7~8	1.6~3.2	
3	车削	4~8	0.4~1.6	适用于加工各种螺纹，特别适于加工大尺寸螺纹
4	铣刀铣削	6~8	3.2~6.3	适用于成批和大量加工各种螺纹
5	旋风铣削	6~8	1.6~3.2	
6	磨削	4~6	0.1~0.4	适用于淬硬螺纹的精加工
7	研磨	4	0.1	
8	滚压	4~8	0.1~0.8	高精度螺纹

二、切削加工工艺路线

经铸造、锻压或焊接获得的毛坯，一般都应通过一定的切削加工方法，并按一定的顺序进行加工，才能达到零件图样要求的精度和表面质量，成为合格零件。这个过程称为切削加工工艺过程。显然，工艺过程不同，所用的机床、夹具、刀具、量具及对工人的技术要求都会有很大不同。只有在具体的生产条件下制订的工艺方案做到了“优质、高产、低耗”的同时，又保证了工人的安全和良好的劳动条件，才是最合理的工艺方案。

各种常用加工方法所能达到的精度和表面粗糙度见表 3-5。

制订零件切削加工工艺路线就是把加工工件所需的各个工序按顺序排列出来。它主要包括确定加工方法，安排加工顺序，选择机床、夹具、量具和刃具等。最佳工艺路线主要是从产品质量、生产率和经济性 3 方面考虑。

1. 确定加工方法

加工方法是根据工件的结构形状、加工表面的精度和表面粗糙度要求、生产类型、材料性质以及具体的生产条件来综合考虑、合理选择的。

表 3-5 各种常用加工方法所能达到的精度和表面粗糙度

切削加工方法		车削	铣削	刨削（插削）	磨削	钻削	镗削	拉削
精度范围 IT		12~7	9~8	9~8	6~5	13~11	10~7	8~7
表面粗糙度 *Ra*/μm		12.5~1.6	6.3~1.6	6.3~1.6 精刨：*Ra*0.8~0.4	0.8~0.2	> 12.5	6.3~0.8	1.6~0.4
加工表面	平面	车端面 切断	铣平面 铣台阶面 铣键槽 铣角度槽 切断	刨水平面 刨垂直面 刨斜面 刨燕尾槽 切平槽 刨 T 形槽	磨平面	锪凸台	铣平面 镗端面	拉平面
	外圆	车外圆 精细车： IT6~IT 5 *Ra*0.4~0.1μm			磨外圆			
	内孔	车孔		插方孔 插方键孔	磨内孔	钻孔、扩孔、铰孔（IT 7，*Ra*0.8μm） 铰锥孔、锪柱形孔、锪鱼眼坑	镗孔	拉圆孔 拉方孔 拉花键孔
	其他面	车成形面（回转体） 车螺纹 滚花	铣圆弧面 铣螺旋槽 铣齿轮		磨螺纹 磨齿面	攻螺纹	镗螺纹	拉各种形状孔

2. 安排加工顺序

加工顺序的安排一般应遵循以下原则。

（1）基准先行　作为精基准的表面应首先安排加工，比如轴类零件的中心孔、箱体类零件的底面等。

（2）先粗后精　粗、精加工分阶段进行，可以保证零件加工质量，提高生产效率和经济效益。

（3）先主后次　主要表面的粗加工和半精加工一般都安排在次要表面加工之前，其他次要表面，比如非工作表面、键槽、螺钉孔等可穿插在主要表面加工工序之间或稍后进行，但应安排在主要表面最后精加工或光整加工之前。

（4）工序的集中与分散　一般应根据生产类型、零件的结构特点及生产厂的现有设备等进行综合分析决定。

（5）安排热处理工序　粗加工前可安排退火或正火；调质一般安排在粗加工后，半精加工之前；淬火、回火一般为最终热处理，其后安排磨削加工。

（6）检验工序　常安排在粗加工之后、主要工序前后、转移工件前以及全部加工结束之后。特种检验根据需要安排。

3. 机床及夹具、量具、刃具的选择

工件的加工方法和加工顺序确定后，就可根据零件的尺寸、精度要求和生产类型，确定机床类型及夹具、量具、刃具和其他辅助工具。

机床设备选择的一般原则如下：

1）机床的主要规格尺寸应与加工零件的外形尺寸相适应。

2）机床的精度应与工序要求的加工精度相适应，在保证质量的前提下选加工成本低的设备。

3）机床的生产率应与加工零件的生产类型相适应。

4）机床的选择应符合企业的具体情况，尽可能避免外协加工。

第二节　连杆加工

一、连杆

连杆是柴油发动机的重要零件。它的作用是连接曲轴和活塞，把作用在活塞顶面的膨胀气体所做的功传给曲轴，推动曲轴旋转，从而将活塞的往复直线运动转变为曲轴的旋转运动，又受曲轴的驱动而带动活塞压缩气缸中的气体。

连杆在工作时进行复杂的摆动运动，同时还承受活塞传来的气体压力和往复运动及本身摆动运动时产生的惯性力的作用，且这些作用力的大小和方向是不断变化的。因此，要求连杆应具有足够的强度、刚度和冲击韧度，同时为减轻惯性力的影响，应尽量减轻重量。

4125A 型柴油发动机的连杆零件图如图 3-3 所示。连杆由连杆大头、杆身和连杆小头三部分组成。连杆大头与曲轴的曲柄销相连，为便于装配，连杆大头常做成剖分式，被分开部分称为连杆盖和连杆体。连杆盖和连杆体用螺栓、螺母连接形成大头孔与曲轴轴颈装配在一起。连杆大头的轮廓尺寸小于气缸内径，以便在连杆盖拆开的情况下能将活塞连杆组从气缸中抽出或插入。连杆小头与活塞销相连，一般采用环形整体式结构。为减少磨损，便于修理，连杆小头孔内常压入用铝青铜或锡青铜制成的衬套；连杆大头孔内装入具有钢质基底的耐磨合金轴瓦。连杆杆身是连杆大头与小头之间的连接部分，一般做成“工”字形截面，且上小下大，以达到既减轻重量又保证具有足够的抗弯强度和刚度。为了机械加工时定位基准统一，连杆大、小头侧面设计有定位凸台。

（1）连杆的工艺特点　外形复杂，不易定位；连杆的大、小头由细长的杆身连接，故刚性差，易弯曲、变形；尺寸精度、几何精度和表面质量要求高。

（2）连杆的主要加工表面　连杆大、小头孔；连杆大、小头端面；连杆大头剖分平面及连杆螺栓孔等。其机械加工的主要技术要求如下：

1）连杆小头孔尺寸精度为 IT7，$Ra \leq 1.6\mu m$，圆柱度公差为 0.015mm。小头铜套孔尺寸精度为 IT6，$Ra \leq 0.4\mu m$，圆柱度公差为 0.005mm。

2）连杆大头孔尺寸精度为 IT6，$Ra \leq 0.8\mu m$，圆柱度公差为 0.012mm。

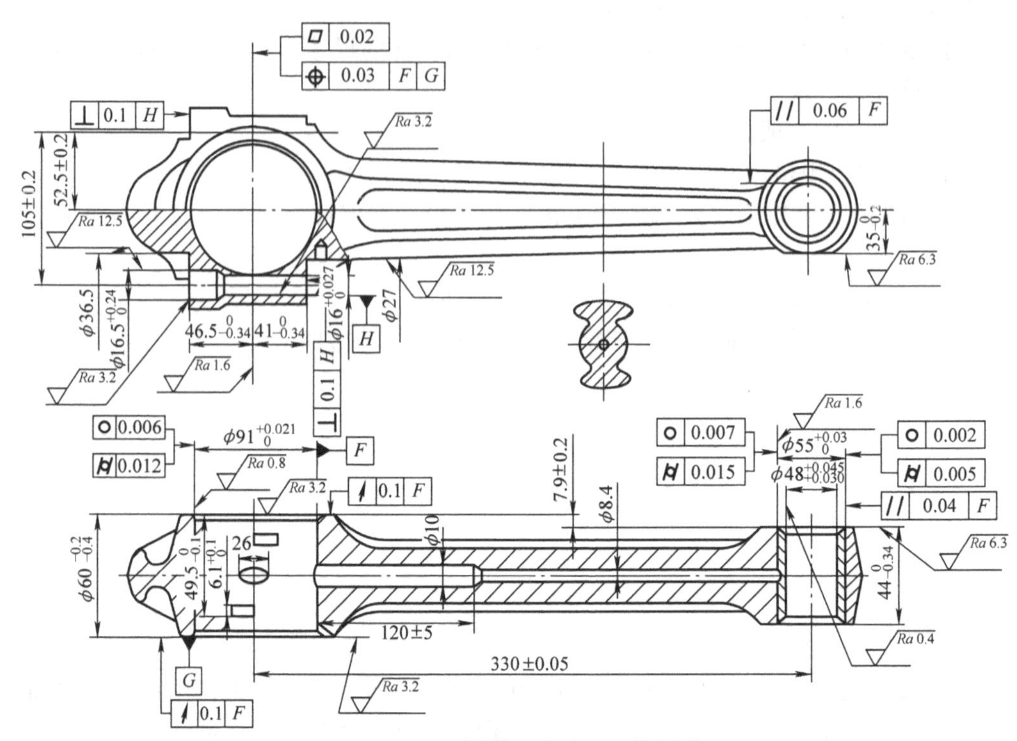

图 3-3 4125A 型柴油发动机连杆零件图

3）连杆小头孔及小头铜套孔中心线对大头孔中心线的平行度在垂直面内公差为 0.04mm，在水平面内公差为 ϕ0.06mm。

4）连杆大、小头孔中心距极限偏差为 ±0.05mm。

5）连杆大头孔两端面对大头孔中心线的垂直度公差为 0.1mm，$Ra \leqslant 3.2\mu m$。

6）两螺栓孔中心线对连杆大头孔剖切面的垂直度公差为 ϕ0.15mm；用两个尺寸为 $\phi 16_{-0.006}^{-0.002}$ 的检验心轴插入连杆体和连杆盖的 $\phi 16_{0}^{+0.027}$ 孔中时，剖切面的间隙应小于 0.05mm。

二、连杆的材料和毛坯

连杆采用的材料一般是优质碳素钢或合金钢，比如 45、55、40Cr 和 40MnB 钢等。近年来也有采用球墨铸铁及粉末冶金法制造连杆的，大大降低了连杆毛坯的制造成本。

大批量生产钢制连杆毛坯一般采用模锻。锻坯按连杆盖与连杆体是否一体分为整体锻件和剖分锻件。整体锻件较剖分锻件节省材料，加工量少，且能同时加工连杆盖和连杆体的端面，所以连杆毛坯多采用整体锻造，并将毛坯的大头孔锻成椭圆形，以保证加工切开后粗镗孔余量均匀。锻造好的连杆毛坯需调质处理，以得到细致均匀的回火索氏体组织，来改善性能减少毛坯内应力。

图 3-3 所示的连杆采用的材料为 45 钢，并调质处理。图 3-4 是图 3-3 所示连杆的锻件图。它采用整体模锻，分模面在工字形腰部的母线上。其锻件的主要技术要求如下：

1）热处理：调质 217~289HBW。

2）连杆杆身壁厚差不大于 2mm，$R42.5$ 处的定位面上不允许有凹凸。

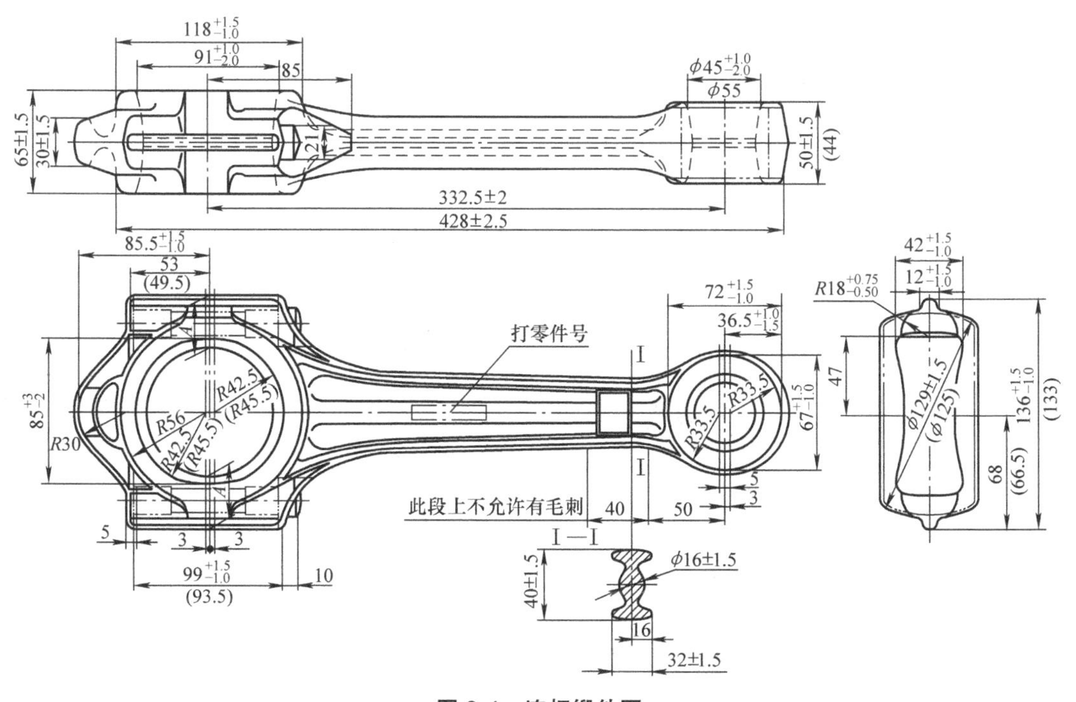

图 3-4　连杆锻件图

3）错差：纵向不大于 1mm，横向不大于 0.75mm。

4）杆体弯曲不大于 1mm。

三、连杆的机械加工工艺过程

大批量生产图 3-3 所示连杆的机械加工工艺过程见表 3-6。

表 3-6　大批量生产图 3-3 所示连杆的机械加工工艺过程

工序号	工序名称	工序简图	设备
5	粗铣连杆大、小头两端平面	$45^{\ 0}_{-0.34}$ Ra 12.5 Ra 12.5 零件号标记 8.5±0.3 Ra 12.5 Ra 12.5 $62^{\ 0}_{-0.4}$	四轴龙门铣床

（续）

工序号	工序名称	工序简图	设备
10	精铣连杆大、小头两端平面	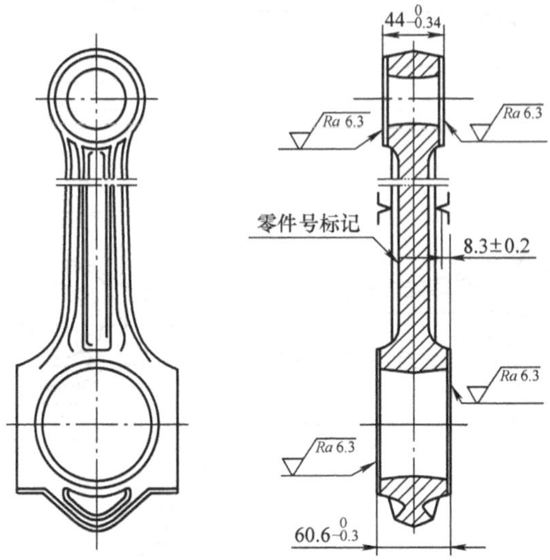 技术要求：连杆端面应对称于工字形横截面的中心线，其两端面到工字形外表面距离差，连杆小头不大于1mm，连杆大头不大于1.5mm	四轴龙门铣床
15	扩连杆小头孔	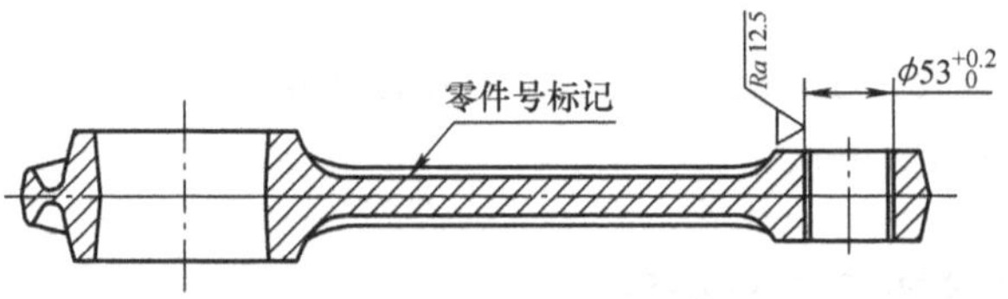 技术要求：在连杆小头端面测量时，其最小壁厚横向不小于6mm，纵向不小于7.5mm	四轴立式钻床（三工位）
20	连杆小头孔倒角	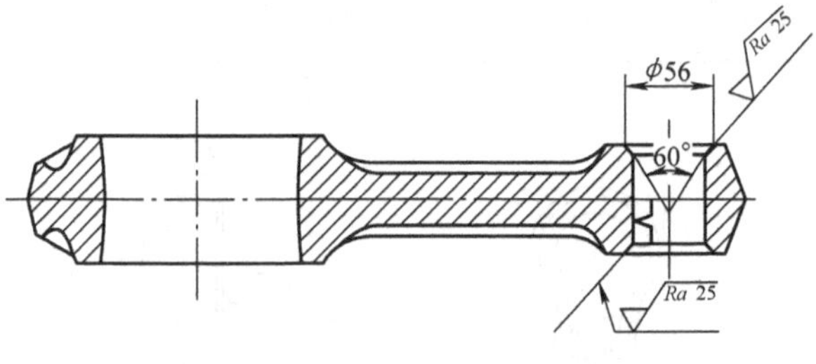	立式钻床
25	拉连杆小头孔	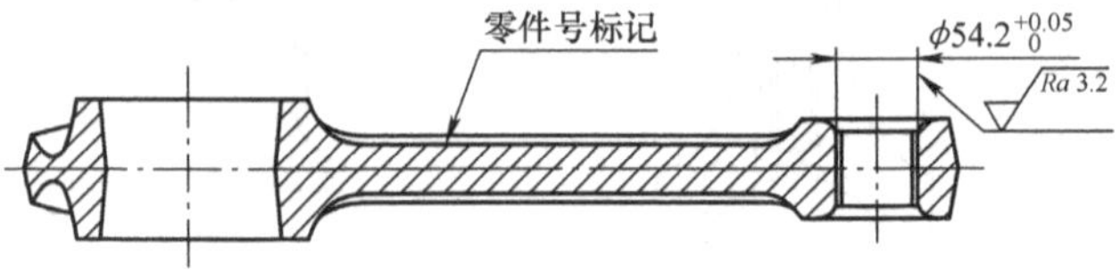 技术要求：在底面用法兰量规测量 ϕ54.2中心孔，相对于连杆小头端平面垂直度公差为0.2mm（与标记相反端）	卧式拉床

（续）

工序号	工序名称	工序简图	设备
30	铣连杆大头定位凸台和连杆小头凸台	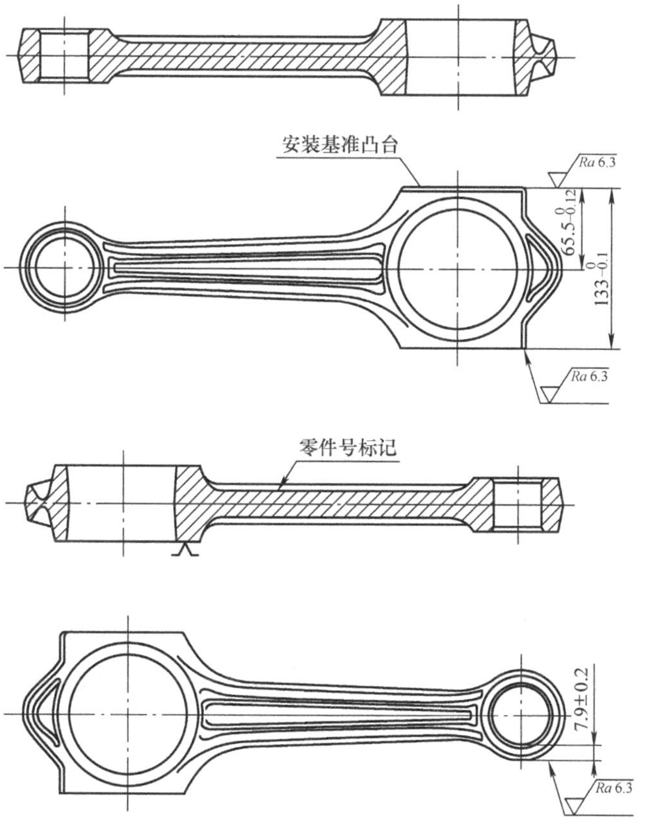 安装基准凸台 Ra 6.3 $65.5_{-0.12}^{0}$ $133_{-0.1}^{0}$ Ra 6.3 零件号标记 7.9±0.2 Ra 6.3 技术要求：在连杆大头两侧定位凸台相对于连杆小头孔中心线的偏移不大于 0.12mm	龙门铣床
35	自连杆上切下连杆盖	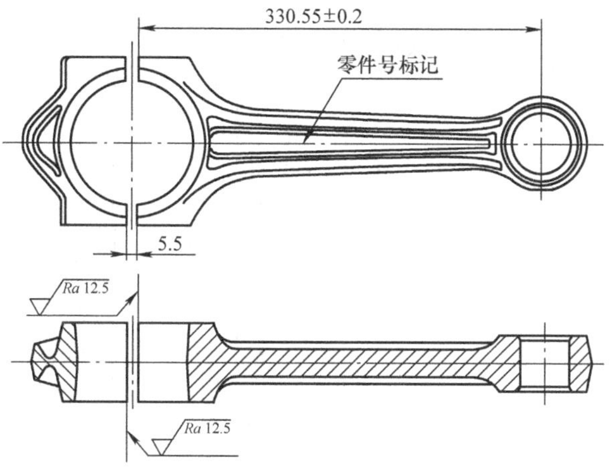 330.55±0.2 零件号标记 5.5 Ra 12.5 Ra 12.5	专用卧式铣床

（续）

工序号	工序名称	工序简图	设备
40	锪连杆盖上装螺母的凸台	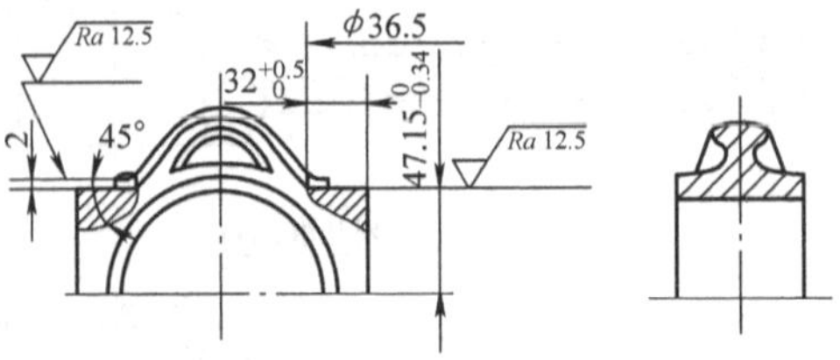	立式钻床
45	粗扩、半精扩连杆大头孔	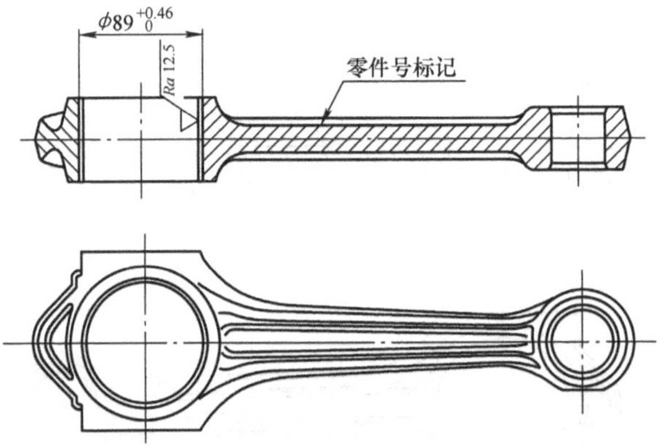	四轴立式组合钻床（三工位）
50	磨连杆大头剖分平面	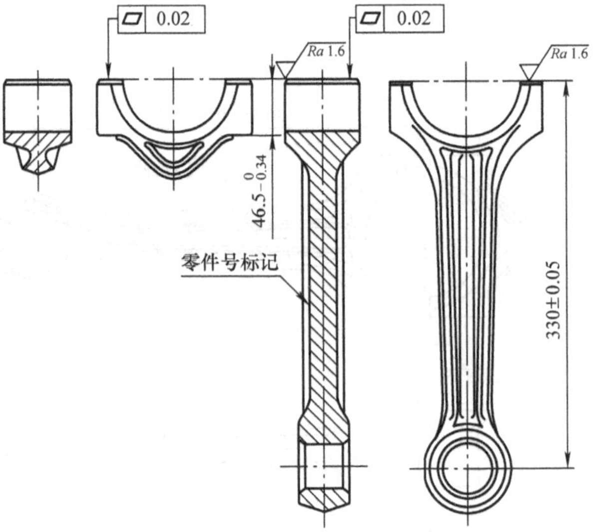	平面磨床

（续）

工序号	工序名称	工序简图	设备
55	钻、扩、铰连杆螺栓孔	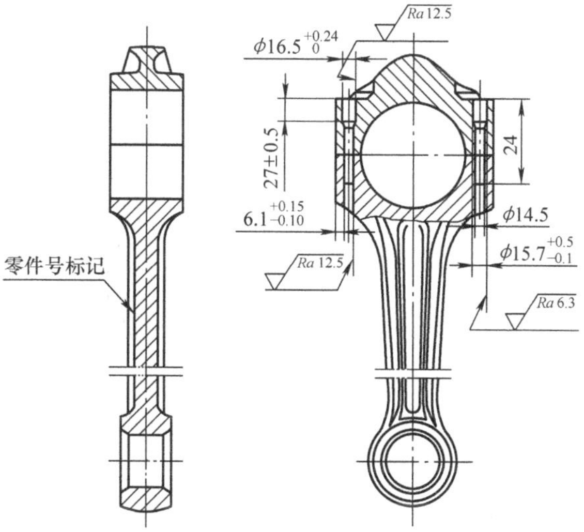	十轴立式组合钻床（六工位）
60	锪连杆装螺栓头部的凸台	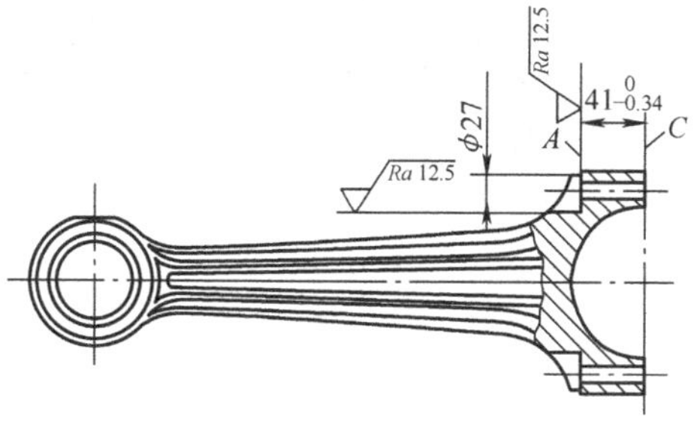 技术要求：两个 A 面到 C 面间的距离允差为 0.1mm	立式钻床
65	扩连杆螺栓孔	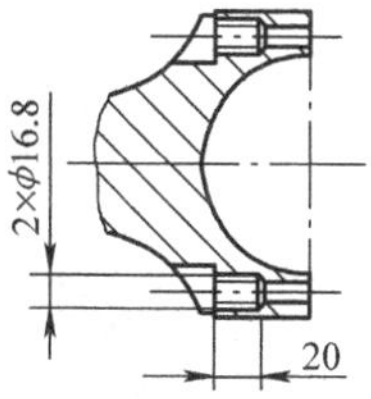	立式钻床

（续）

工序号	工序名称	工序简图	设备
70	在连杆盖和连杆螺栓孔上倒角 $C0.5$	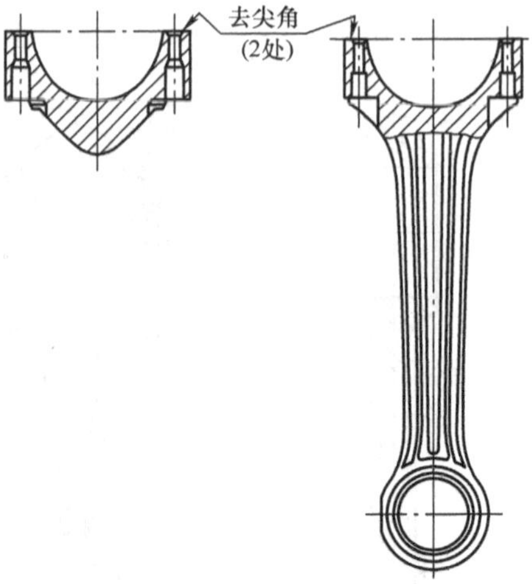	立式钻床
75	钻连杆两个定位销孔	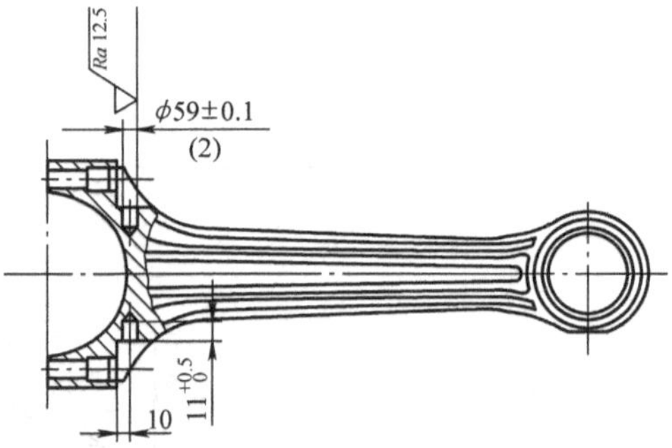	立式钻床
80	拉连杆两个螺栓孔	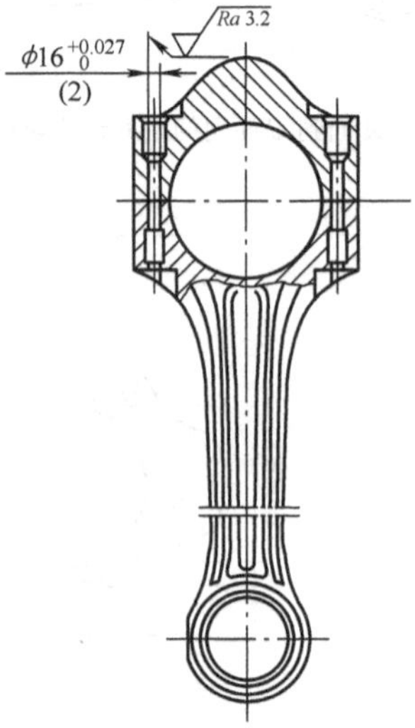	立式拉床

（续）

工序号	工序名称	工序简图	设备
85	锪连杆装螺栓的头部和装螺母的支承平面	Ra 3.2 ⊥ 0.1 B (2处) (在ϕ26端面上) $46.5_{-0.59}^{0}$ B Ra 3.2 ⊥ 0.1 B (2处) (在ϕ26端面上) B $41_{-0.59}^{0}$	立式钻床
95	检验	Ra 3.2 (在ϕ26上) Ra 1.6 $\phi 16.5_{0}^{+0.24}$ B $2\times\phi 16_{0}^{+0.027}$ Ra 3.2 $133_{-0.1}^{0}$ 105±0.2 $11_{0}^{+0.5}$ ϕ27 ϕ59±0.1 Ra 3.2 $46.5_{-0.34}^{0}$　$41_{-0.34}^{0}$ ⊥ 0.1 B (2处) 剖切面C 8.3±0.2 Ra 6.3 ▱ 0.02 330±0.1(至剖切平面) $44_{-0.34}^{0}$ C $\phi 89_{0}^{+0.40}$ Ra 6.3 Ra 6.3 Ra 3.2 $\phi 54.2_{0}^{+0.05}$ Ra 12.5 (√) 技术要求：用两个尺寸为 $\phi 16_{-0.006}^{-0.002}$ 的检验心轴插入连杆和连杆盖的 $\phi 16_{0}^{+0.027}$ 孔中时，其结合面 C 处的间隙应不大于 0.05mm	检验台
100	装配连杆和连杆盖	$9_{-0.2}^{+0.4}$ 扭力扳手拧紧螺母，拧紧力矩为 186.2~205.8N · m	装螺母机

（续）

工序号	工序名称	工序简图	设备
105	磨连杆大头端平面	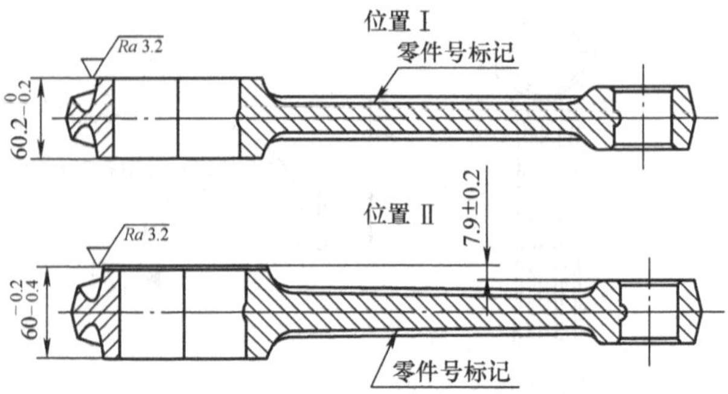	平面磨床
110	精镗连杆大头孔	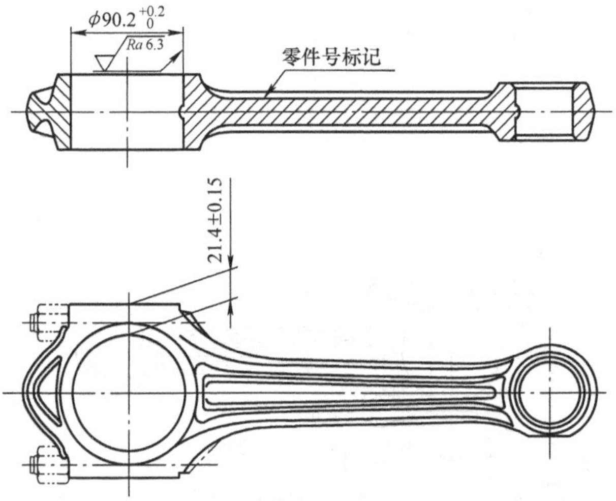	两轴立式镗床
115	连杆大头孔倒角	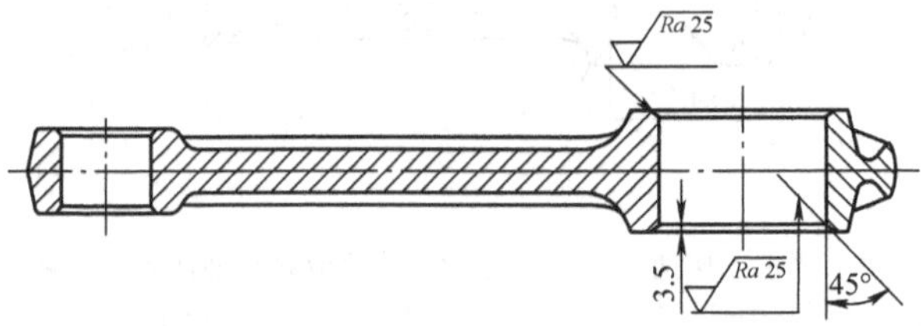	立式钻床
120	车连杆大头侧面的凸台	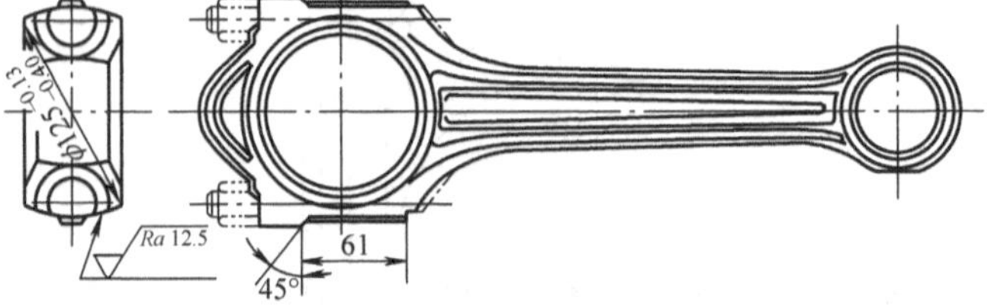	卧式车床

（续）

工序号	工序名称	工序简图	设备
125	拧紧螺母、打字、去毛刺	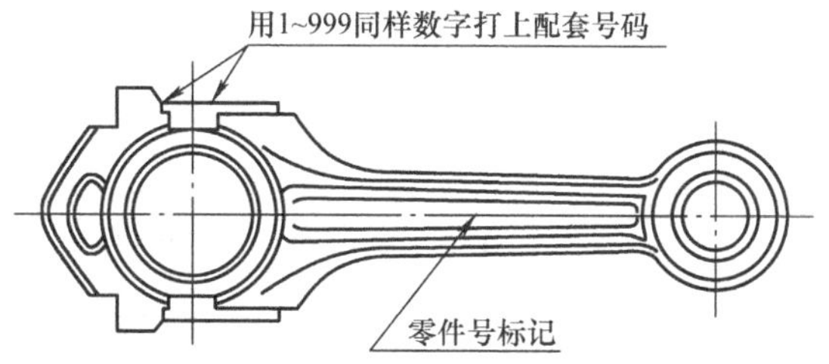 用1~999同样数字打上配套号码 零件号标记 拧紧力矩为 186.2~205.8N·m	钳工台、螺母扳手、去毛刺机
130	金刚镗连杆大头孔	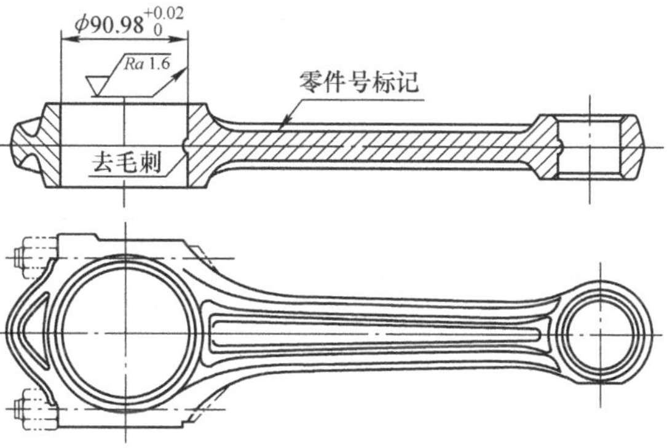 $\phi 90.98^{+0.02}_{0}$ Ra 1.6 零件号标记 去毛刺 技术要求：大头孔的圆度和圆柱度应在公差范围之内	两面四轴金刚镗床
135	珩磨连杆大头孔	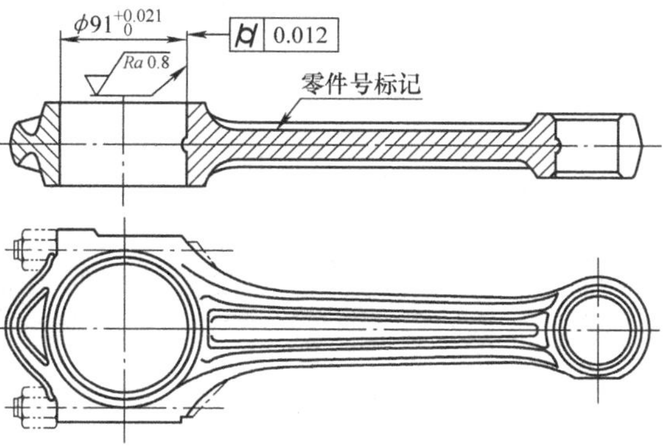 $\phi 91^{+0.021}_{0}$ 0.012 Ra 0.8 零件号标记	单轴珩磨机
140	金刚镗连杆小头孔	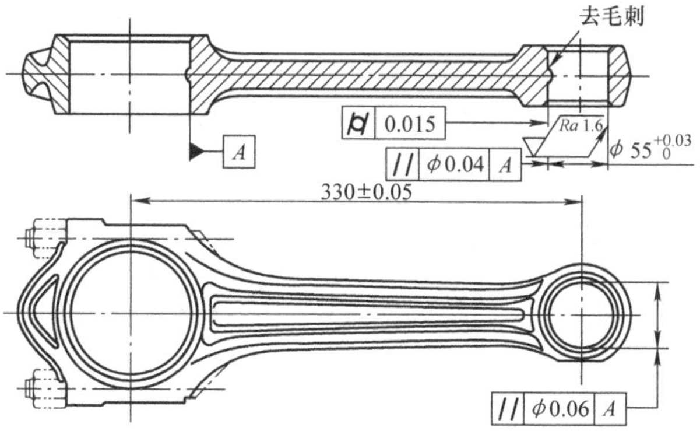 去毛刺 0.015 Ra 1.6 A // ϕ0.04 A $\phi 55^{+0.03}_{0}$ 330±0.05 // ϕ0.06 A	两面四轴金刚镗床

（续）

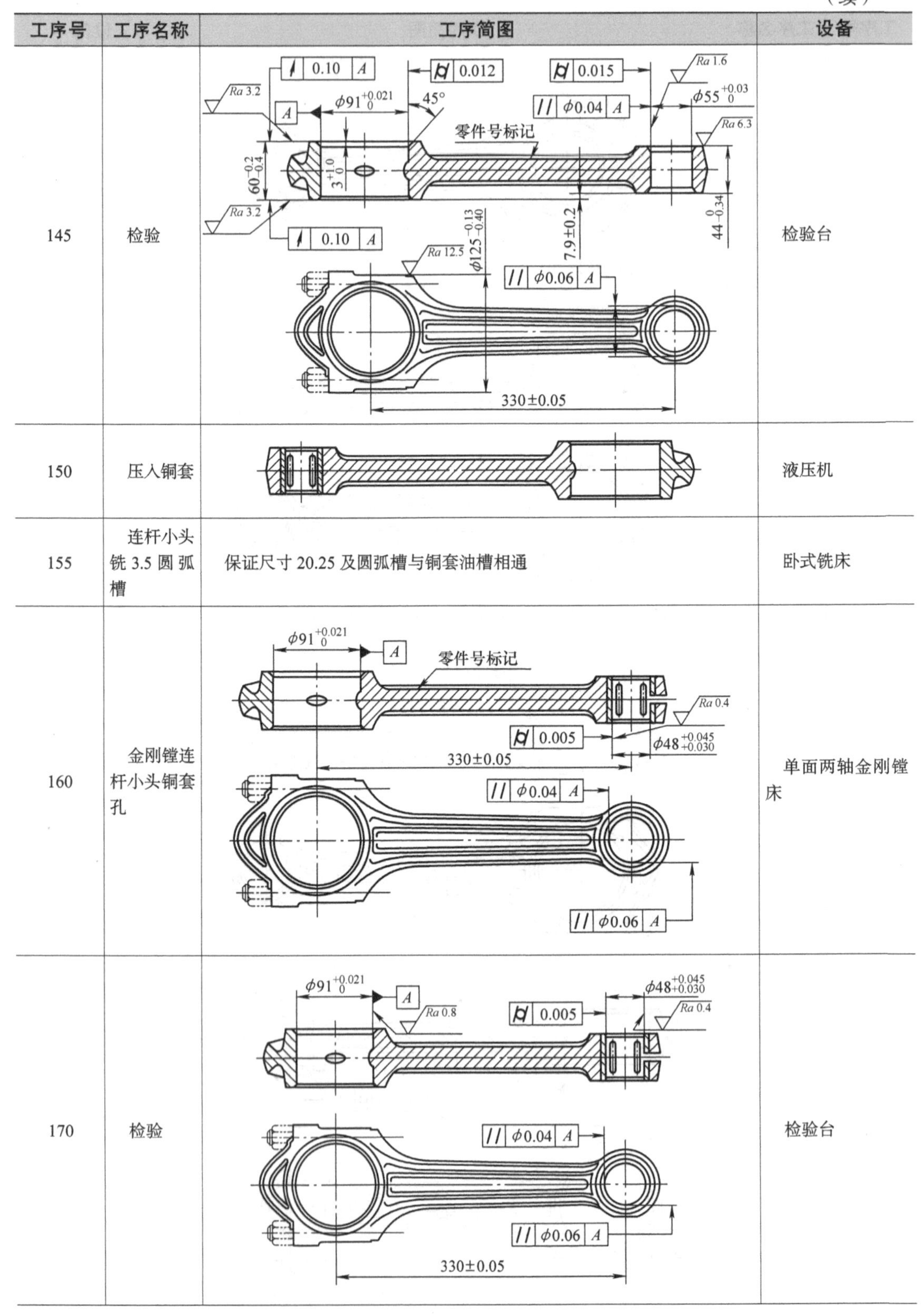

工序号	工序名称	工序简图	设备
145	检验		检验台
150	压入铜套		液压机
155	连杆小头铣 3.5 圆弧槽	保证尺寸 20.25 及圆弧槽与铜套油槽相通	卧式铣床
160	金刚镗连杆小头铜套孔		单面两轴金刚镗床
170	检验		检验台

（续）

工序号	工序名称	工序简图	设备
180	铣连杆和连杆盖上的轴瓦槽及 ϕ16 孔壁的缺口	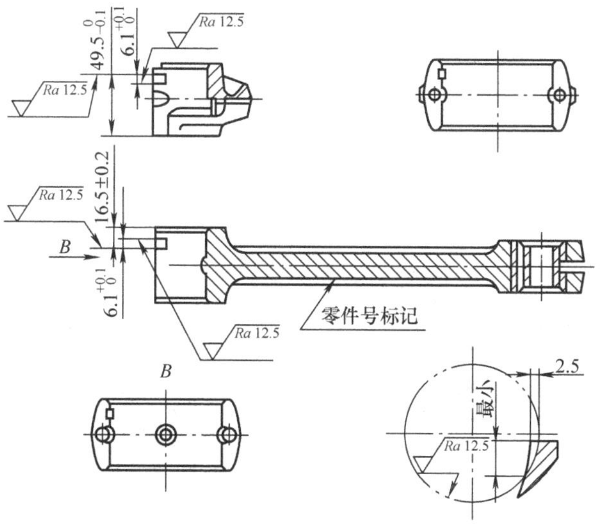 $49.5_{-0.1}^{0}$　$6.1_{0}^{+0.1}$　Ra 12.5　Ra 12.5　16.5 ± 0.2　Ra 12.5　B　$6.1_{0}^{+0.1}$　零件号标记　Ra 12.5　B　2.5　最小　Ra 12.5	卧式铣床
190	清洗、吹净和称重量	1）用煤油清洗零件 2）用压缩空气吹净零件 3）称带盖连杆的重量，将实际重量数值（单位为 g）打印在连杆盖 *H* 面上（位置见 195 工序图），打印时，只打重量的十位和百位数，个位数四舍五入计算，不打整的千克 4）带盖连杆的重量（无螺栓）小于 5200g，连杆盖的重量小于 1400g，连杆体的重量小于 3800g。当连杆盖和连杆体超重时，应在连杆盖顶部和连杆体小头外圆底部去重 5）称重后将连杆按重量分组，同组连杆的重量差应在 10g 之内	清洗机及称重仪
195	检验	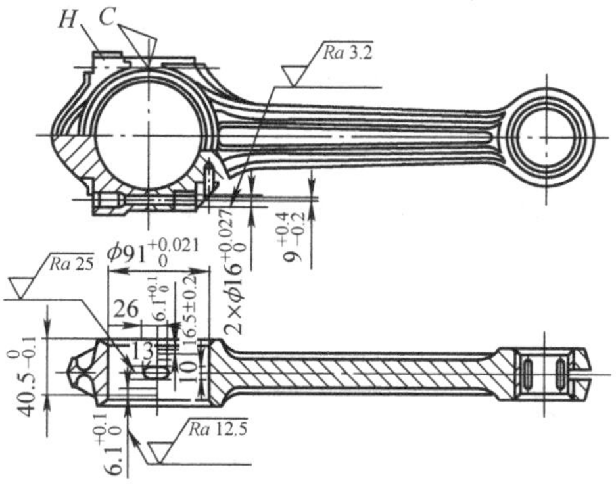 H　C　Ra 3.2　$2\times\phi16_{0}^{+0.027}$　$9_{-0.2}^{+0.4}$　$\phi91_{0}^{+0.021}$　Ra 25　26　$6.1_{0}^{+0.1}$　16.5 ± 0.2　13　10　$40.5_{-0.1}^{0}$　$6.1_{0}^{+0.1}$　Ra 12.5 技术要求： 1）$2\times\phi16_{0}^{+0.027}$ 轴线的平行度公差为 ϕ0.04mm，沿 $\phi91_{0}^{+0.021}$ 轴线方向的平行度公差为 ϕ0.02mm 2）*C* 面对 $\phi91_{0}^{+0.021}$ 轴线的平行度和位置度公差为 0.03mm 3）外观检验	检验台
200	连杆体和连杆盖配对	1）将配对的连杆和连杆盖用钢丝穿在一起 2）钢丝需经退火及发黑处理	钳工台
205	装配连杆和连杆盖	注：此工序仅为备品部分执行	钳工台

四、连杆加工中的典型夹具

1. 铣连杆大、小头端面所用夹具

粗、精铣连杆大、小头端面（工序 5、工序 10）所用夹具如图 3-5 所示。夹具定位部分是 V 形块 15、定位装置 13 和支承 9。夹紧方式为气动夹紧。其夹紧过程为：操纵配气阀 14，气缸进气，推动活塞 1 上移，活塞杆 6 带动拨套 4 推动杠杆 3 绕圆柱销 2 顺时针转动，通过接杆 7 推动压杆 10 绕圆柱销 8 顺时针转动，由浮动压块 11 压紧连杆。

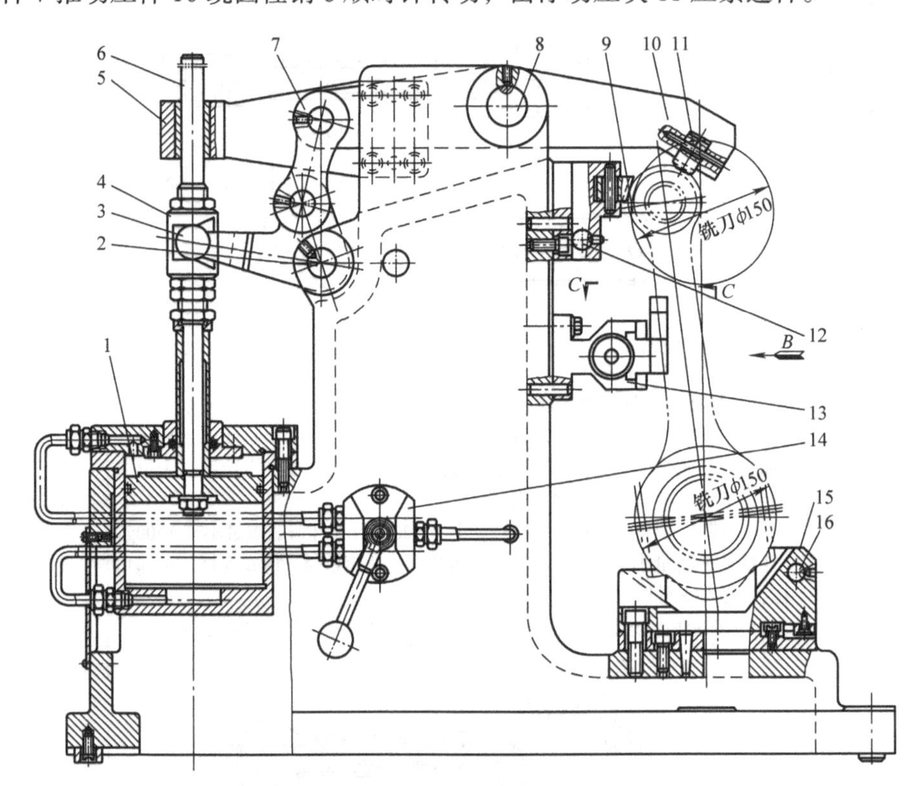

图 3-5 铣连杆大、小头端面所用夹具

1—活塞 2、8—圆柱销 3—杠杆 4—拨套 5—导向臂 6—活塞杆 7—接杆 9—支承 10—压杆 11—浮动压块 12、16—对刀块 13—定位装置 14—配气阀 15—V 形块

2. 扩连杆小头孔所用夹具

扩连杆小头孔（工序 15）所用夹具如图 3-6 所示。夹具定位部分是平面支承 1、支承套 6、浮动锥销 5 和 V 形块 16。V 形块 16 的移动由传动螺杆 9 经拉杆 17 和圆柱销 15 带动。夹紧方式为气动夹紧。其夹紧过程为：操纵配气阀使气缸 14 进气，推动活塞及活塞杆右移（见 *B—B* 视图），通过球面螺钉推动斜楔 13 右移，压下滚轮 11，带动圆柱销 10 压下杠杆 12，再由杠杆 12 带动双头螺杆 4 下移，最后由压板 2 压下连杆和浮动锥销 5，从而实现浮动锥销 5 和支承套 6 对连杆大头孔和端面的定位夹紧。

3. 钻、扩、铰螺栓孔所用夹具

钻、扩、铰连杆螺栓孔（工序 55）所用夹具如图 3-7 所示。夹具定位部分是菱形销 1、

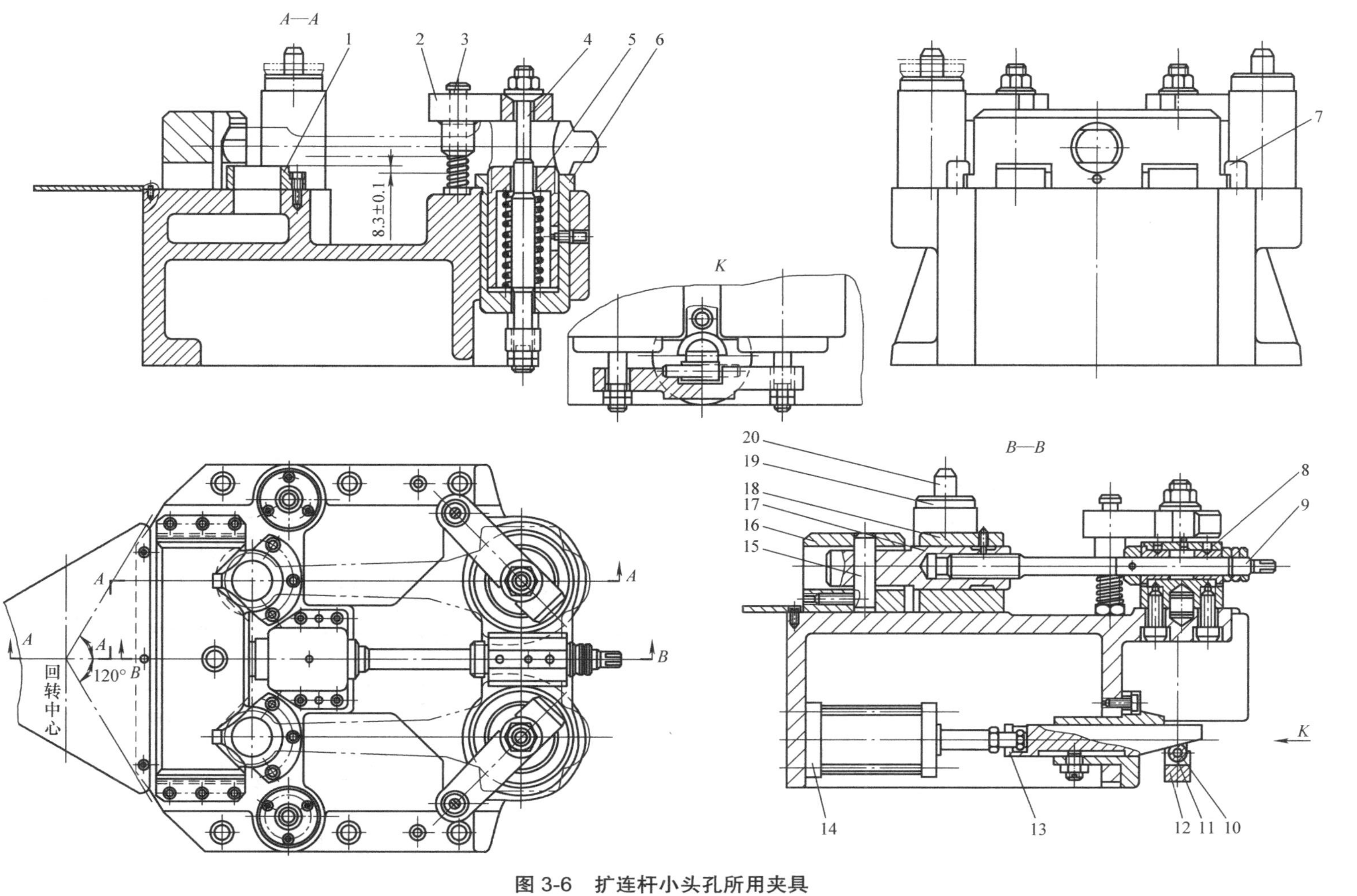

图 3-6　扩连杆小头孔所用夹具

1—平面支承　2—压板　3—螺杆　4—双头螺杆　5—浮动锥销　6—支承套　7—导向压板　8、18—支承座　9—传动螺杆　10、15—圆柱销　11—滚轮　12—杠杆　13—斜楔　14—气缸　16—V 形块　17—拉杆　19—钻模板支承　20—钻模板定位销

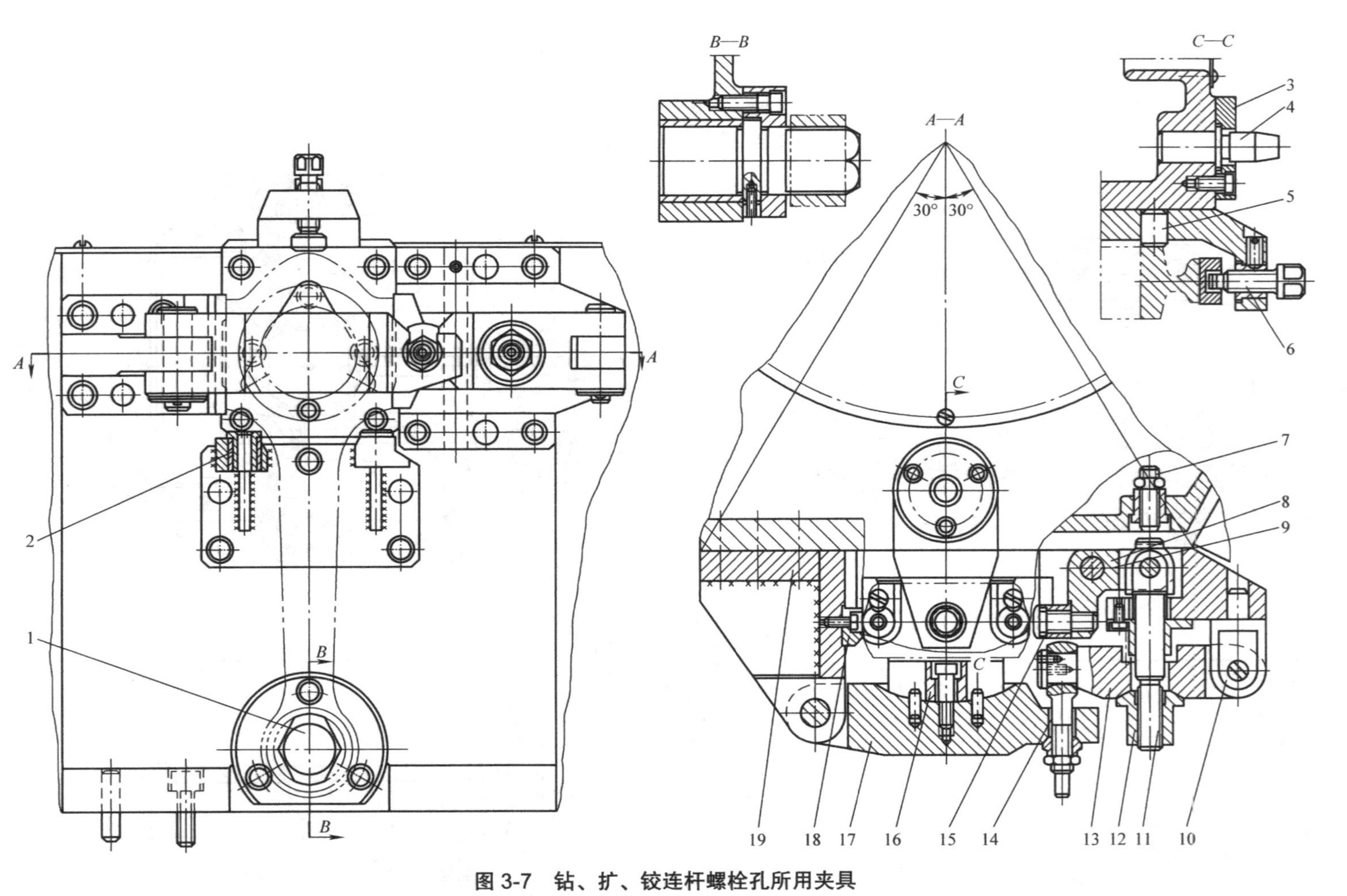

图 3-7 钻、扩、铰连杆螺栓孔所用夹具

1—菱形销 2—钻模套 3—钻模板支承 4—钻模板定位销 5—支承钉（4 个） 6—螺钉 7—限位螺钉 8—拐杆 9—圆柱销 10、19—支座 11、14—活节螺栓 12—螺母 13—压板 15—推板 16—浮动压块 17—主压板 18—侧面支承板支承钉 5 和侧面支承板 18。夹紧方式为电动夹紧。其夹紧过程为：转动螺钉 6 使连杆体和连杆盖的剖切面靠紧，电动扳手使螺母 12 顺时针转动，一方面使活节螺栓 11 外移，带动拐杆 8 绕圆柱销 9 顺时针转动，通过推板 15 向左推动连杆，使连杆大头侧面定位凸台靠紧在侧面支承板18上，另一方面使压板13绕支座10上的销轴逆时针转动，通过浮动压块16夹紧连杆。

4. 精镗连杆大头孔所用夹具

精镗连杆大头孔（工序 110）所用夹具如图 3-8 所示。夹具定位部分是圆柱销 7、平面支承 6 和侧面定位板 17，支承套 8 的端面是预定位，夹紧方式为气动夹紧。其夹紧过程为：活塞杆 10 左移时，通过螺钉 9 推动楔铁 3 左移，压下滚子 2，带动拉杆 5 下移，通过杠杆 12 带动拉杆 13、压板 15 下移，利用浮动压块 16 将连杆大头同时压紧在平面支承 6 和侧面定位板 17 上。

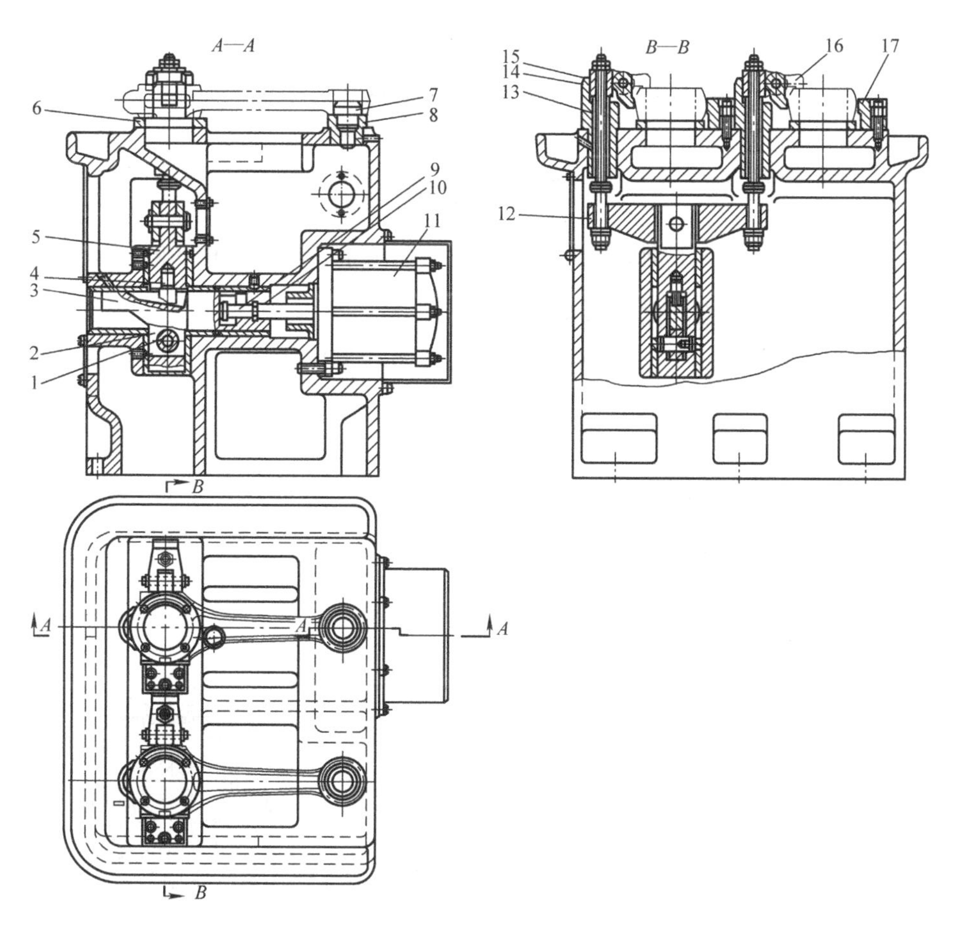

图 3-8　精镗连杆大头孔所用夹具

1—轴　2—滚子　3—楔铁　4—挡铁　5、13—拉杆　6—平面支承　7—圆柱销　8—支承套　9—螺钉　10—活塞杆　11—气缸　12—杠杆　14—衬套　15—压板　16—浮动压块　17—侧面定位板

5. 珩磨连杆大头孔所用夹具

珩磨连杆大头孔（工序 135）所用夹具如图 3-9 所示。夹具采用浮块自动定心结构，夹具定位部分是定位销 2、端面定位套 4 和侧面定位支承 6。夹紧方式为气动夹紧。其夹紧

过程为：气缸中的活塞杆 9 将装在铰链压板 7 上的滚轮 10 顶起，滚轮带动铰链压板 7 绕支架 8 逆时针转动，通过浮动压环 5 将连杆大头端面压紧。

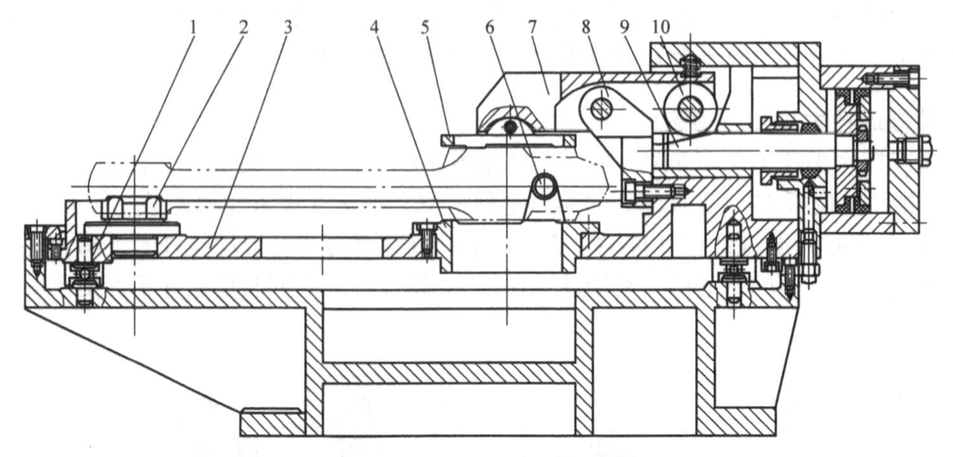

图 3-9 珩磨连杆大头孔所用夹具

1—钢球 2—定位销 3—浮动板 4—端面定位套 5—浮动压环 6—侧面定位支承 7—铰链压板 8—支架 9—活塞杆 10—滚轮

夹具的浮动是借助于 6 个钢球 1 及连接件间的间隙来实现浮动板 3 的浮动而实现的。

6. 金刚镗连杆小头铜套孔所用夹具

金刚镗连杆小头铜套孔（工序 160）所用夹具如图 3-10 所示。夹具的主要定位部分是

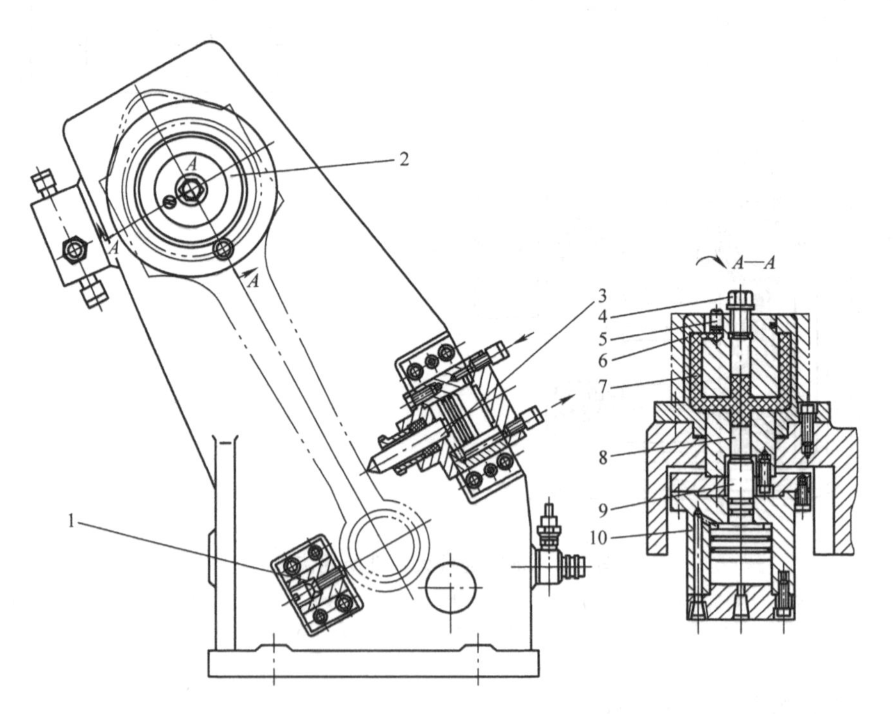

图 3-10 金刚镗连杆小头铜套孔所用夹具

1—定位支承 2—液性塑料心轴 3、9—活塞杆 4—螺钉 5—排气螺钉 6—薄壁套筒 7—液性塑料 8—顶杆 10—液压缸

定位支承 1 和薄壁套筒 6。镗孔时，活塞杆 3 使连杆小头定位凸台紧靠定位支承 1，而液压缸 10 进油，通过活塞杆 9 推动顶杆 8 上移推压液性塑料 7，使薄壁套筒 6 产生均匀的径向弹性变形，实现连杆的定心夹紧。排气螺钉 5 用于排出装入液性塑料时的空气，螺钉 4 用于限制顶杆 8 的移动量。

第三节 曲轴加工

一、曲轴

曲轴是柴油发动机的重要零件。它的作用是把活塞的往复直线运动变成旋转运动，将作用在活塞上的气体压力变成转矩，用来驱动工作机械和柴油发动机各辅助系统进行工作。

曲轴在工作时承受着不断变化的压力、惯性力和它们的力矩作用，因此要求曲轴具有强度高、刚度大、耐磨性好，轴颈表面加工尺寸精确且润滑可靠。

曲轴一般由自由端、功率输出端和若干个曲拐组成。曲拐由主轴颈、连杆轴颈和曲柄组成。曲轴按结构分为整体式和组合式两大类。整体式曲轴具有较高的强度和刚度，结构紧凑，重量轻；组合式曲轴的优点是加工方便，便于系列产品通用，缺点是强度和刚度差，装配复杂。

图 3-11 所示为 4125A 型柴油发动机曲轴零件简图。它是整体式曲轴，有 4 个曲拐；主轴颈和连杆轴颈分布在同一平面内，4 个连杆轴颈在主轴颈两侧呈两两分布，相互夹角 180°；主轴颈和连杆轴颈之间由 4 个斜油孔相通，以便对连杆轴颈润滑。

（1）曲轴的工艺特点　结构复杂，加工的尺寸精度、几何精度和表面质量要求较高；刚性特差，属易弯曲变形的异形轴类零件。

（2）曲轴的主要加工表面　主轴颈；连杆轴颈及法兰盘端面等。其机械加工的主要技术要求已标注在图 3-11 上，但还应满足下列加工要求：

1）曲轴半径误差范围为 ±0.05mm。

2）主轴颈、连杆轴颈与曲柄连接圆角的 $Ra \leqslant 0.4\mu m$。

3）各连杆轴颈轴线之间的角度偏差不大于 ±30′。

4）主轴颈、连杆轴颈需高频感应淬火，硬度为 55~62HRC，淬火层深度不小于 3mm。

5）曲轴的动不平衡量不得大于 120g · cm。

二、曲轴的材料和毛坯

曲轴采用的材料一般是 45、40Mn2、50Mn、40Cr 和 35CrMo 钢，近年也采用高强度的球墨铸铁 QT600-3 来铸造曲轴。

大批大量生产钢制曲轴毛坯时一般采用模锻；单件小批量生产常采用自由锻造，轴颈表面经精加工和热处理。

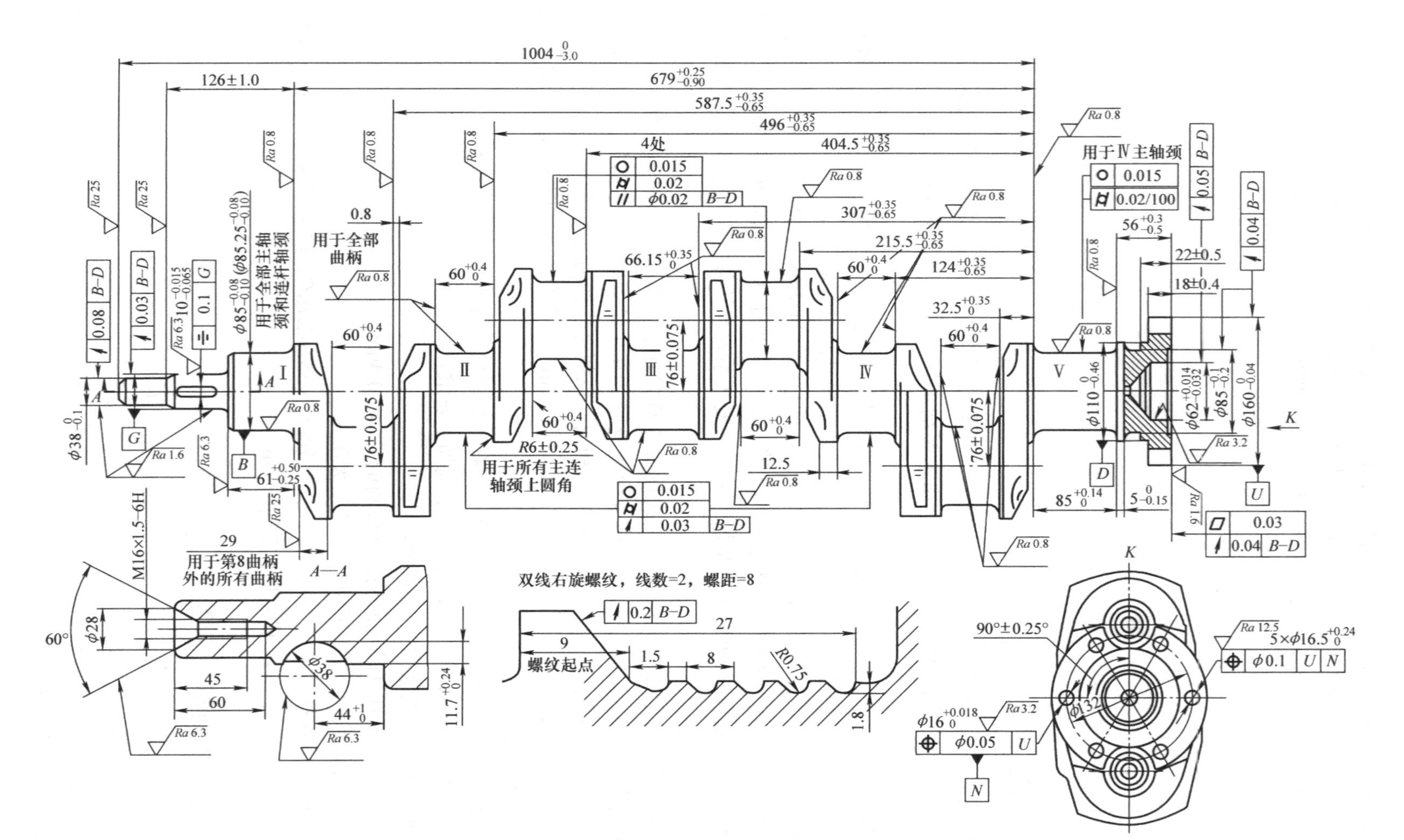

图 3-11 4125A 型柴油发动机曲轴零件简图

图 3-11 所示的曲轴采用的是精选 45 钢模锻毛坯，其锻件图如图 3-12 所示。其锻造工艺过程为：将坯料加热至 1180~1240℃，经模锻锤弯曲预锻及终锻，在压床上切边，再在模锻锤上进行热校正，最后经热处理消除内应力，调整其硬度值到 207~241HBW。曲轴毛坯主要技术要求如下：

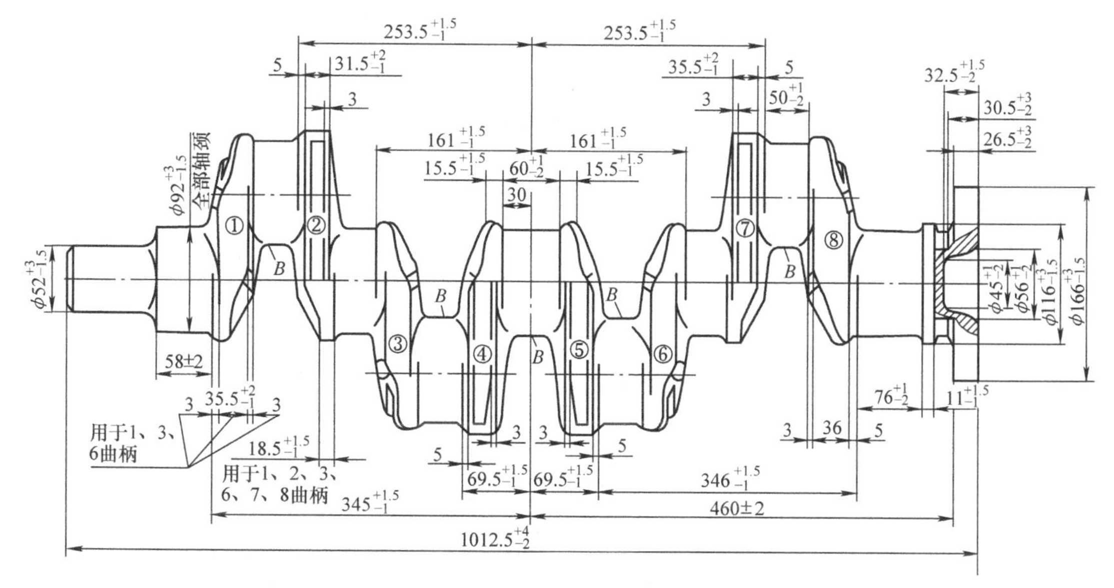

图 3-12　曲轴锻件图

1）热处理：调质 207~241HBW。

2）法兰端面对主轴中心线的垂直度误差不大于 1mm，其上孔（ϕ45mm）中心线对主轴颈的中心线同轴度误差不大于 2mm。

3）错模误差：连杆轴颈纵向不大于 2.5mm，径向不大于 1mm。

4）曲轴弯曲量不大于 1mm。

三、曲轴的机械加工工艺过程

大批大量生产图 3-11 所示曲轴的机械加工工艺过程见表 3-7。

四、曲轴加工中的典型夹具

1. 车削曲轴连杆轴颈所用夹具

车削曲轴第二、第三连杆轴颈（工序 60）所用夹具如图 3-13 所示。夹具定位部分为半圆定位套 3、5、6、9 和支承板 8。其夹紧过程分为左、右两部分，夹紧原理相同。右部分夹紧过程是：主轴末端液压缸中的活塞杆推动推杆 11，通过铰链轴 10 使杠杆 22 沿机床轴向前移，通过导杆 21、支承钉 20 使斜楔 19 右移，带动斜楔套 15 与活节螺栓 14 同时下移，通过螺母 13 和随动垫圈 12 对铰链压板 7 的作用实现对曲轴的夹紧。

止转螺钉 16 用于防止斜楔 19 转动；斜楔套 15 和活节螺栓 14 用挡板 17、沉头螺钉 18 铰连在一起。

表 3-7 大批大量生产图 3-11 所示曲轴的机械加工工艺过程

工序号	工序名称	工序简图	设备
5	锪曲轴前端面，并从两面钻中心孔	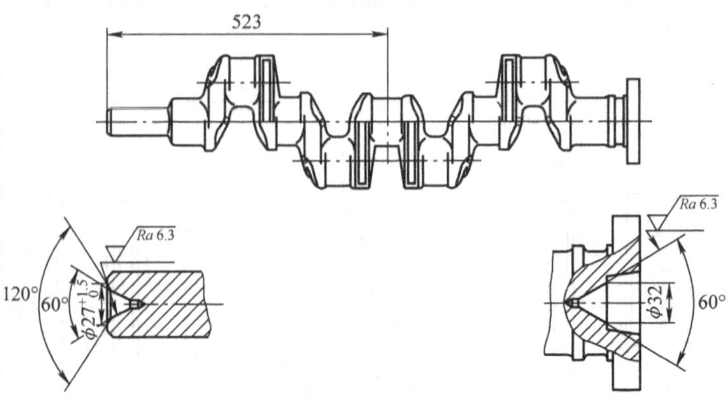	卧式双面中心孔钻床
10	切曲轴第四、第五侧板面，并车第三主轴颈	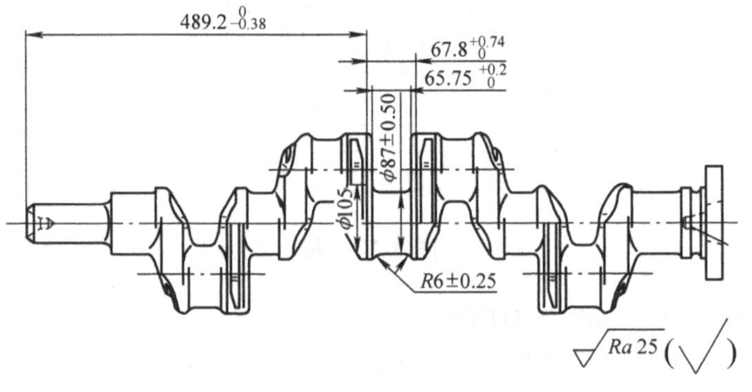	特种多刀车床
15	矫直	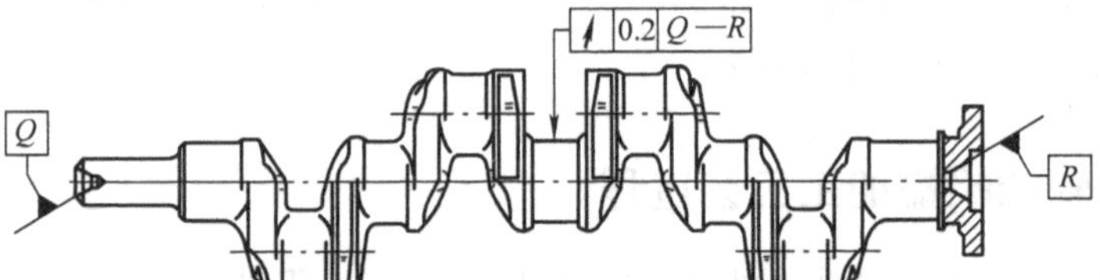 矫直时，曲轴的弯曲挠度允许在 5mm 范围内	压床
20	粗磨曲轴第三主轴颈	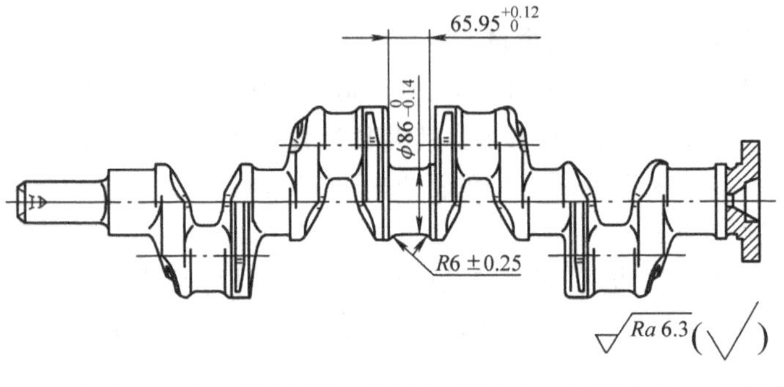	外圆磨床

（续）

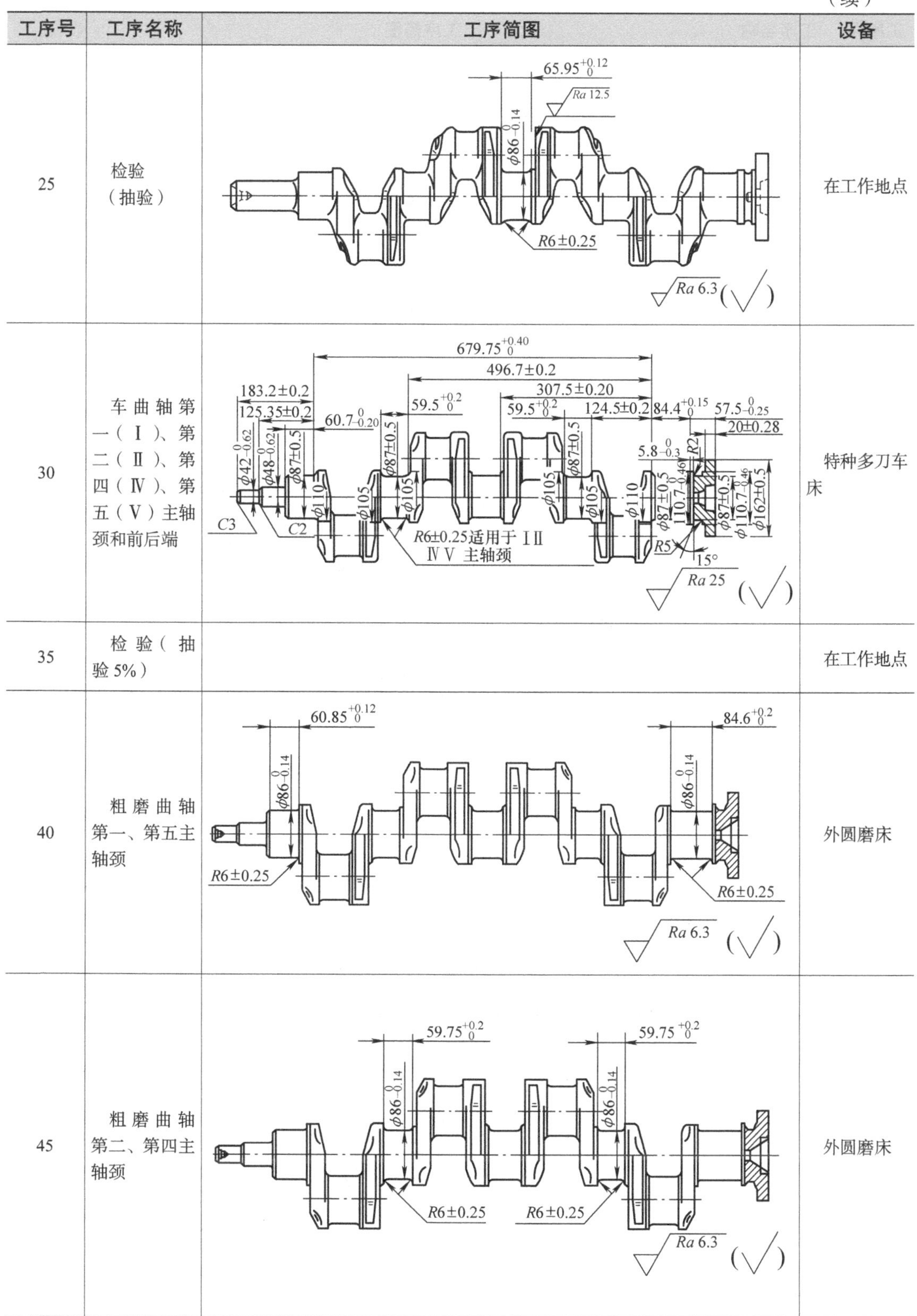

工序号	工序名称	工序简图	设备
25	检验（抽验）		在工作地点
30	车曲轴第一（Ⅰ）、第二（Ⅱ）、第四（Ⅳ）、第五（Ⅴ）主轴颈和前后端		特种多刀车床
35	检验（抽验 5%）		在工作地点
40	粗磨曲轴第一、第五主轴颈		外圆磨床
45	粗磨曲轴第二、第四主轴颈		外圆磨床

（续）

工序号	工序名称	工序简图	设备
50	铣定位面“*E*”	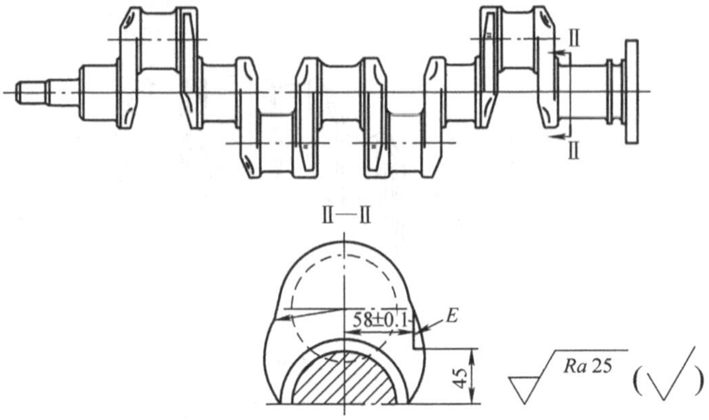	卧式铣床
55	切曲轴第一、第二、第七、第八侧板，并粗车第一、第四连杆轴颈	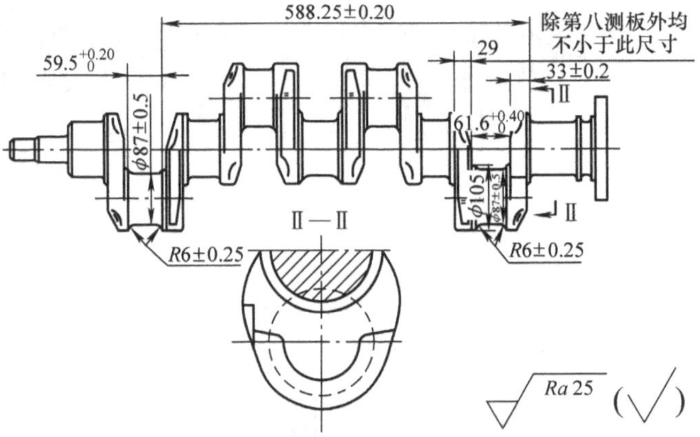	特种多刀车床
60	粗车第二、第三连杆轴颈、切曲轴第三、第四、第五、第六侧板	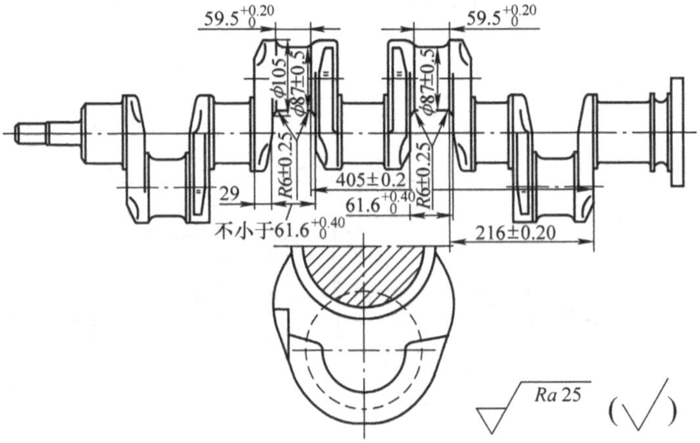	特种多刀车床

（续）

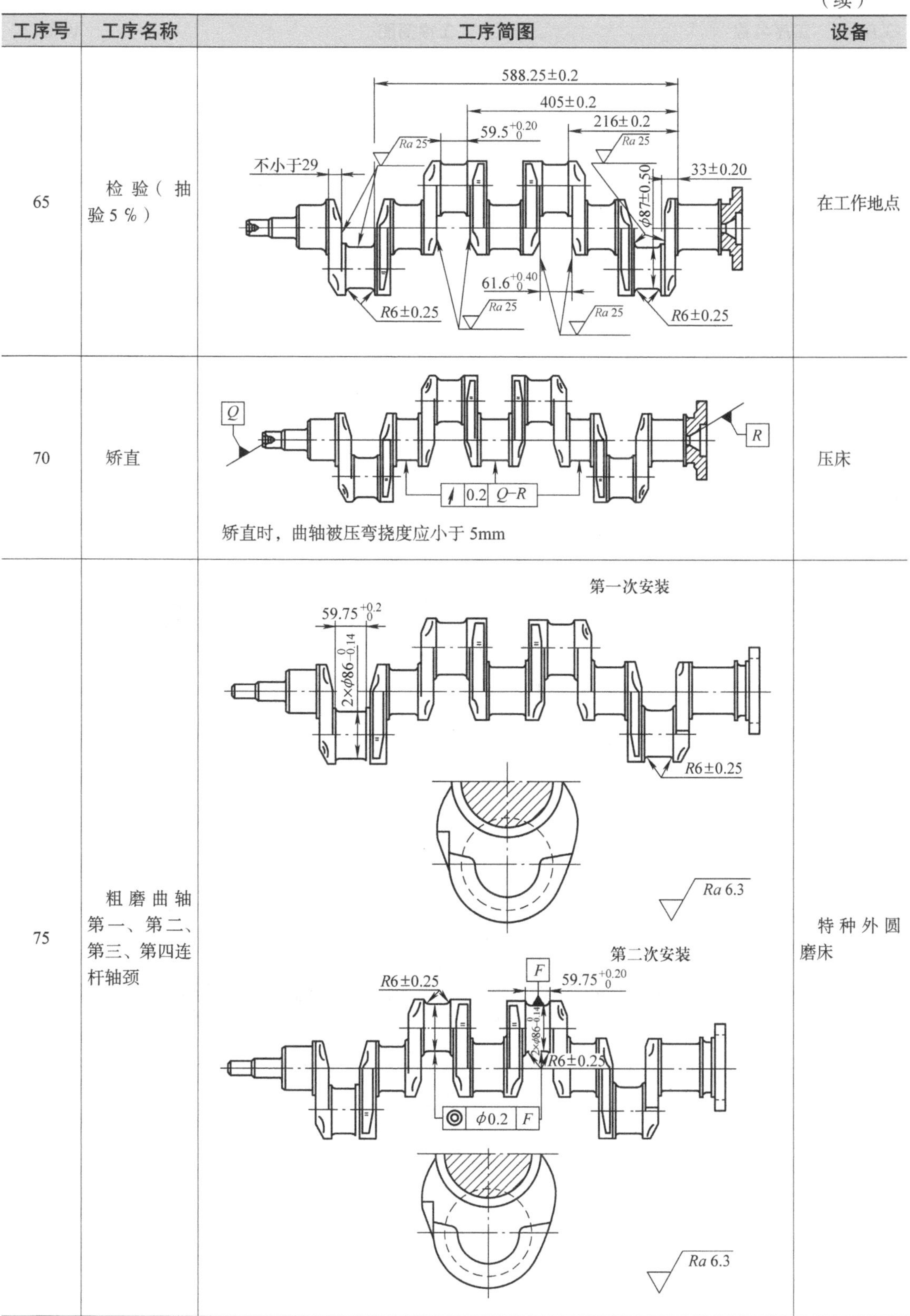

工序号	工序名称	工序简图	设备
65	检验（抽验5%）		在工作地点
70	矫直	矫直时，曲轴被压弯挠度应小于5mm	压床
75	粗磨曲轴第一、第二、第三、第四连杆轴颈	第一次安装 第二次安装	特种外圆磨床

（续）

工序号	工序名称	工序简图	设备
80	精车曲轴法兰外圆及端面、车油封轴颈并倒角	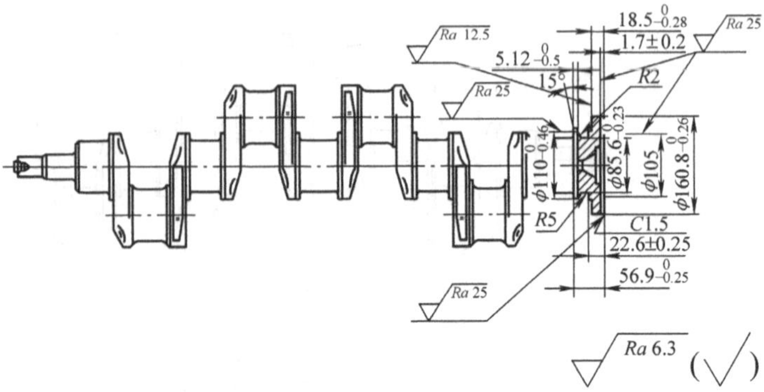 Ra 12.5　Ra 25　$18.5^{0}_{-0.28}$　1.7 ± 0.2　$5.12^{0}_{-0.5}$　15°　R2　$\phi110^{0}_{-0.46}$　$\phi85.6^{0}_{-0.23}$　$\phi105$　$\phi160.8^{0}_{-0.26}$　R5　C1.5　22.6 ± 0.25　$56.9^{0}_{-0.25}$　Ra 6.3 (√)	车床
85	在曲轴第一、第五主轴颈上和第二、第三连杆轴颈上钻4个ϕ8.4mm斜油孔	第一次安装　30　60°23′　Ra 12.5　2×ϕ8.4　⌖ 1.5 C　C　第二次安装　Ra 12.5　2×ϕ8.4　⌖ 1.5 C　C	特种卧式四轴钻床

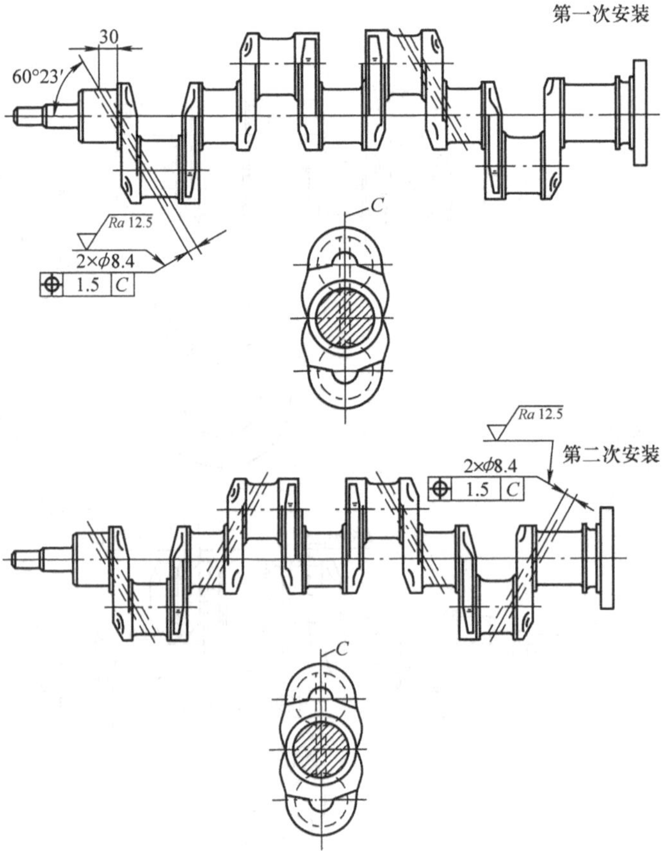

（续）

工序号	工序名称	工序简图	设备
90	铣削曲轴法兰盘上两个工艺弧槽	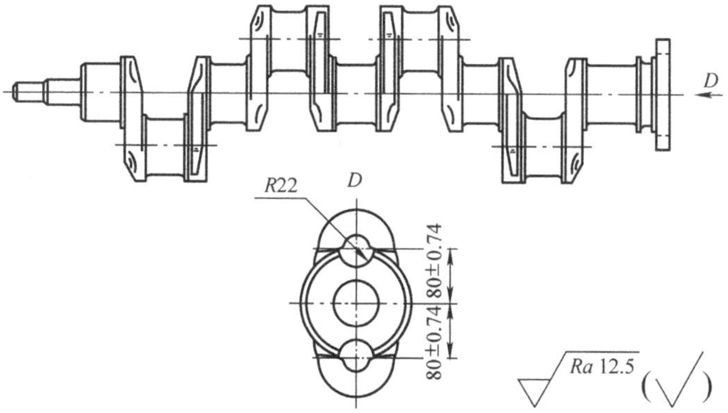 D　R22　D　80±0.74　80±0.74　Ra 12.5 (√)	卧式铣床
95	在曲轴连杆轴颈侧板上钻4个 ϕ31.4mm孔	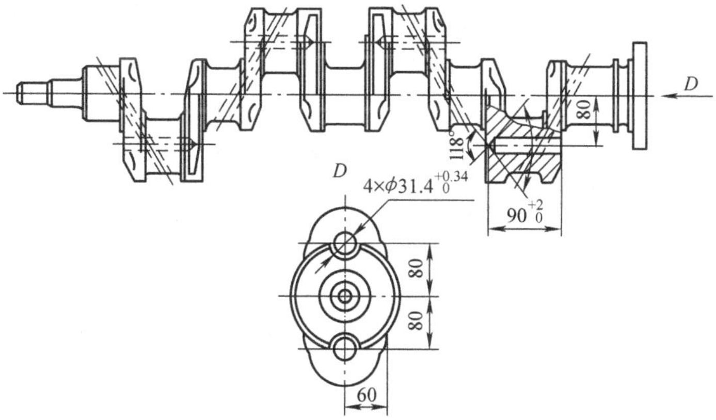 D　80　118°　D　$4\times\phi31.4^{+0.34}_{0}$　90^{+2}_{0}　80　80　60	特种两面四轴钻床
100	在油孔上扩孔、倒角，并在滤油孔上钻小孔	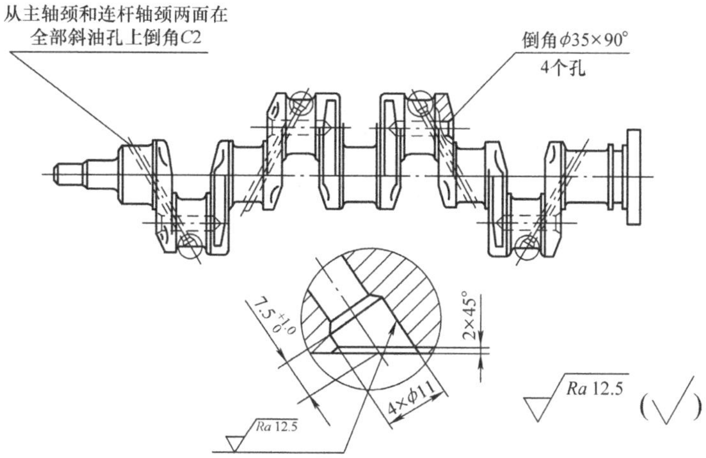 从主轴颈和连杆轴颈两面在全部斜油孔上倒角C2　倒角ϕ35×90° 4个孔　$7.5^{+1.0}_{0}$　2×45°　4×ϕ11　Ra 12.5　Ra 12.5 (√)	五面组合钻床

（续）

工序号	工序名称	工序简图	设备
100	在油孔上扩孔、倒角，并在滤油孔上钻小孔	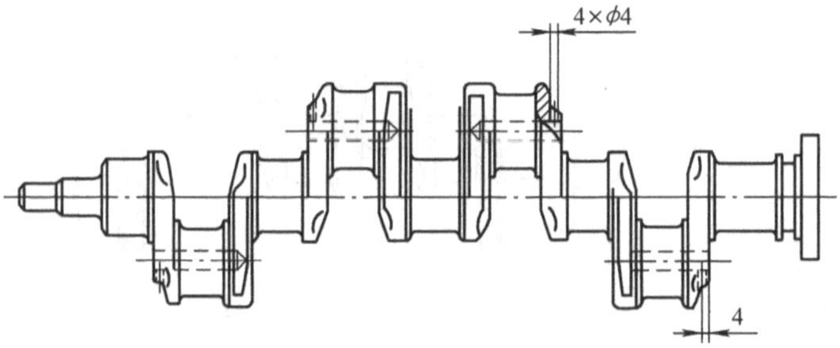 4×ϕ4 4	五面组合钻床
105	在4个孔中攻螺纹M33×1.5	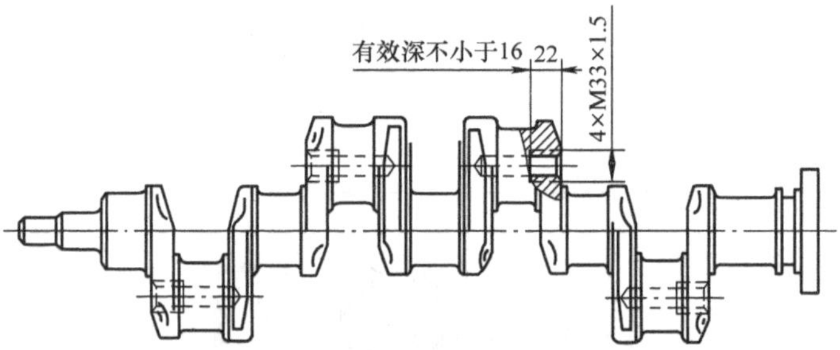 有效深不小于16 22 4×M33×1.5	特种双面卧式四轴攻螺纹机床
110	铣回油螺纹	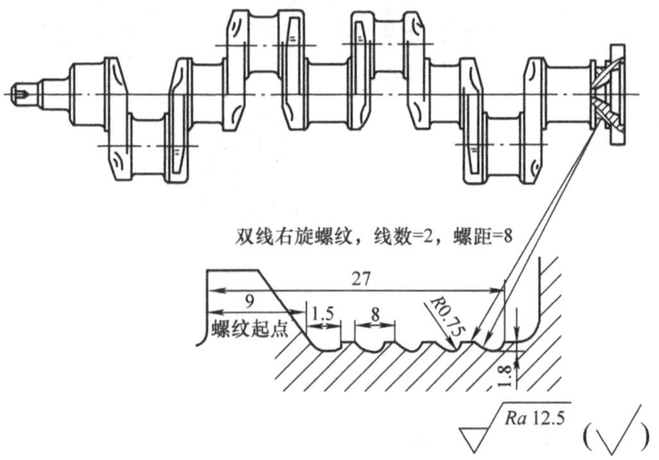 双线右旋螺纹，线数=2，螺距=8 27 9 1.5 8 R0.75 螺纹起点 1.8 Ra 12.5 (√)	螺纹铣床
115	矫直	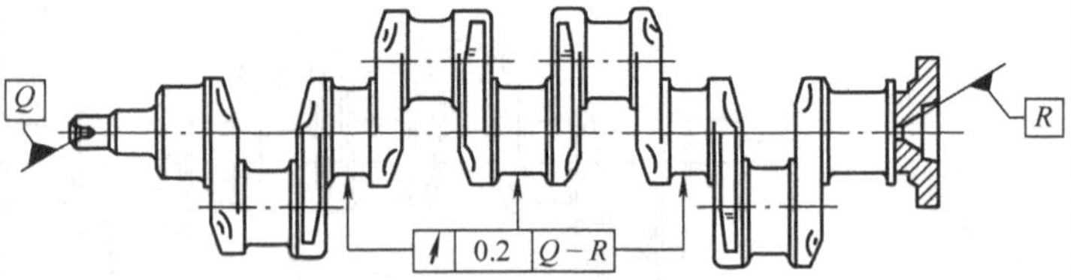 Q R 0.2 Q−R 矫直时，曲轴被压弯的程度应小于5mm	压床
120	去毛刺	在所有侧面去除机械加工所留下的毛刺 在 ϕ31.4mm 的孔内和 ϕ8.4mm 孔相交处清理毛刺	在辊道上
125	清洗并吹净	在乳化液中清洗曲轴，重点清洗顶尖孔和滤油孔，保证没有铁屑、油污和其他脏物，清洗时间不少于3min，清洗的同时，通入压缩空气以提高清洗效果，清洗后用压缩空气吹净零件，并用擦布擦净中心孔表面	清洗机

（续）

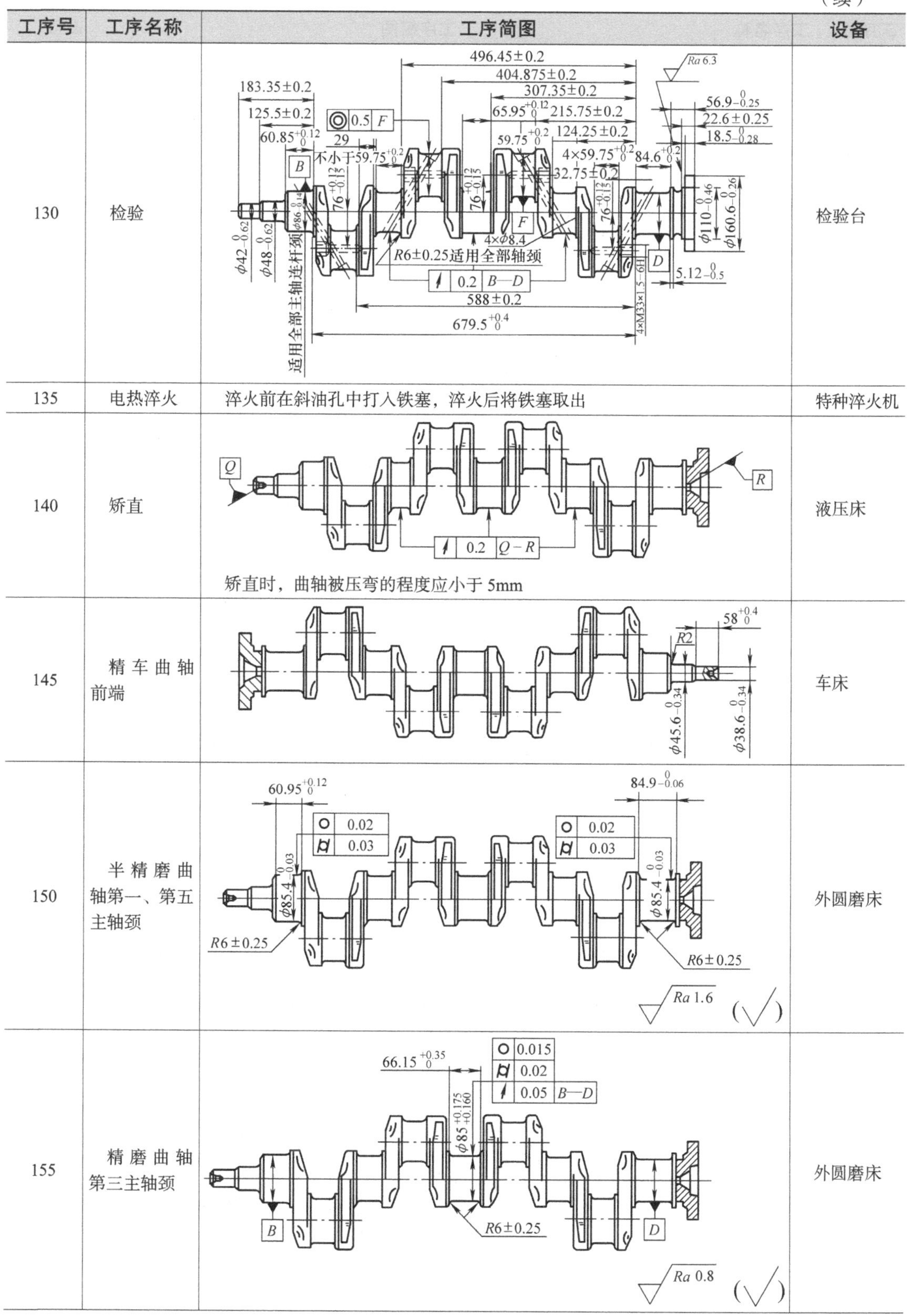

工序号	工序名称	工序简图	设备
130	检验		检验台
135	电热淬火	淬火前在斜油孔中打入铁塞，淬火后将铁塞取出	特种淬火机
140	矫直	矫直时，曲轴被压弯的程度应小于5mm	液压床
145	精车曲轴前端		车床
150	半精磨曲轴第一、第五主轴颈		外圆磨床
155	精磨曲轴第三主轴颈		外圆磨床

（续）

工序号	工序名称	工序简图	设备
160	半精磨曲轴第二、第四主轴颈	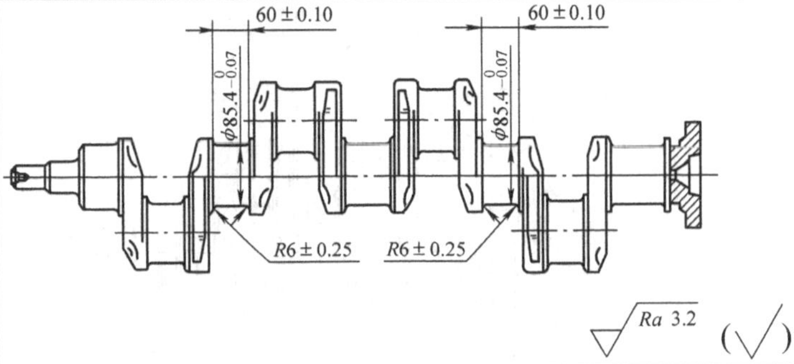	外圆磨床
165	精磨曲轴第一、第五主轴颈	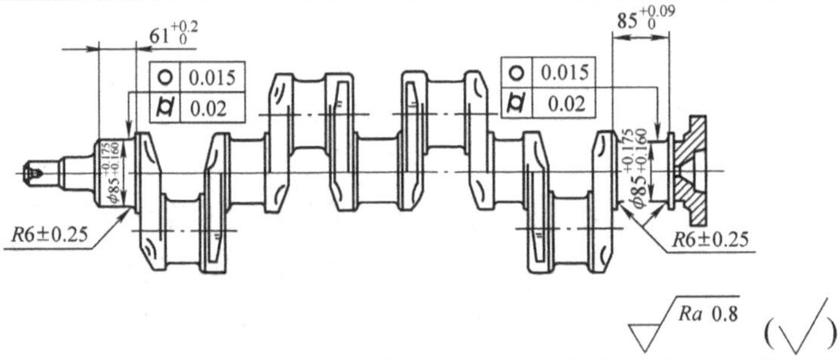	外圆磨床
170	精磨曲轴第二、第四主轴颈	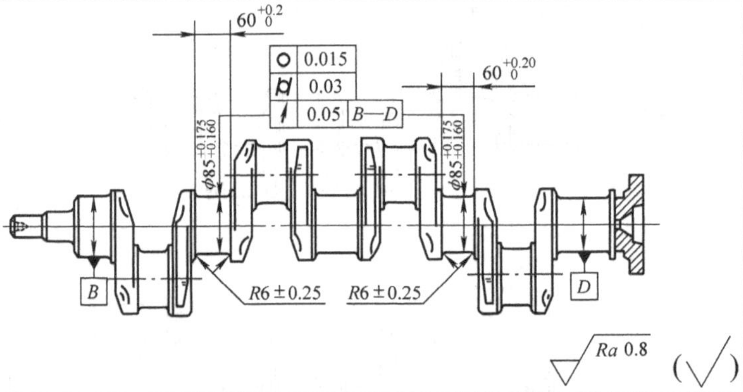	外圆磨床
175	矫直	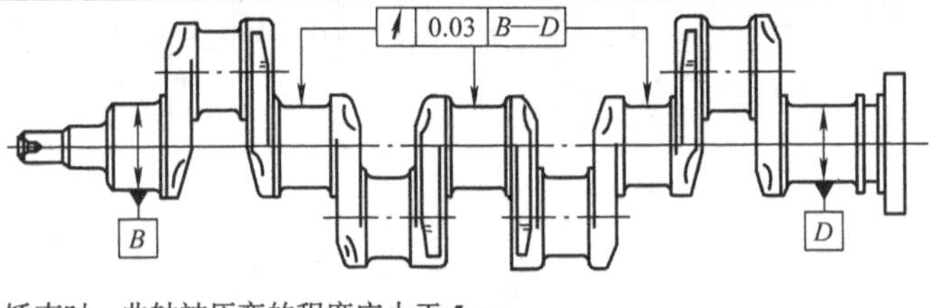 矫直时，曲轴被压弯的程度应小于 5mm	液压床
180	精磨曲轴法兰外圆和油封轴顶颈	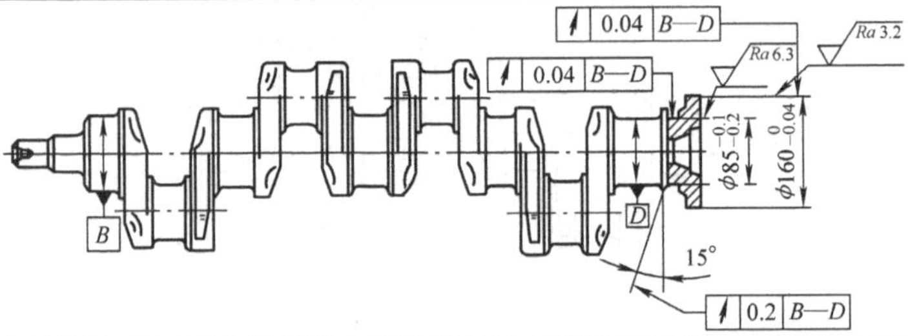	外圆磨床

（续）

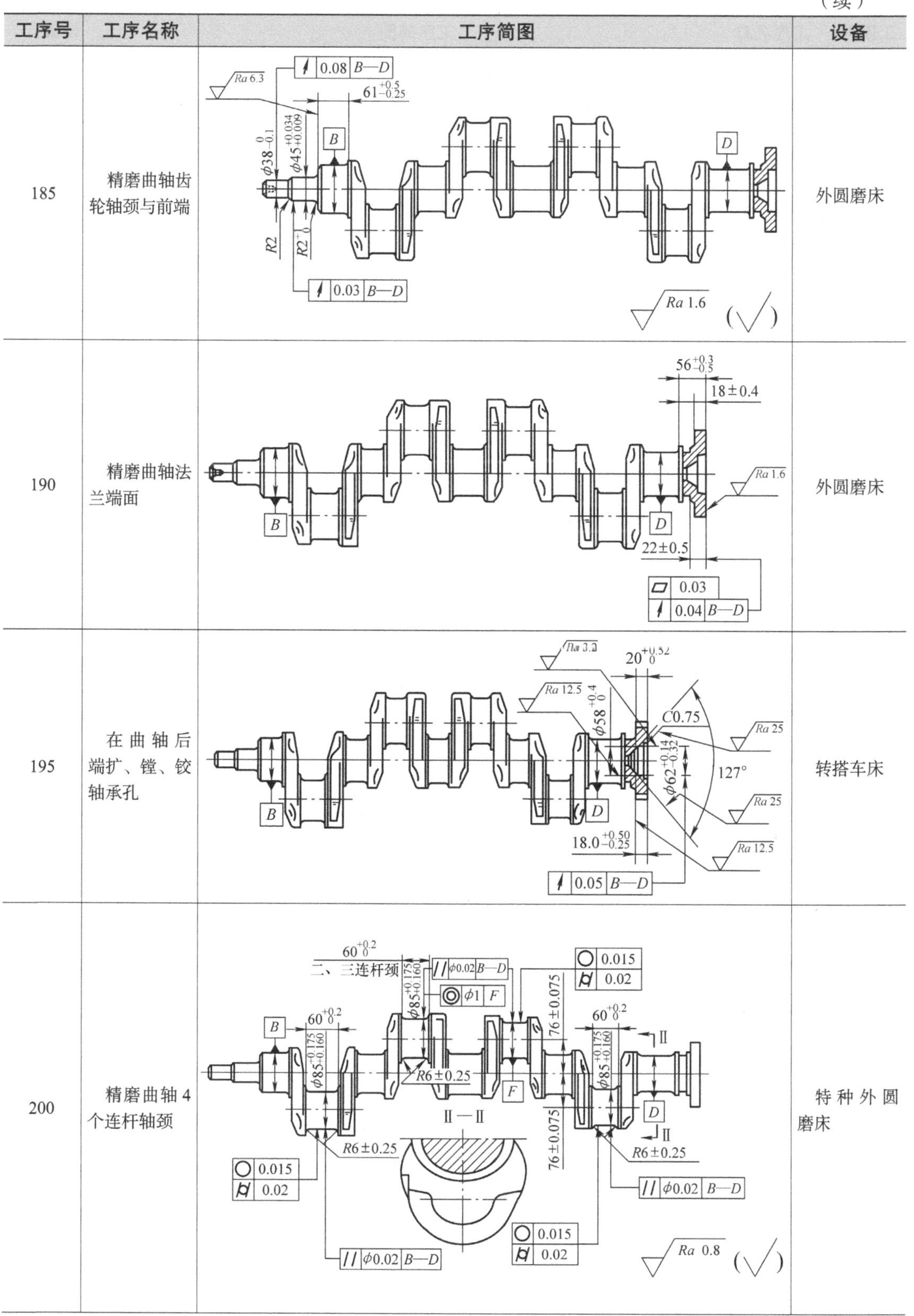

工序号	工序名称	工序简图	设备
185	精磨曲轴齿轮轴颈与前端		外圆磨床
190	精磨曲轴法兰端面		外圆磨床
195	在曲轴后端扩、镗、铰轴承孔		转搭车床
200	精磨曲轴4个连杆轴颈		特种外圆磨床

（续）

工序号	工序名称	工序简图	设备
205	在曲轴法兰上钻、扩、铰2个定位孔和4个螺栓通孔	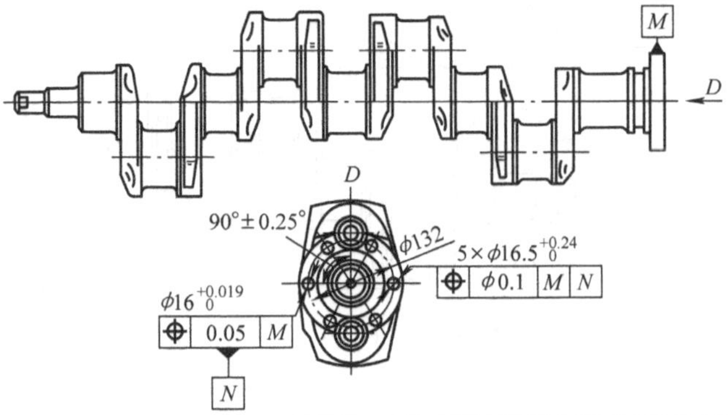 M D 90°±0.25° ϕ132 5×ϕ16.5$^{+0.24}_{0}$ ϕ0.1 M N ϕ16$^{+0.019}_{0}$ 0.05 M N	单面卧式十二轴组合机床（自制）
210	在曲轴前端铣键槽、钻孔并攻螺纹	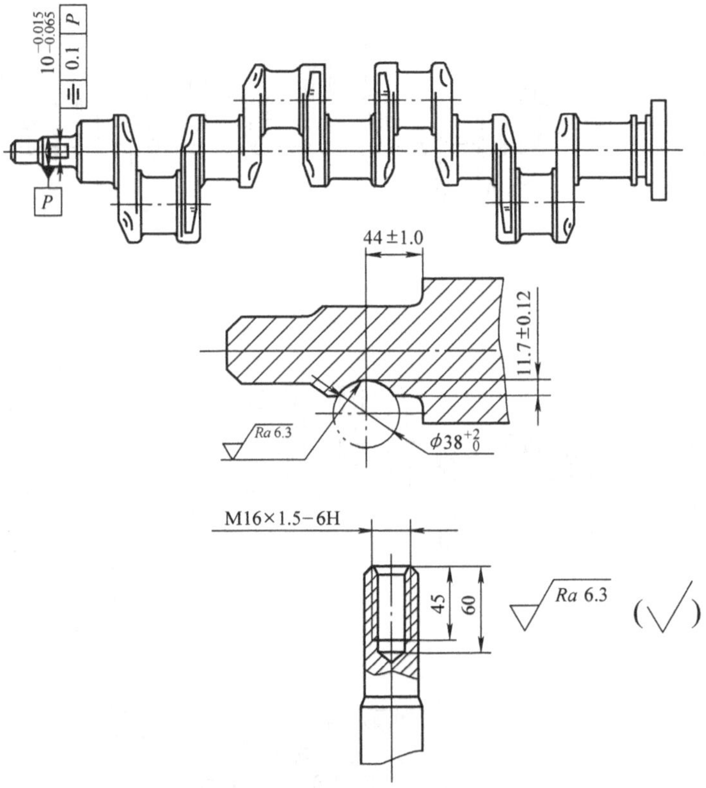 10$^{-0.015}_{-0.065}$ 0.1 P P 44±1.0 11.7±0.12 Ra 6.3 ϕ38$^{+2}_{0}$ M16×1.5−6H 45 60 Ra 6.3 (√)	卧式铣床
215	装管子	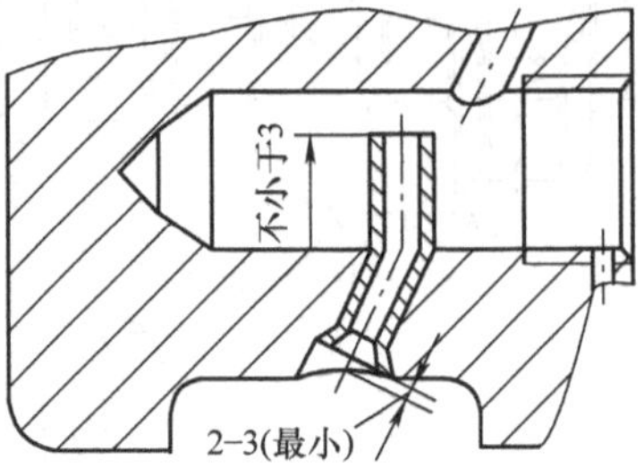 不小于3 2~3(最小) 杂质分离管必须清洁，其内壁不得有铁屑氧化皮和其他脏物	在辊道上

（续）

工序号	工序名称	工序简图	设备
220	去毛刺、吹净	在所有油道孔口处抛光棱边；在侧面、法兰、主轴颈和连杆轴颈上去毛刺，仔细吹净曲轴油孔中的切屑和油污	在辊道上
225	检验	$1004_{-3.0}^{0}$　126 ± 1.0　$679_{-0.90}^{+0.25}$　$587.5_{-0.65}^{+0.35}$　$496_{-0.65}^{+0.35}$　4处　$404.5_{-0.65}^{+0.35}$ 0.015　0.02　$\phi 0.02$　B—D　$307_{-0.65}^{+0.35}$　$215.5_{-0.65}^{+0.35}$　$124_{-0.65}^{+0.35}$　$32.5_{0}^{+0.35}$　$66.15_{0}^{+0.35}$　$60_{0}^{+0.4}$ 0.8　用于全部曲柄　$\phi 85_{-0.10}^{-0.08}$($\phi 85.25_{-0.10}^{-0.08}$)　用于全部主轴颈和连杆轴颈　$10_{-0.063}^{-0.013}$　0.1 G　0.08 B—D　0.03 B—D I　II　III　IV　V　A　$\phi 38_{-0.1}^{0}$　$61_{-0.25}^{+0.5}$　76 ± 0.075　R6±0.25　用于所有主连轴颈上圆角　12.5　0.015　0.02　0.03 B—D　$85_{0}^{+0.14}$　$5_{-0.15}^{0}$ 用于IV主轴颈　0.015　0.02/100　0.05 B—D　0.04 B—D　$56_{-0.5}^{+0.3}$　22 ± 0.5　18 ± 0.4　$\phi 110_{-0.46}^{0}$　$\phi 62_{-0.032}^{+0.014}$　$\phi 85_{-0.2}^{-0.1}$　$\phi 160_{-0.04}^{0}$　K 29　用于第8曲柄外的所有曲柄　A—A　M16×1.5—6H　60°　$\phi 28$　45　60　$\phi 38$　44_{0}^{+1}　$11.7_{0}^{+0.24}$ 双线右旋螺纹，线数=2，螺距=8　0.2 B—D　27　9　1.5　8　R0.75　螺纹起点　1.8　$\phi 16_{0}^{+0.018}$　0.05 U　N K　90°±0.25°　0.03　0.04 B—D　$5 \times 16.5_{0}^{+0.24}$　$\phi 0.1$ U N　$\phi 132$	检验台
230	动平衡	曲轴的动不平衡量每端不大于 120g · cm，n=600r/min	动平衡机
235	去除不平衡量	$\phi 132_{-1.5}^{+3.0}$ 在2、4、5、7曲柄上铣去不平衡重量 max40 $\phi 18$ 在2、4、5、7曲柄上 15°　15°　每个曲柄上,钻孔数不超过3个	立式钻床 立式铣床
240	准备交验	在轴颈表面去除所有的尖角和毛刺 仔细地擦净所有轴颈，并用压缩空气吹净 在轴前端用丝锥修整螺纹孔 M16 × 1.5 根据需要用丝锥修整螺纹孔 M33 × 1.5	钳工台
245	矫直	0.03 B—D B　D 矫直时，曲轴被压弯的程度应小于 5mm	液压床

（续）

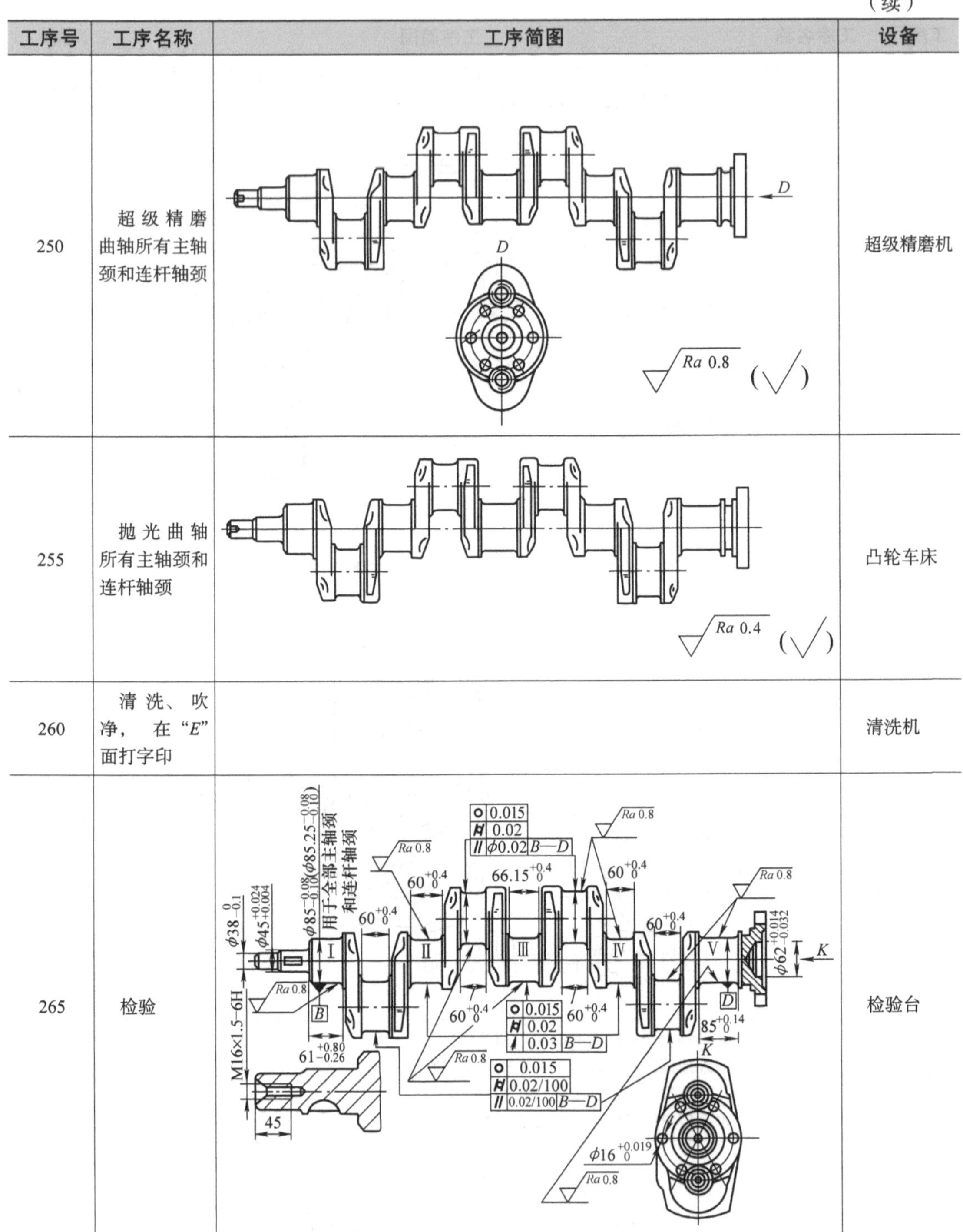

工序号	工序名称	工序简图	设备
250	超级精磨曲轴所有主轴颈和连杆轴颈	D　Ra 0.8 (√)	超级精磨机
255	抛光曲轴所有主轴颈和连杆轴颈	Ra 0.4 (√)	凸轮车床
260	清洗、吹净，在“*E*”面打字印		清洗机
265	检验		检验台

2. 铣曲轴法兰工艺弧槽所用夹具

铣削曲轴法兰盘上两个工艺弧槽（工序 90）所用夹具如图 3-14 所示。夹具定位部分是两个 V 形架 8 和可调支承钉 16。夹具采用斜楔 - 杠杆复合夹紧结构。对第五主轴颈的夹

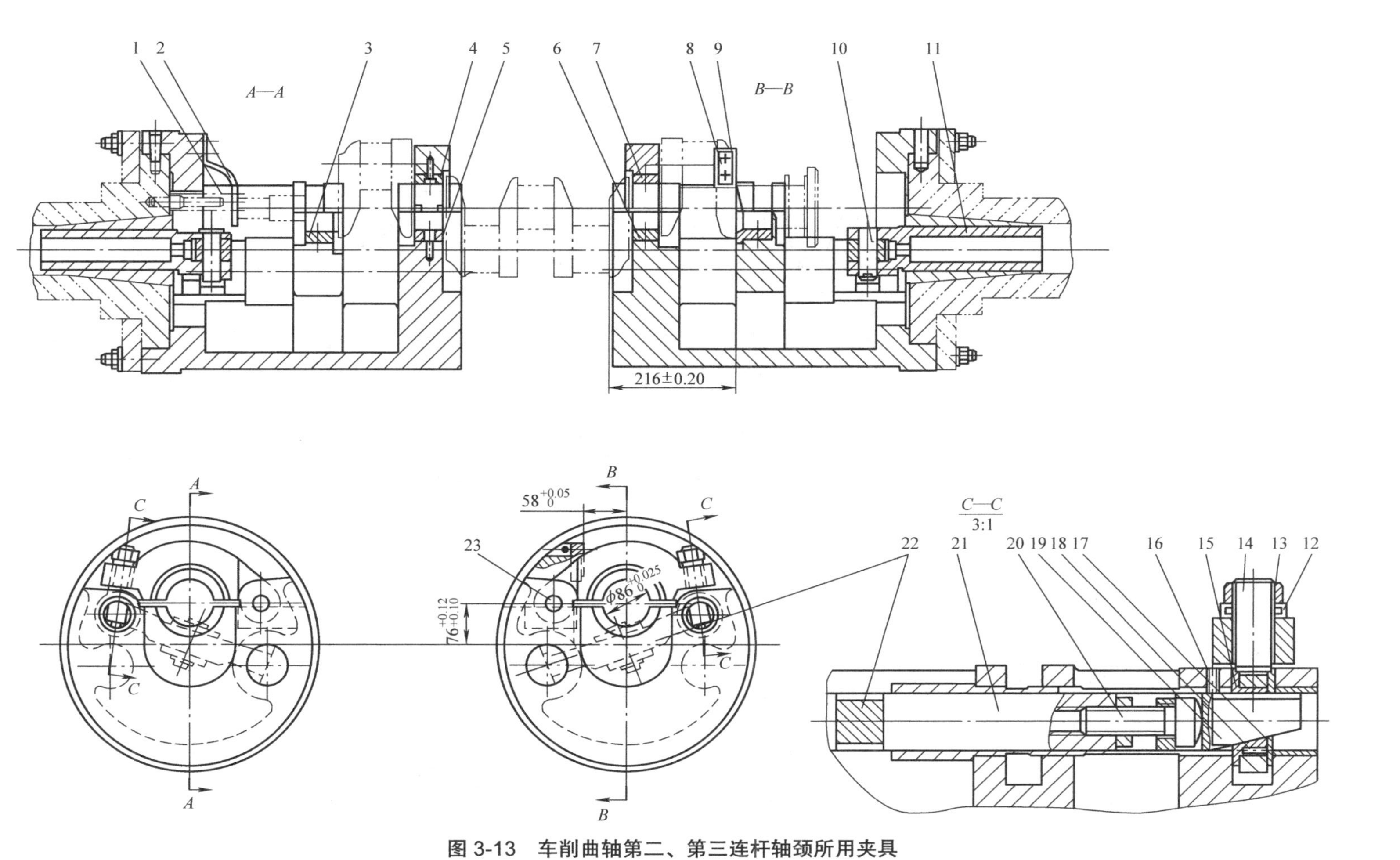

图 3-13　车削曲轴第二、第三连杆轴颈所用夹具

1—弹簧　2—弹性板　3、5、6、9—半圆定位套　4、7—铰链压板　8—支承板　10—铰链轴　11—推杆　12—随动垫圈　13—螺母　14—活节螺栓　15—斜楔套　16—止转螺钉　17—挡板　18—沉头螺钉　19—斜楔　20—支承钉　21—导杆　22—杠杆　23—销轴

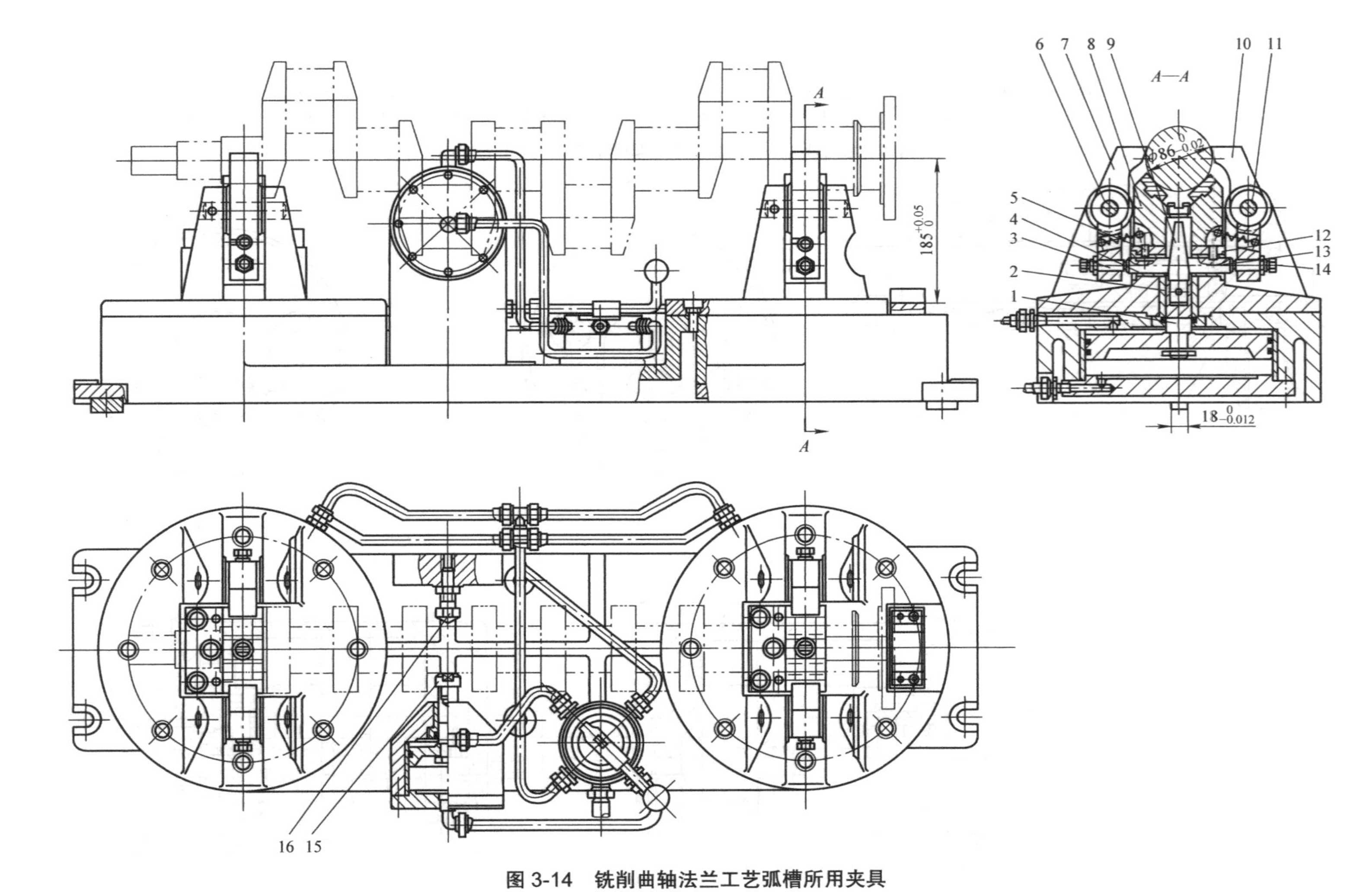

图 3-14　铣削曲轴法兰工艺弧槽所用夹具

1—活塞杆　2—销轴　3、14—调整螺钉　4、13—斜楔　5、12—止转螺钉　6、11—轴　7、10—压板　8—V 形架　9—双面斜楔　15—支承钉　16—可调支承钉

紧过程为：活塞杆 1 推动与其铰连的双面斜楔 9 向上运动，经斜楔 4 和 13 改变作用力的方向，使压板 7、10 分别绕其轴 6、11 转动，实现对曲轴第五轴颈的夹紧。第一主轴颈的夹紧过程与此相同。

对曲轴第二连杆轴颈的夹紧是通过小气缸中的活塞杆直接顶紧的。

3. 粗磨曲轴连杆轴颈所用夹具

粗磨曲轴第一、第二、第三、第四连杆轴颈（工序 75）所用夹具如图 3-15 所示。夹具定位部分是半圆定位套、支承钉 3（用于粗磨第一、第四连杆轴颈）和支承钉 2（用于粗磨第二、第三连杆轴颈）。夹紧采用液压驱动，分左、右两部分，复位由弹簧 4 完成。其夹紧过程是：活塞杆 5 推动压板 6 绕销轴 1 回转，实现曲轴的夹紧。

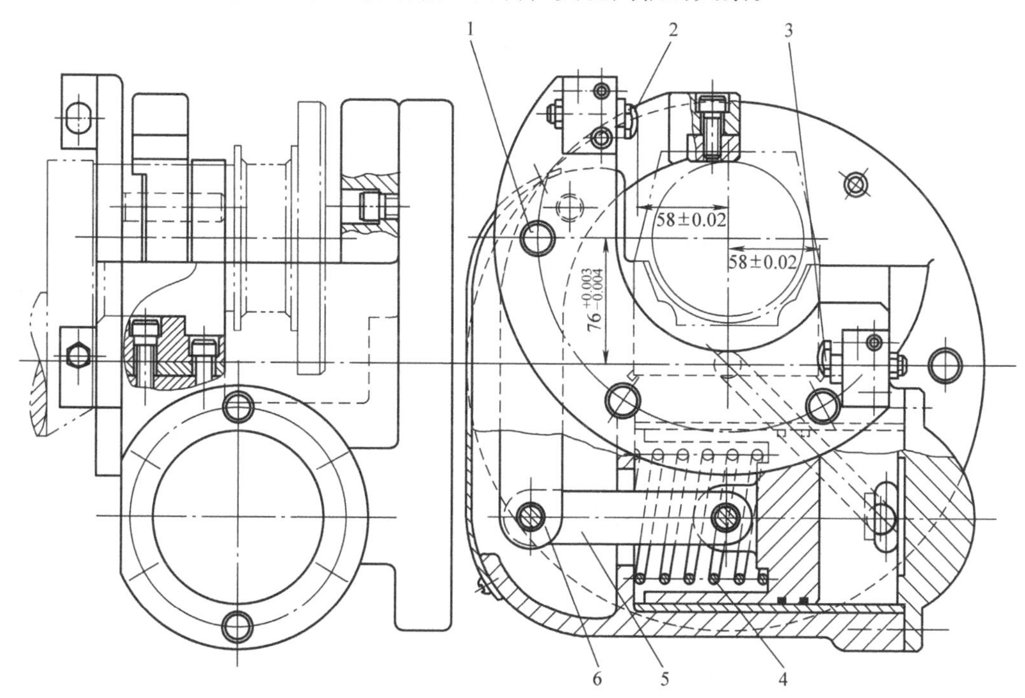

图 3-15　粗磨曲轴第一、第二、第三、第四连杆轴颈所用夹具

1—销轴　2、3—支承钉　4—弹簧　5—活塞杆　6—压板

第四节　气缸体加工

一、气缸体

气缸体是发动机的基础零件和骨架，同时又是发动机总装配时的基准零件。发动机各机构和系统的零部件都安装在它的内部或外部。气缸体的作用是支撑和保证活塞、连杆、曲轴等各运动部件工作时的准确位置，保证发动机的换气、冷却和润滑（其上有气道、水

道和油道)，提供各种辅助系统、部件及发动机的安装基面。

发动机工作时，气缸体承受着各种大小、方向呈周期性变化的气体压力、惯性力及力矩的作用，因此要求气缸体具有合适的材料，合理的结构、尺寸及重量，足够的刚度、加工性能好，安装、维修方便，且密封性、抗振性和耐蚀性良好。

图 3-16 所示为 4125A 型柴油发动机的气缸体。气缸体为整体铸造结构，其上部有 4 个缸套安装孔 1，它的左侧是 8 个挺杆安装孔 4 和通往缸盖的冷却液孔 5，并加工有 21 个缸盖紧固螺栓孔 2 和向缸盖输送润滑油的垂直深油孔 3。

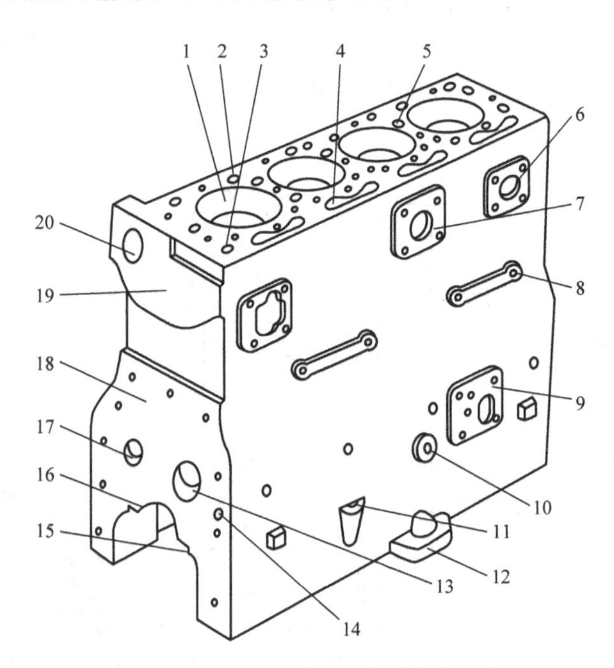

图 3-16 4125A 型柴油发动机气缸体

1—缸套安装孔 2—缸盖紧固螺栓孔 3—垂直深油孔 4—挺杆安装孔 5—冷却液孔 6—工艺孔 7—加油管安装法兰 8—减压轴孔 9—机油滤清器安装平面 10—机油泵出油孔 11—油标尺孔 12—机油泵安装平面 13—凸轮轴安装孔 14—主油道孔 15—主轴定位侧面 16—主轴承座 17—惰轮轴安装孔 18—齿轮室安装平面 19—水泵安装平面 20—分水管

气缸体的水平隔板将缸体分成上下两部分，上段为气缸体水套，下段为曲轴箱。在隔板上 4 个缸套安装孔壁的环形槽内装有橡胶密封圈，防止水套中的水漏入曲轴箱。垂直隔板将气缸体水套和挺杆室分开。曲轴箱有 5 个安装曲轴的主轴承座 16 和 2 个主轴定位侧面 15。

气缸体的前端面从前到后排列有 3 个同轴线的凸轮轴安装孔 13 和惰轮轴安装孔 17，在 3 个凸轮轴安装孔的下方，沿缸体的全长有一长主油道孔 14，其两端用螺栓堵住。从主油道孔到各主轴承、凸轮轴承和惰轮轴承都有油道相通，使从机油滤清器来的液压油能对各轴颈和惰轮等进行润滑。

气缸体的左侧面有工艺孔 6、加油管安装法兰 7、减压轴孔 8、机油滤清器安装平面 9、机油泵出油孔 10、油标尺孔 11 和机油泵安装平面 12。气缸体的右上方有铸成的分水管 20，将水泵流出的水分流到缸体的各缸水套，达到冷却的目的。气缸体的后端面有飞轮壳的安装面。缸体的下平面用以安装油底壳，其内储存润滑油。

（1）气缸体的工艺特点　结构、形状复杂；加工的平面、孔多；内部为空腔，壁厚不均，刚度低；加工精度要求高，属于典型的箱体类加工零件。

（2）气缸体主要加工表面　气缸体顶面、主轴承座侧面、气缸孔、主轴承孔及凸轮轴承孔等，它们的加工精度将直接影响发动机的装配精度和工作性能，主要靠设备精度、工夹具的可靠性和加工工艺的正确合理来保证。

4125A 型柴油机气缸体的主要技术要求见表 3-8。

表 3-8　4125A 型柴油机气缸体主要技术要求

技术要求	精度和表面粗糙度
主轴承孔的精度与表面粗糙度	$\phi 95^{+0.03}_{0}$ mm，*Ra*1.6μm
主轴承孔的圆度	0.02mm
气缸孔的精度与表面粗糙度（底孔）	$\phi 144^{+0.08}_{0}$ mm，*Ra*6.3μm
气缸孔中心线对曲轴中心线的对称度公差	0.05mm
第二、第三、第四主轴承孔对第一、第五主轴承孔的同轴度公差	0.02mm
各凸轮轴承孔同轴度公差	0.03mm
曲轴中心线对凸轮轴中心平行度公差	0.10mm
顶面的平行度公差和表面粗糙度	0.10mm，*Ra*3.2μm

二、气缸体的材料和毛坯

气缸体采用的材料一般是灰铸铁 HT150、HT200 和 HT250，但也有的采用铸铝或钢板。

气缸体是拖拉机中最复杂的零件，它不仅有许多加工精度要求很高的表面，而且还有很多复杂的内腔，不仅壁厚相当薄且有很多加强筋。因此，气缸体毛坯的造型相当复杂，在大批大量生产中都采用金属模机器造型，造型位置为卧式，流水线生产。

图 3-17 所示的气缸体采用灰铸铁 HT150，锻件图如图 3-18 所示（各主要加工表面余量用细交叉线在图上表示）。它采用金属模机器造型，分型面选在主轴承孔的对称平面 *O—O* 上，造型位置为卧式。主轴承孔、凸轮轴轴承孔和缸套孔均铸出，螺栓底孔、主油道孔和工艺孔均不预先铸出。

气缸体在加工前需时效处理，以消除铸件内应力和改善毛坯的力学性能。

三、气缸体的机械加工工艺过程

大批大量生产图 3-17 所示气缸体的机械加工工艺过程见表 3-9。

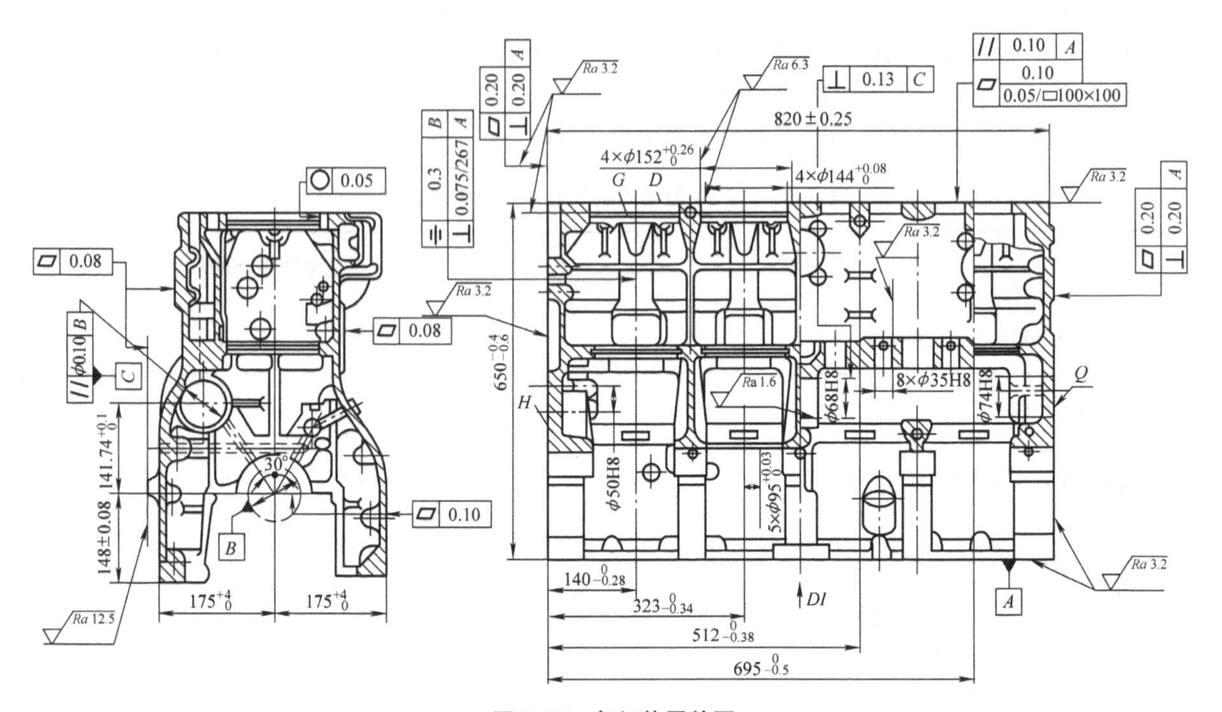

图 3-17　气缸体零件图

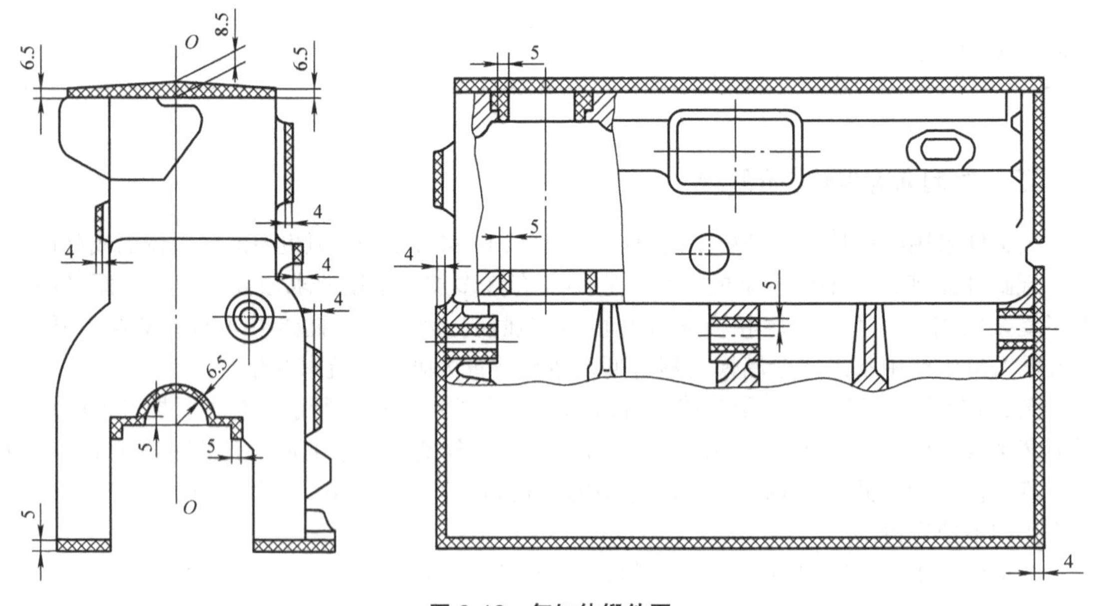

图 3-18　气缸体锻件图

表 3-9　大批大量生产图 3-17 所示气缸体的机械加工工艺过程

工序号	工序名称	工序简图	设备
5	铣气缸体左侧面四块基平面和三个凸台面		双轴卧式铣床
10	粗铣气缸体顶面、底面和右侧放水阀平面		三轴龙门铣床
15	在气缸体底面钻、铰两个定位孔		钻、铰定位孔机床
20	精铣气缸体底面		单轴龙门铣床

（续）

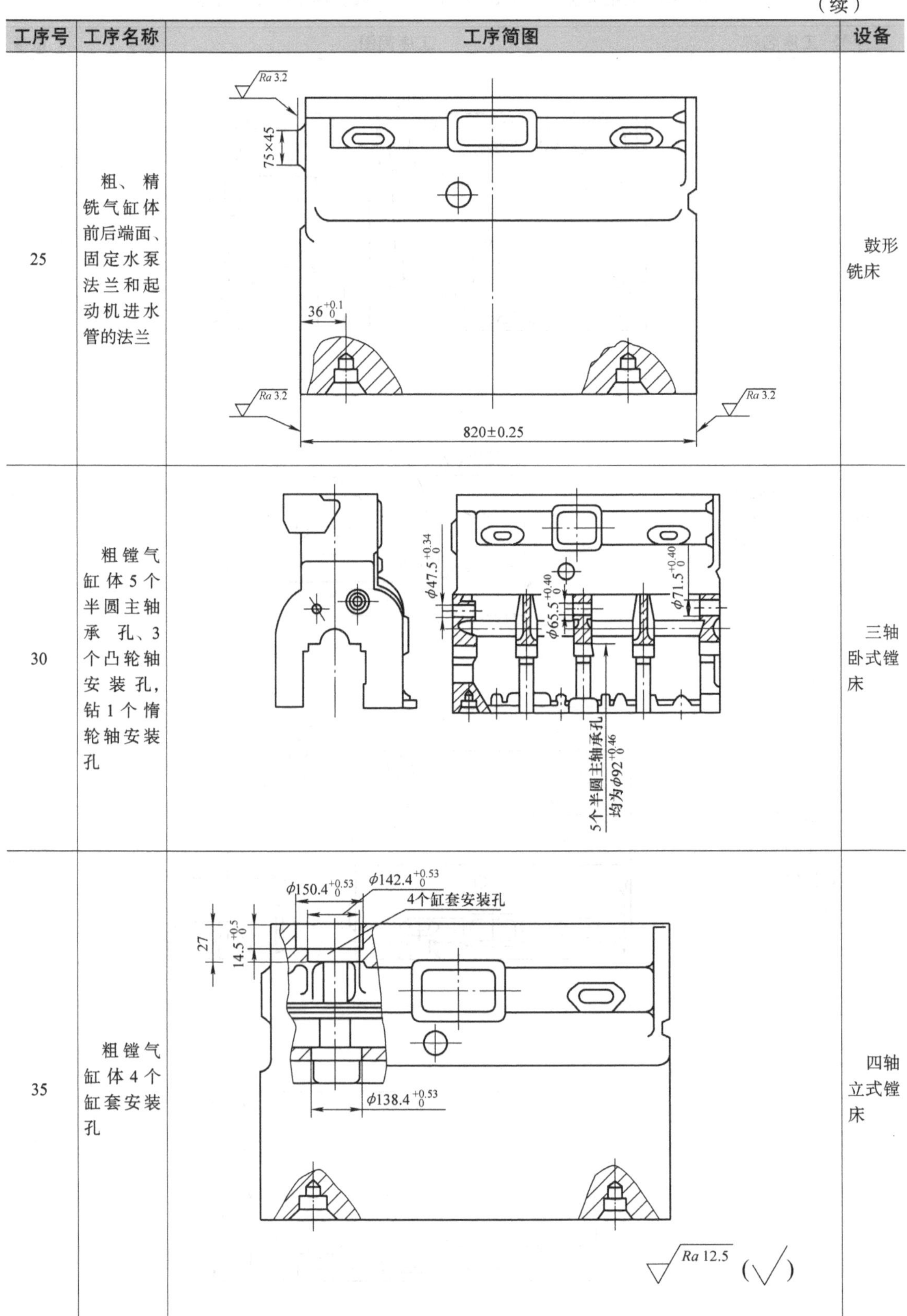

工序号	工序名称	工序简图	设备
25	粗、精铣气缸体前后端面、固定水泵法兰和起动机进水管的法兰		鼓形铣床
30	粗镗气缸体5个半圆主轴承孔、3个凸轮轴安装孔，钻1个惰轮轴安装孔		三轴卧式镗床
35	粗镗气缸体4个缸套安装孔		四轴立式镗床

（续）

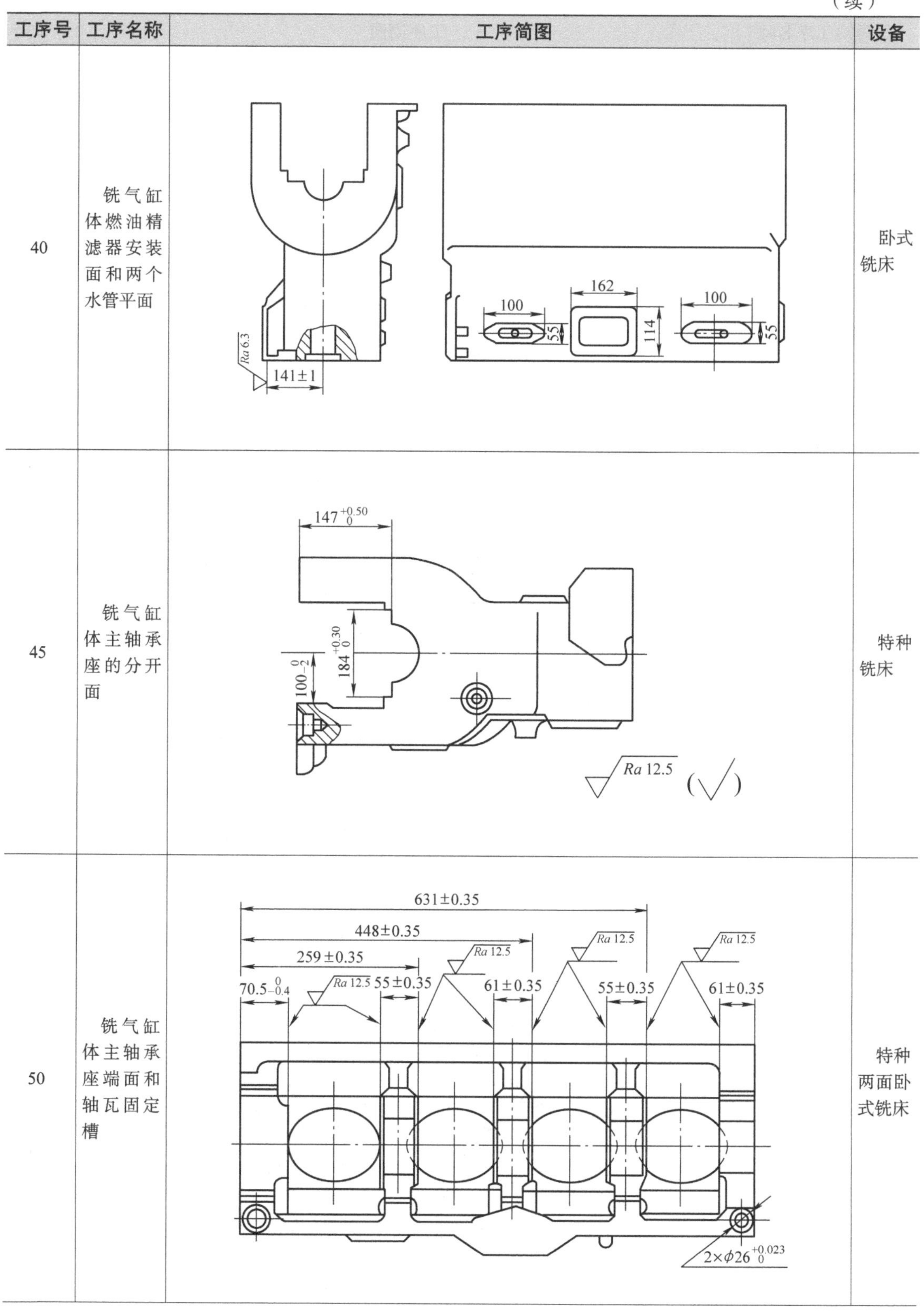

工序号	工序名称	工序简图	设备
40	铣气缸体燃油精滤器安装面和两个水管平面		卧式铣床
45	铣气缸体主轴承座的分开面		特种铣床
50	铣气缸体主轴承座端面和轴瓦固定槽		特种两面卧式铣床

（续）

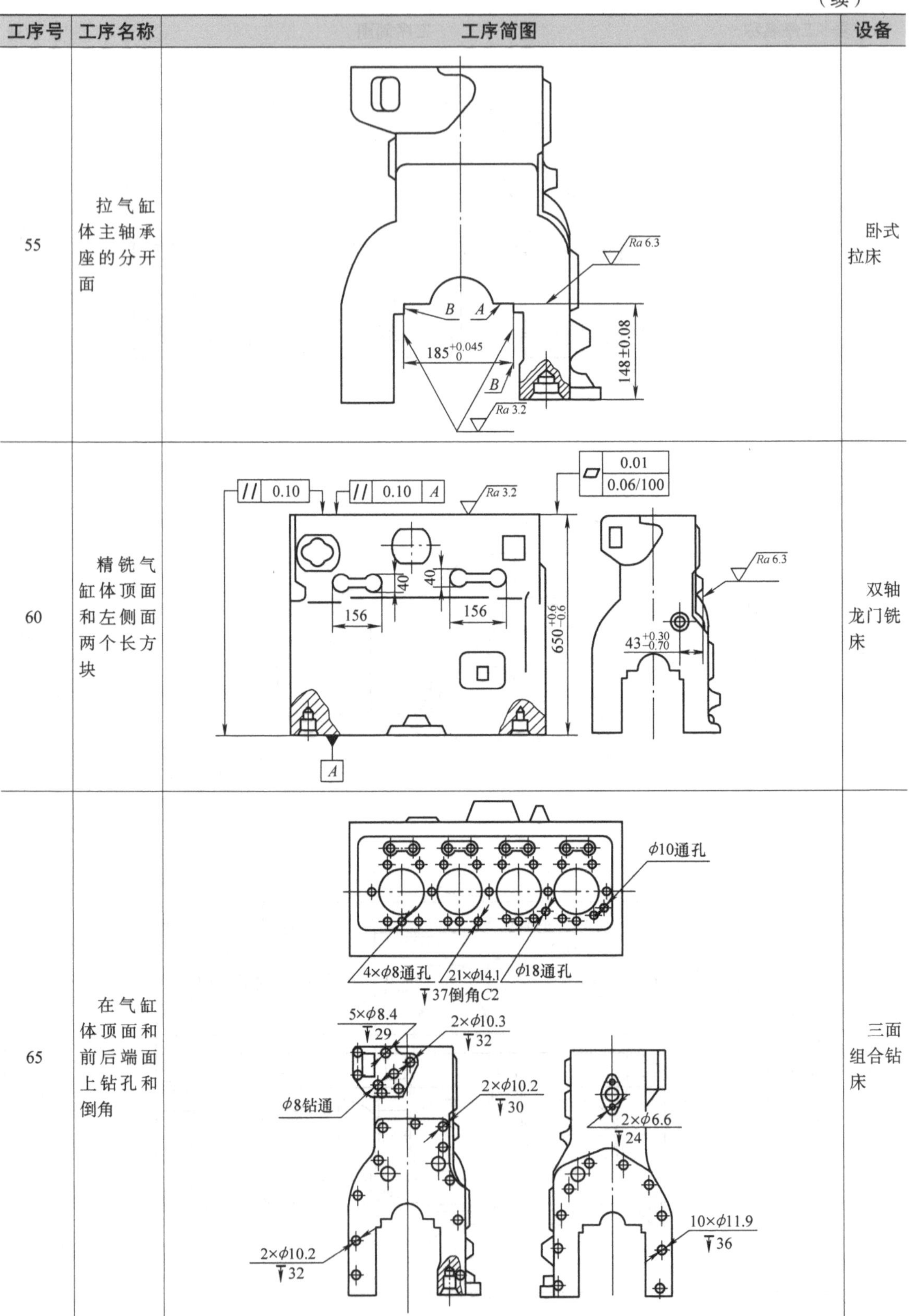

工序号	工序名称	工序简图	设备
55	拉气缸体主轴承座的分开面		卧式拉床
60	精铣气缸体顶面和左侧面两个长方块		双轴龙门铣床
65	在气缸体顶面和前后端面上钻孔和倒角		三面组合钻床

（续）

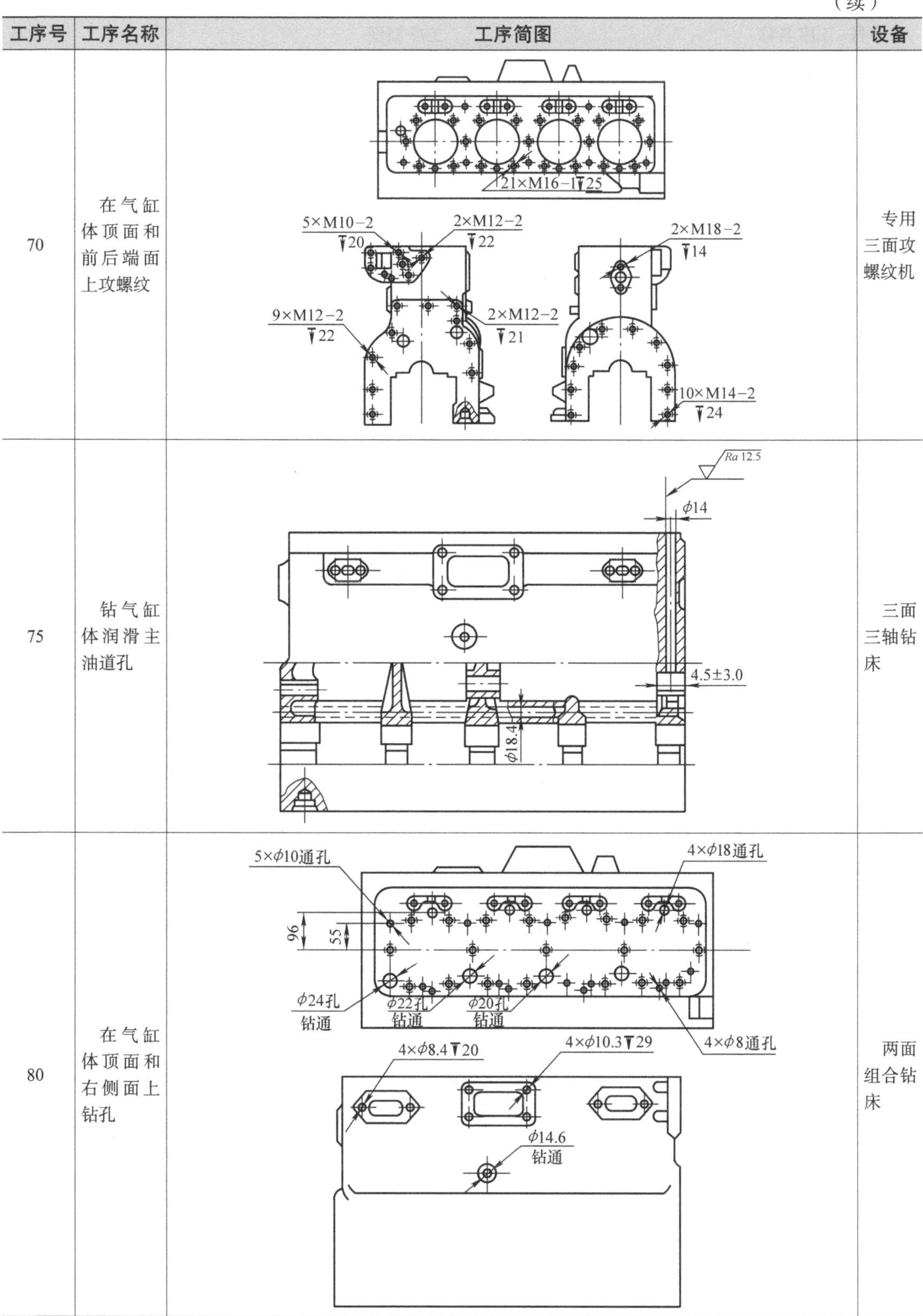

工序号	工序名称	工序简图	设备
70	在气缸体顶面和前后端面上攻螺纹		专用三面攻螺纹机
75	钻气缸体润滑主油道孔		三面三轴钻床
80	在气缸体顶面和右侧面上钻孔		两面组合钻床

（续）

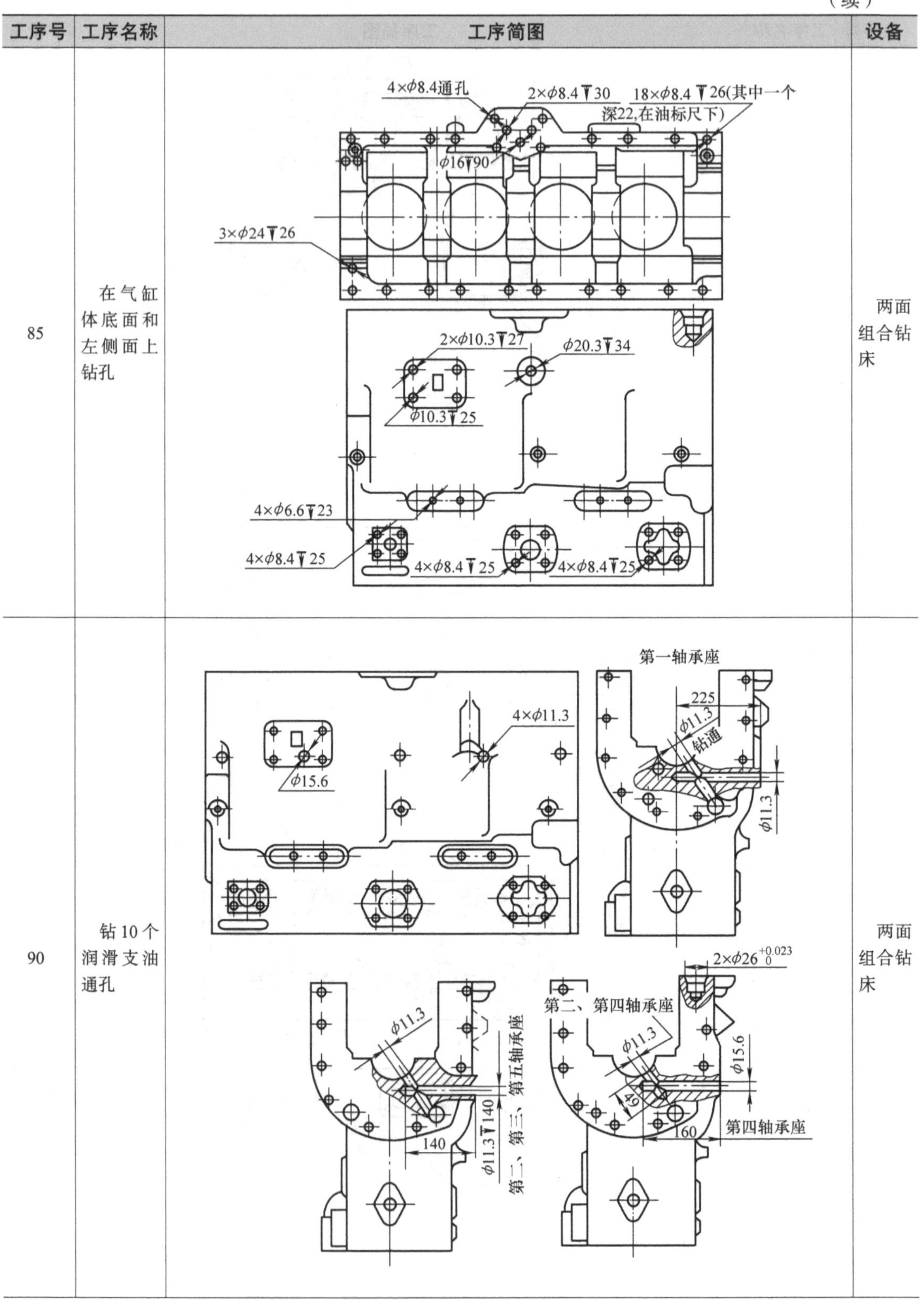

工序号	工序名称	工序简图	设备
85	在气缸体底面和左侧面上钻孔		两面组合钻床
90	钻10个润滑支油通孔		两面组合钻床

（续）

工序号	工序名称	工序简图	设备
95	钻10个固定主轴承盖的螺栓底孔和1个油孔，并在左侧面钻油标尺孔底孔	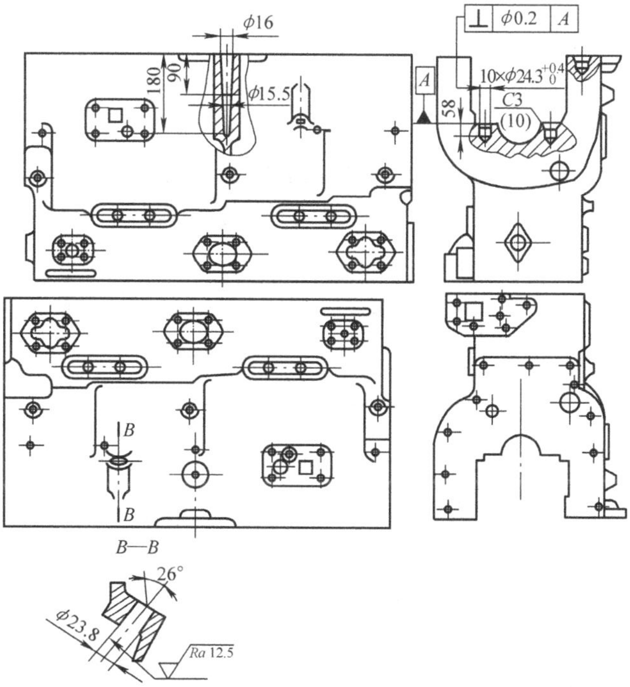 $\phi16$ 180 90 $\phi15.5$ A ⊥ $\phi0.2$ A $10\times\phi24.3^{+0.4}_{0}$ C3 (10) 58 B B B—B 26° $\phi23.8$ Ra 12.5	十一轴立式组合钻床
100	在气缸体第一主轴承座上钻斜油孔	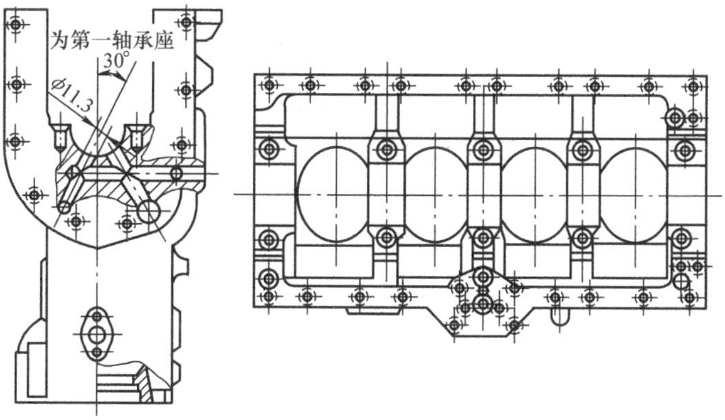 为第一轴承座 30° $\phi11.3$	单轴机械头
105	攻气缸体固定主轴承盖的10个螺栓孔和1个油标尺螺孔	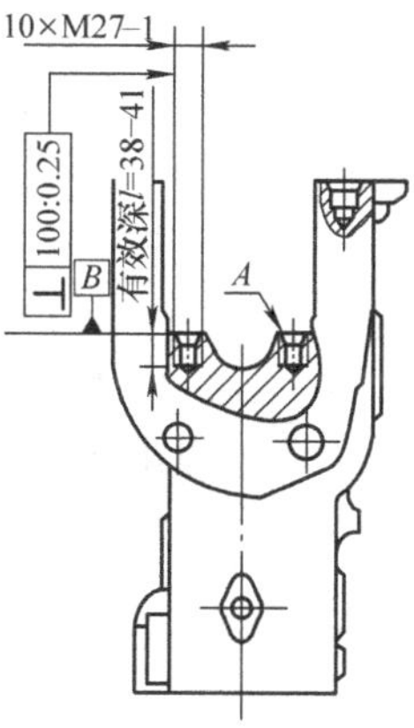 10×M27-1 ⊥ 100:0.25 B 有效深l=38~41 A	特种十轴攻螺纹机

（续）

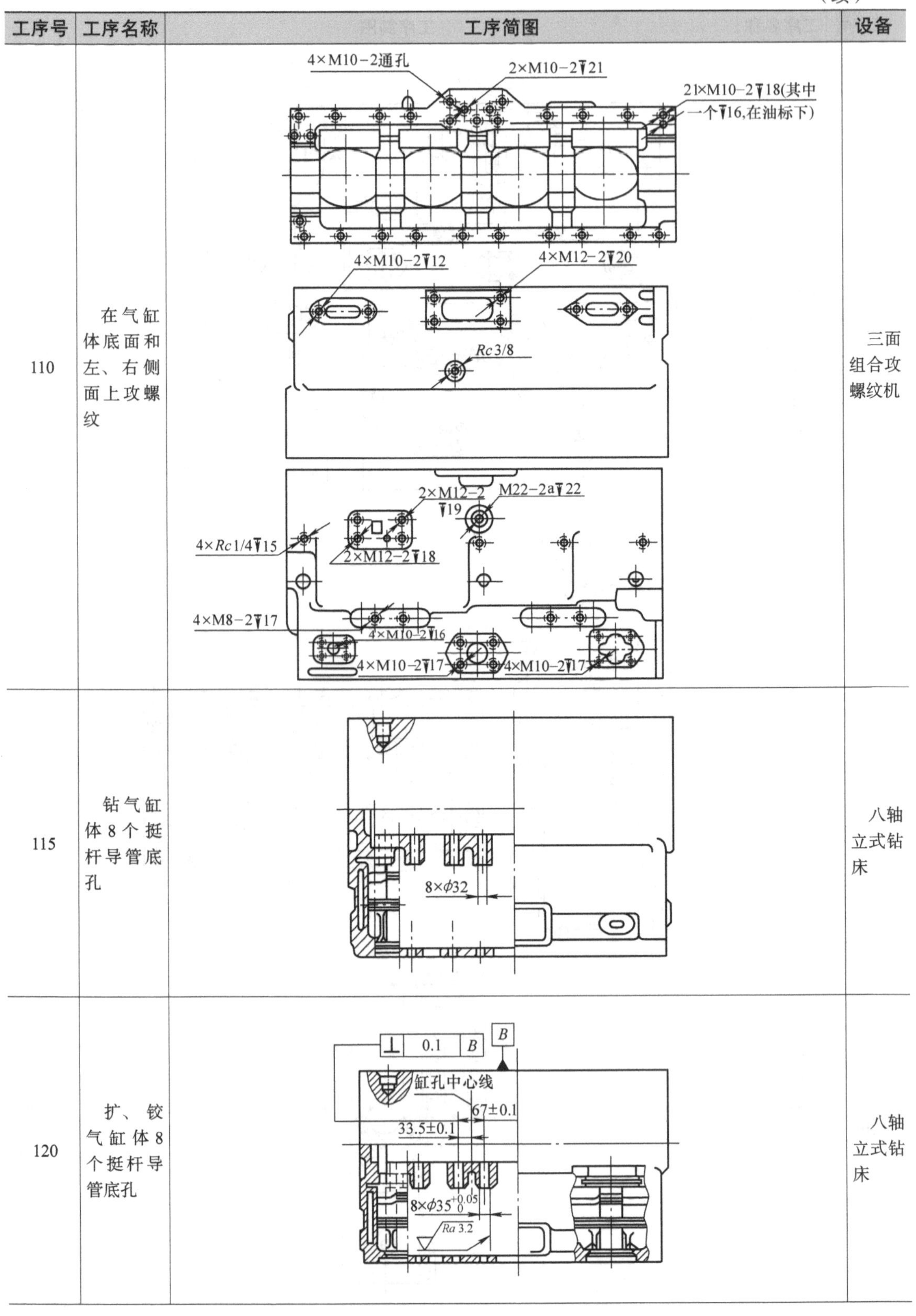

工序号	工序名称	工序简图	设备
110	在气缸体底面和左、右侧面上攻螺纹		三面组合攻螺纹机
115	钻气缸体8个挺杆导管底孔		八轴立式钻床
120	扩、铰气缸体8个挺杆导管底孔		八轴立式钻床

（续）

工序号	工序名称	工序简图	设备
125	精镗气缸体4个气缸套安装孔	Ra 6.3 $\phi152^{+0.26}_{0}$ C ◎ 0.05 $14.6^{+0.2}_{-0.15}$ 倒角4.5°×1−0.5 $\phi144^{+0.03}_{0}$ ◎ ϕ0.05 C ○ 0.05 $\phi140.4^{+0.08}_{0}$ Ra 3.2	立式四轴镗床
130	精锪气缸体4个气缸套筒座的端面	$15^{0}_{-0.10}$ Ra 3.2 D // 0.10 D	专用单轴立式镗床
135	在气缸体4个气缸套安装孔内镗阻水阀槽	R0.5 $8^{+0.2}_{0}$ ϕ150±0.25	专用单轴立式镗床
140	清洗和吹净气缸体	在热水中清洗零件3~4min，水温不低于80℃ 用压缩空气吹净零件	清洗机
145	去毛刺、清除切屑、倒角等	在气缸体底面和分开面上去毛刺，检查裂纹 捅掉主润滑油道内的铁屑，用压缩空气吹净	辊道

（续）

工序号	工序名称	工序简图	设备
150	检验	检查铸造缺陷；检查机械加工缺陷，并做标记	辊道
155	在气缸体上安装十个双头螺柱	螺柱和螺柱孔分组装配，保证中径过盈量在 0.03~0.14mm 范围内	摇臂钻床
160	安装气缸体主轴承盖	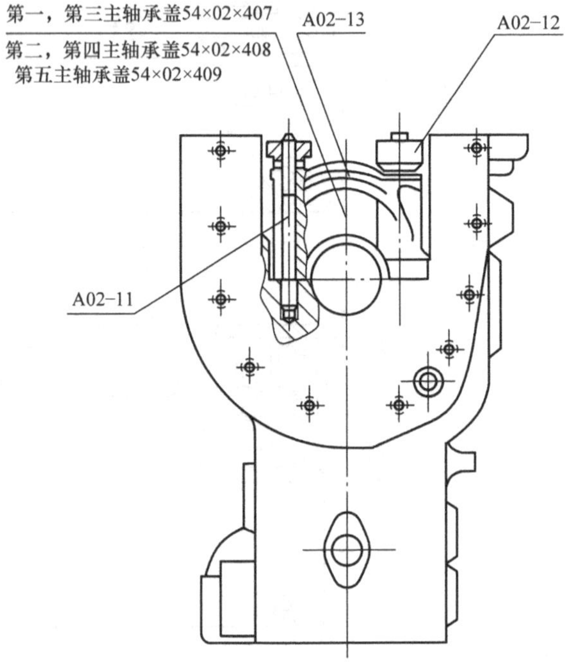 第一，第三主轴承盖54×02×407 第二，第四主轴承盖54×02×408 第五主轴承盖54×02×409 A02-13 A02-12 A02-11 按已选好的轴承盖打上记号进行安装；旋紧 10 个螺母，其力矩应保持在 343~392N・m	上螺母机
165	在气缸体前后端面主油道孔上扩孔、攻螺纹，并在前端面钻孔	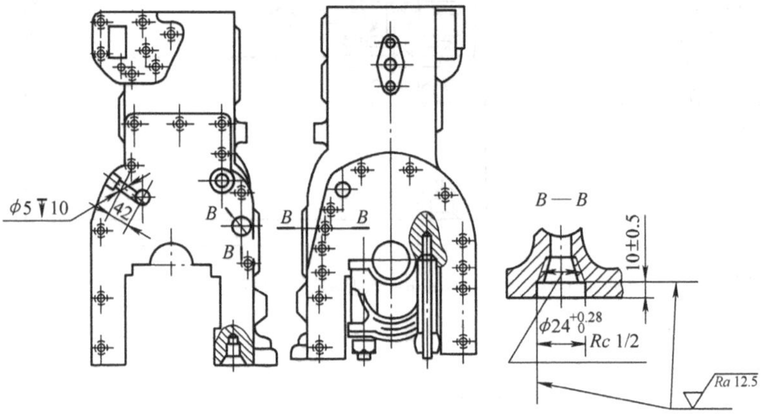 $\phi5$ ▼10 42 B B B B B—B 10±0.5 $\phi24^{+0.28}_{0}$ Rc 1/2 Ra 12.5	摇臂钻床

（续）

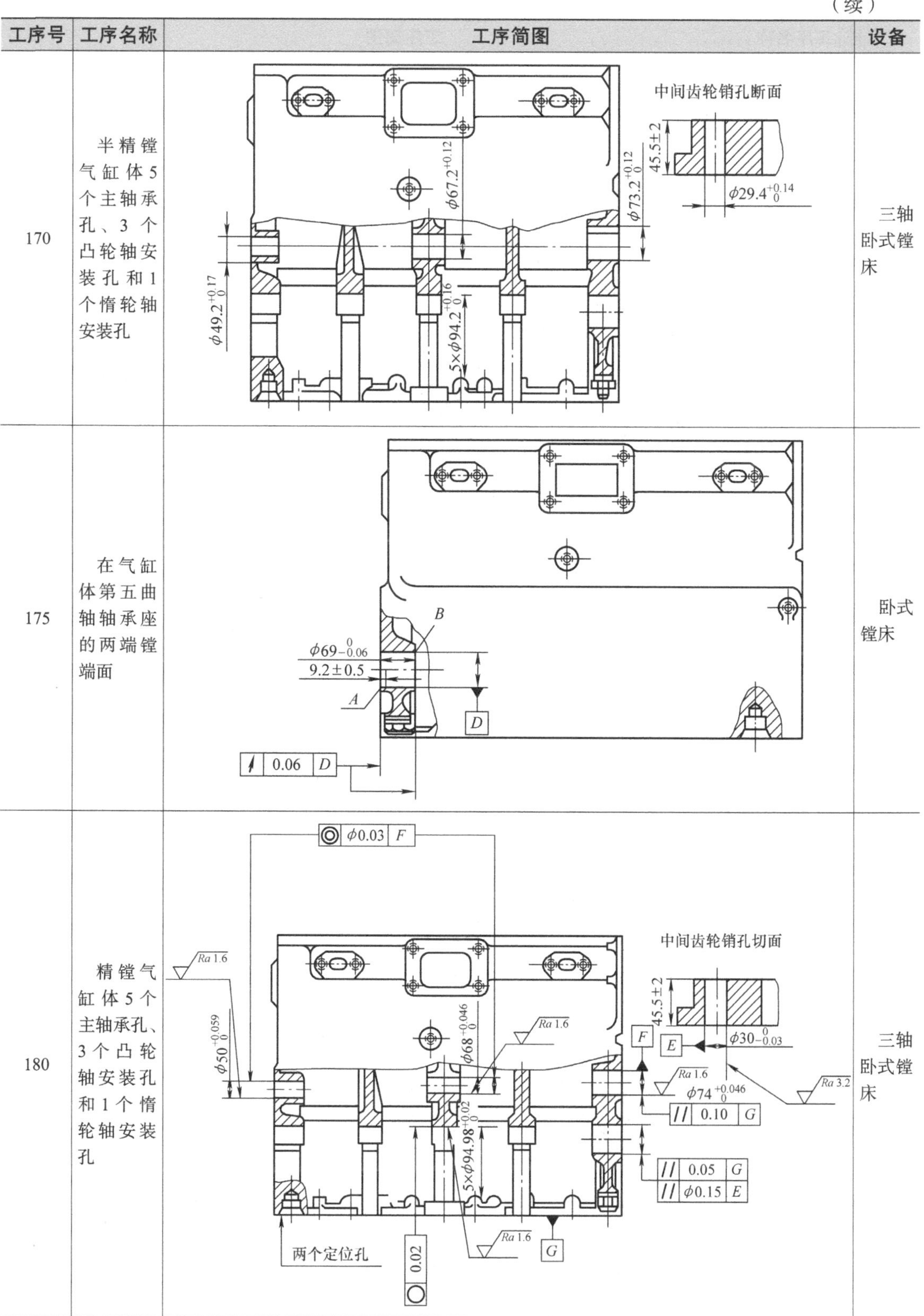

工序号	工序名称	工序简图	设备
170	半精镗气缸体5个主轴承孔、3个凸轮轴安装孔和1个惰轮轴安装孔		三轴卧式镗床
175	在气缸体第五曲轴轴承座的两端镗端面		卧式镗床
180	精镗气缸体5个主轴承孔、3个凸轮轴安装孔和1个惰轮轴安装孔		三轴卧式镗床

（续）

工序号	工序名称	工序简图	设备
185	压入气缸体8个挺杆导管	从气缸体底面压入，并使导管高出挺杆室隔板面12mm	八轴立式压床
190	在气缸体底面的后端面和左右侧面上钻孔	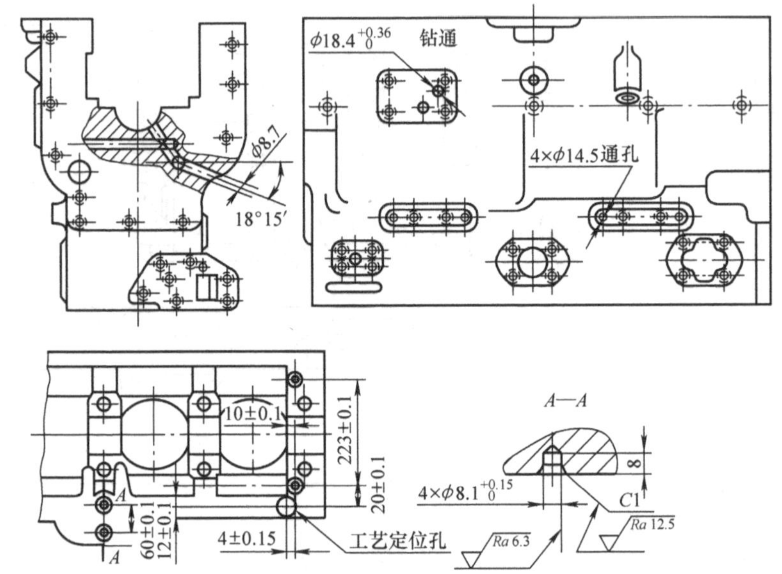 $\phi18.4^{+0.36}_{0}$ 钻通 $\phi8.7$ 18°15′ $4\times\phi14.5$通孔 10±0.1 223±0.1 20±0.1 60±0.1 12±0.1 4±0.15 A A 工艺定位孔 A—A 8 $4\times\phi8.1^{+0.15}_{0}$ C1 Ra 6.3 Ra 12.5	四面组合钻床
195	在气缸体后端面和左右侧面上铰孔和攻螺纹，并铰8个挺杆导管孔	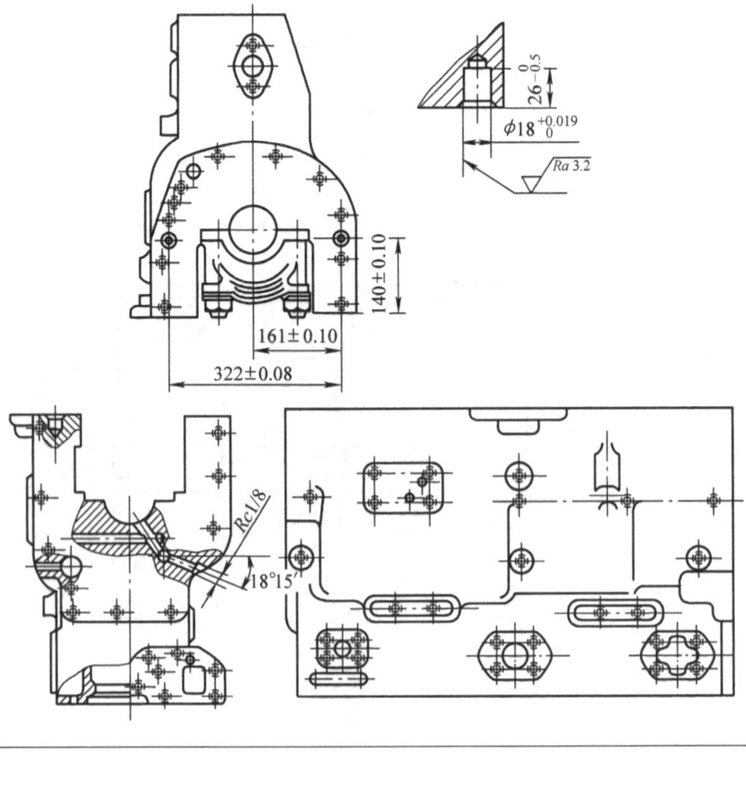 $26^{0}_{-0.5}$ $\phi18^{+0.019}_{0}$ Ra 3.2 140±0.10 161±0.10 322±0.08 Rc1/8 18°15′	四面组合钻床

（续）

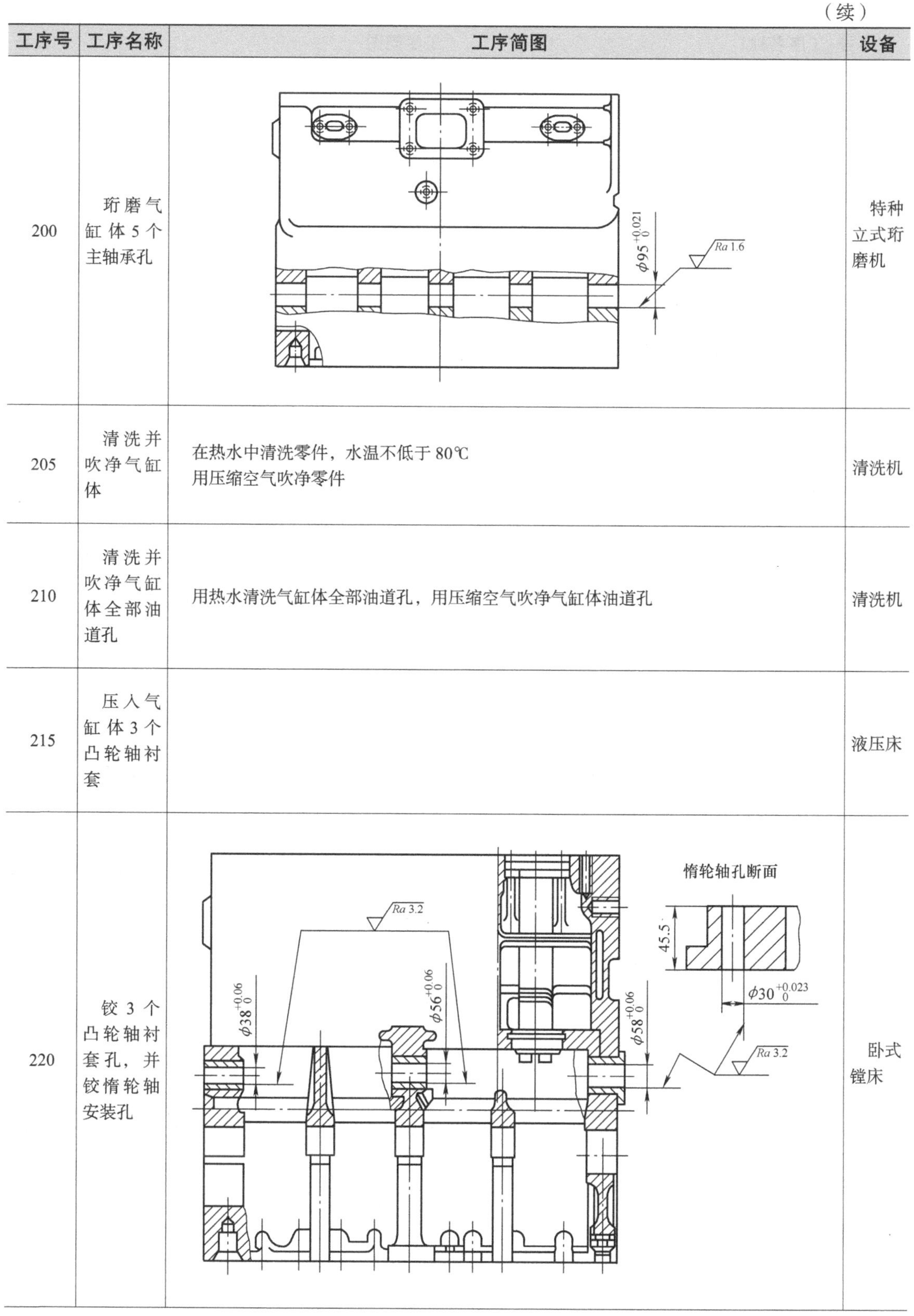

工序号	工序名称	工序简图	设备
200	珩磨气缸体5个主轴承孔		特种立式珩磨机
205	清洗并吹净气缸体	在热水中清洗零件，水温不低于80℃ 用压缩空气吹净零件	清洗机
210	清洗并吹净气缸体全部油道孔	用热水清洗气缸体全部油道孔，用压缩空气吹净气缸体油道孔	清洗机
215	压入气缸体3个凸轮轴衬套		液压床
220	铰3个凸轮轴衬套孔，并铰惰轮轴安装孔		卧式镗床

（续）

工序号	工序名称	工序简图	设备
225	准备移交检验	清除铸件内切屑，用压缩空气吹净零件，按主轴承座顺序在螺栓和螺母上打顺序号	辊道
230	检验	检验各主要孔的尺寸、形状和位置精度，检查机械加工缺陷，并作标记	辊道
235	清洗并吹净气缸体	在热水中清洗零件，清洗机水温应在 75~85℃，用压缩空气吹净零件	清洗机

四、气缸体加工中的典型夹具

1. 粗铣气缸体平面所用夹具

粗铣气缸体顶面、底面和右侧放水阀平面（工序 10）所用夹具如图 3-19 所示。夹具定位分别为支承板 9 和 11 各 2 个，2 个支承钉 5。夹具的夹紧方式采用 4 套单独驱动的摆动式压板杠杆结构。夹紧过程是：设置在夹具底座中的气缸驱动钩头压板 1，在夹紧缸体前摆入缸体左侧面上的孔中，对缸体有水平推力，使其紧贴在定位支承钉 5 上；4 个垂直安装的气缸驱动缸体右侧两端的 4 块摆动压板 8、10、12 和 13，将气缸体夹紧。

夹具两侧内壁上分别固定有两条预定位板 2；夹具底部有导向键 7，使其在机床工作台上定位。

2. 粗镗气缸体缸套孔所用夹具

粗镗气缸体 4 个缸套安装孔（工序 35）所用夹具如图 3-20 所示。夹具定位分别为支承板 13 和 14 各 4 块，圆柱销 5 和菱形销 8。气缸体的夹紧依靠夹具上方两端各有一套联动的压块作用；松开借助弹簧 3 的作用使压块摆离。

夹具中装有预定位板 11 和 12 来控制气缸体引入的方向；有带滚轮的滚道 6，靠弹簧 9 使其支撑面略高于定位支承面；有让刀装置；手柄 7 的转动可使圆柱销和菱形销同时伸缩；有镗杆的导向套 10，它属于装有滚锥轴承的外滚轮式导向，其顶部装有锥形的挡屑盘。

3. 精镗气缸体孔所用夹具

精镗气缸体 5 个主轴承孔、3 个凸轮轴安装孔和 1 个惰轮轴安装孔（工序 180）所用夹具如图 3-21 所示。夹具定位分别为支承板 1、15、17 和 24；固定式圆柱销 2 和菱形销 14。为便于定位，夹具上设置了限位板 3、10、25、26 和挡轴 4。夹具的夹紧方式为两套气动楔铁夹紧机构。为使气缸体加工后能卸下，松开气缸体后，压板 5、9 必须退让，即活塞杆 19 移动，推动齿条轴 20 和 28 移动，使装有齿轮 29 的立轴 6 转动，经 3 套四连杆（18、21、22、23）机构，便实现左右压板 5 和 9 的联动退让。

在镗削一系列同轴线等直径孔时，镗杆上必须装多把同一径向的镗刀以便同时加工多层壁上同直径的同轴线孔。为快进镗刀，夹具设有让刀机构，即齿条轴 20 移动，驱动轴 34 上的齿轮 27 和固定在轴 34 上的 4 个凸轮 36 随之转动，使 4 个顶销 35 顶起气缸体让刀。

气缸体的抬起和落下必须与压板的退让和转到工作位置的动作相互协调。

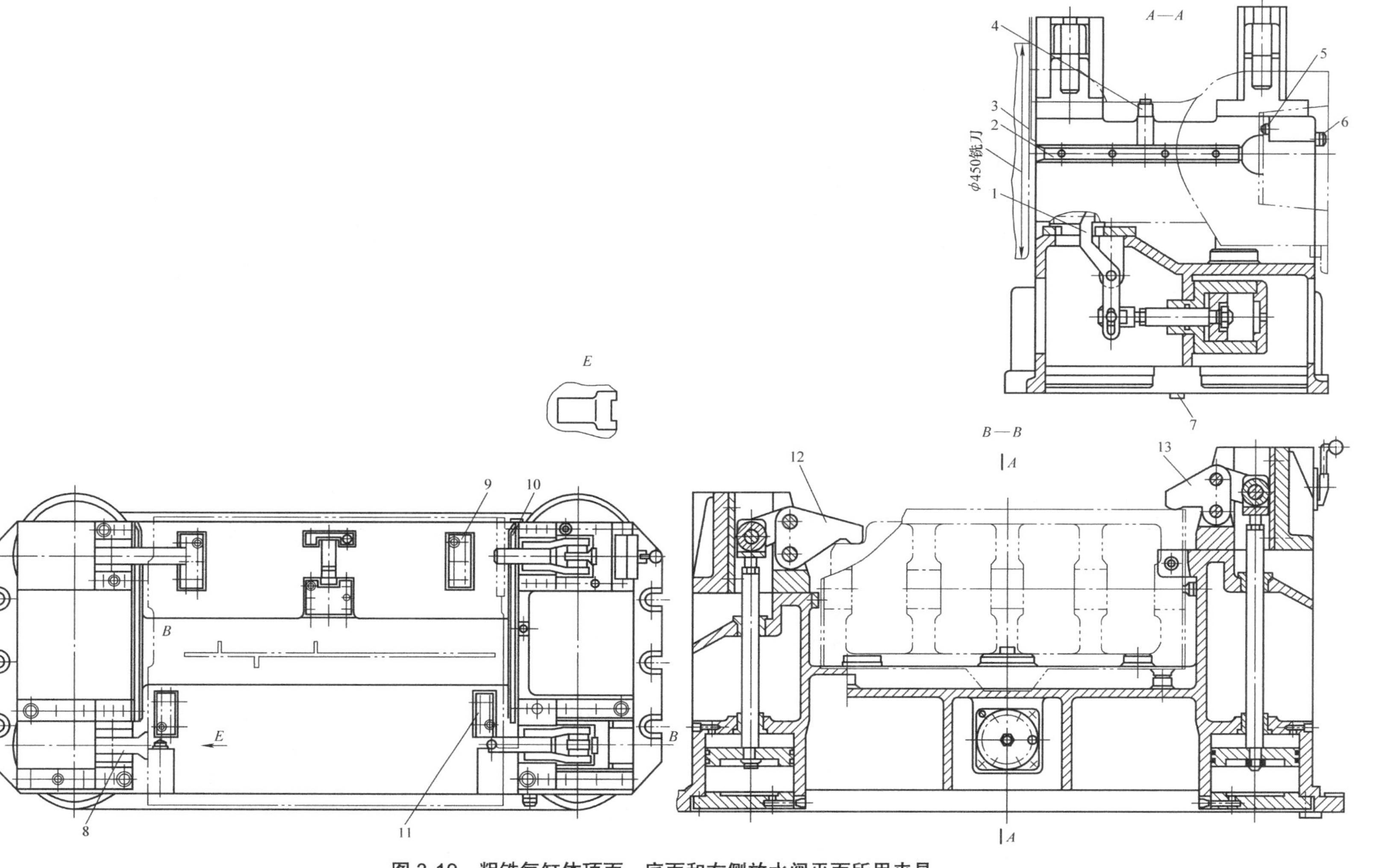

图 3-19　粗铣气缸体顶面、底面和右侧放水阀平面所用夹具

1—钩头压板　2—预定位板　3、4、6—对刀块　5—支承钉　7—导向键　8、10、12、13—摆动压板　9、11—支承板

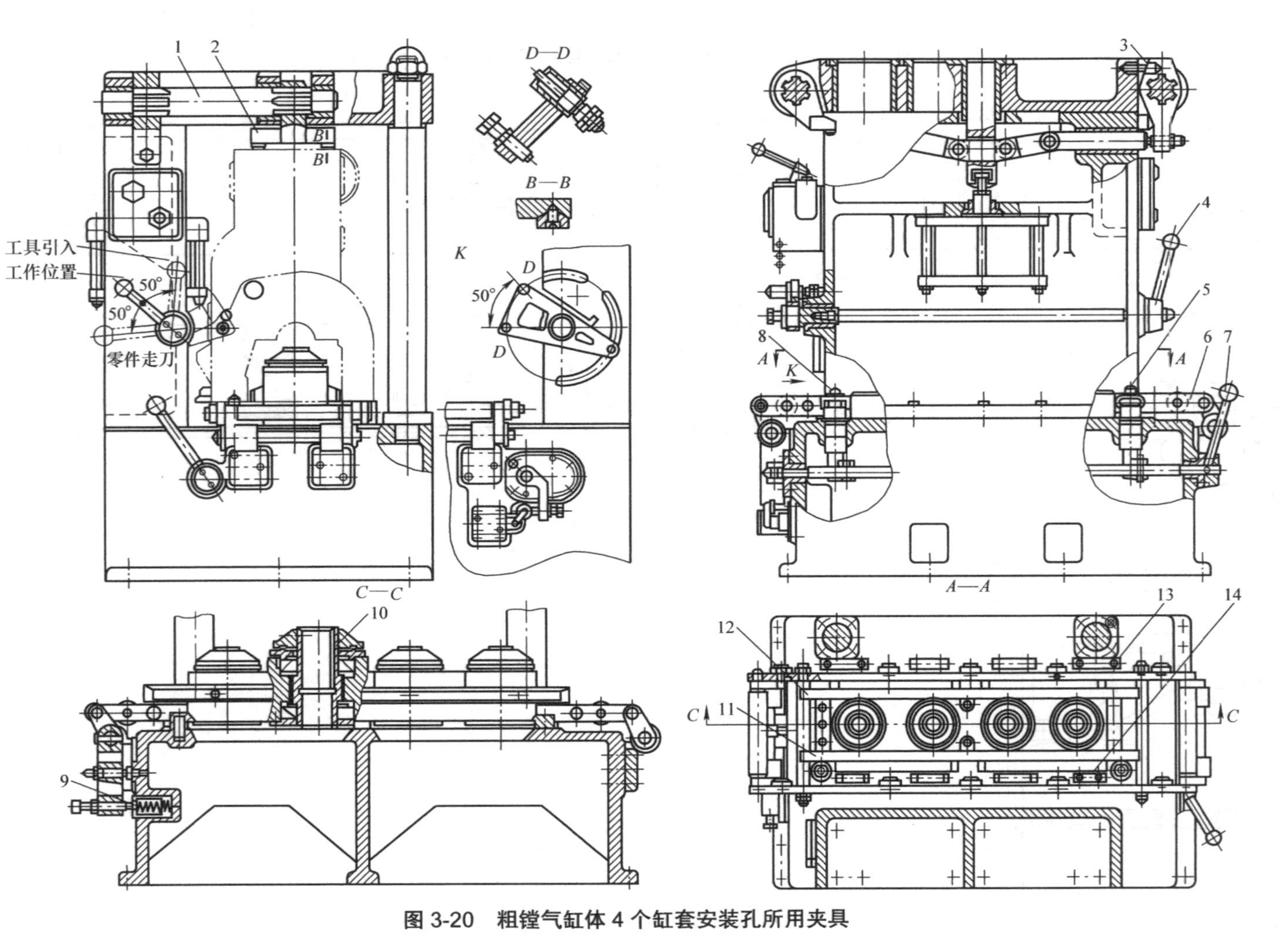

图 3-20 粗镗气缸体 4 个缸套安装孔所用夹具

1—花键轴 2—压块 3、9—弹簧 4、7—手柄 5—圆柱销 6—滚道 8—菱形销 10—导向套
11、12—预定位板 13、14—支承板

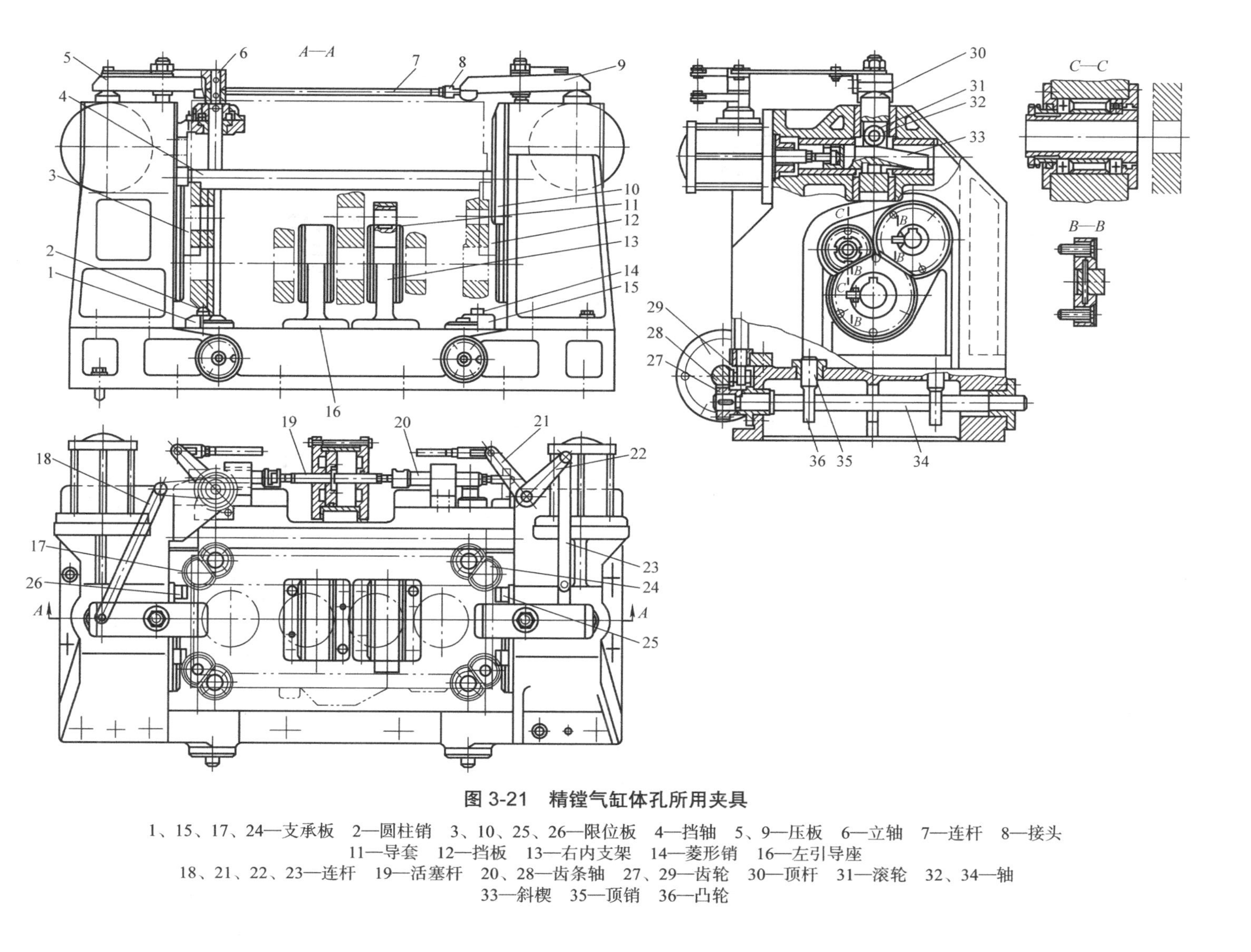

图 3-21 精镗气缸体孔所用夹具

1、15、17、24—支承板 2—圆柱销 3、10、25、26—限位板 4—挡轴 5、9—压板 6—立轴 7—连杆 8—接头 11—导套 12—挡板 13—右内支架 14—菱形销 16—左引导座 18、21、22、23—连杆 19—活塞杆 20、28—齿条轴 27、29—齿轮 30—顶杆 31—滚轮 32、34—轴 33—斜楔 35—顶销 36—凸轮

第五节 凸轮轴加工

一、凸轮轴的工艺特点

凸轮轴是柴油发动机配气机构的主要组成零件。它的作用是通过传动件（挺柱、推杆、摇臂）准确地按一定时间控制气门的开启与关闭，保证柴油发动机按一定规律进行换气。

凸轮轴工作时，凸轮外表面与挺柱间呈线接触而不是面接触，同时又受到传动机件冲击力的作用，接触应力大。因此，要求凸轮轴具有足够的韧性和刚度，能承受冲击载荷，受力后变形小，且凸轮表面有较高的耐磨性。

凸轮轴由若干个进气与排气凸轮和支承轴颈构成，通常做成一个整体轴。

凸轮是构成凸轮轴的基本部分，根据凸轮轴的旋转方向和凸轮间的相对位置，可以判断柴油发动机的工作次序。

凸轮轴是中空的，两端用堵头密封，在支承轴颈和凸轮背上都钻有小孔，与中间孔相通，使润滑油从推力轴承座处轴颈上的油孔进入凸轮轴空腔内，通过各油孔送到各支承轴颈表面和气门组件上。

为减少凸轮轴的弯曲变形（否则会影响气门开度和开闭时刻），多缸凸轮轴常采用多轴颈支撑；为使凸轮轴安装时能直接从轴承孔里穿进去，凸轮轴上的轴颈直径必须大于凸轮外廓的最大尺寸；为保证柴油发动机准确的配气时间，凸轮轴上装有定时齿轮，通过中间齿轮由曲轴上的定时齿轮驱动运转。

图 3-22 所示为 4125A 型柴油机的凸轮轴，其旋转方向与曲轴相同，各缸的工作次序为 1-3-4-2。为防止凸轮轴产生轴向窜动，在凸轮轴的一端（通常在自由端）设有推力轴承来对凸轮轴进行轴向定位，如图 3-23 所示。

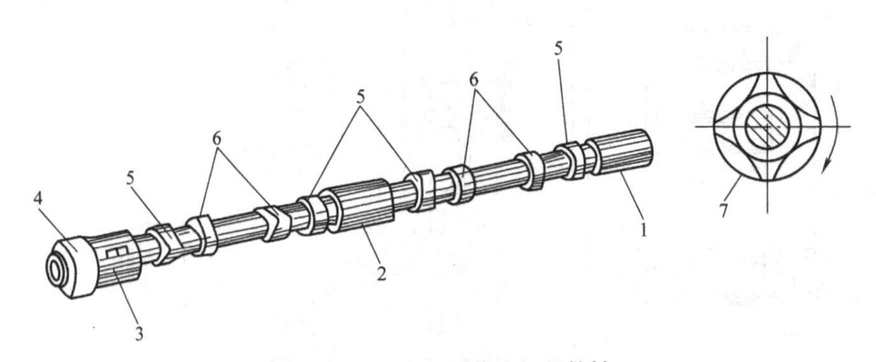

图 3-22 4125A 型柴油机凸轮轴

1—后轴颈 2—中轴颈 3—前轴颈 4—凸缘 5—排气凸轮 6—进气凸轮 7—进（排）气凸轮投影图

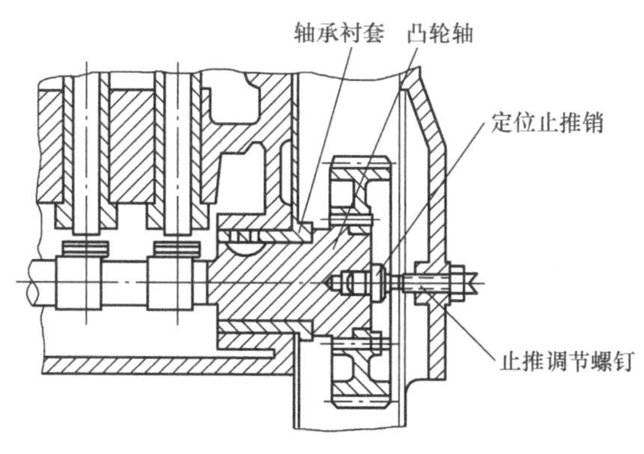

图 3-23　凸轮轴轴向定位

二、凸轮轴的材料和毛坯

凸轮轴一般采用优质碳钢或合金钢锻制。为了提高耐磨性，轴颈和凸轮等工作表面需渗碳淬火或高频感应淬火。近年来广泛采用的球墨铸铁凸轮轴，也能较好地满足使用要求，且制造成本较低。

三、凸轮轴的机械加工工艺过程

大批大量生产图 3-22 所示凸轮轴的机械加工工艺过程见表 3-10。

表 3-10　大批大量生产图 3-22 所示凸轮轴的机械加工工艺过程

工序号	工序名称	工序简图	设备
5	铣凸轮轴端面	375±0.5 863±0.5	铣床
10	凸轮轴两面钻中心孔	Ra 6.3 60° ϕ19±0.5 ϕ8 Ra 6.3 ϕ11±1.0 ϕ5 60° Ra 25 (√)	中心钻床

（续）

工序号	工序名称	工序简图	设备
15	矫直	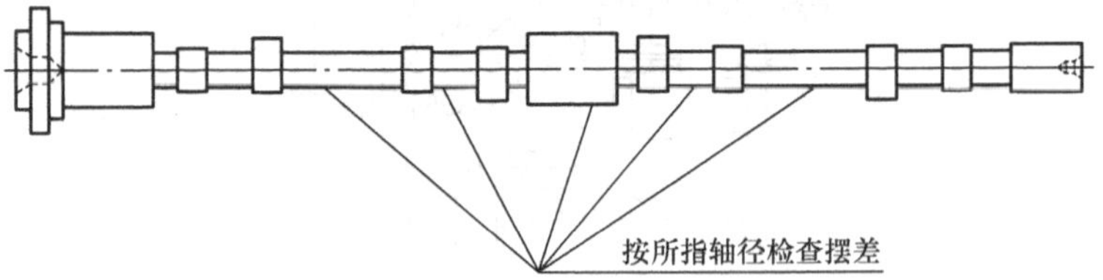 技术要求：按图示要求进行矫直，以中心孔进行测量，其摆差不大于 0.5mm	压床
20	车凸轮轴前后端部	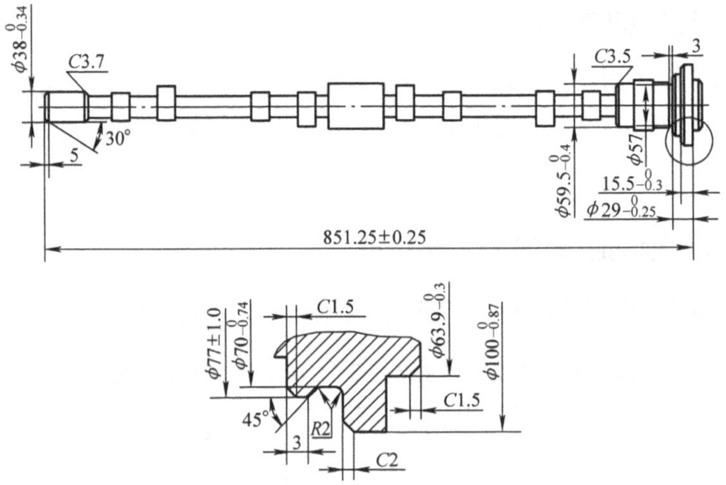	多刀车床
25	在凸轮轴大头法兰的两端切退刀槽并在轴颈上倒角	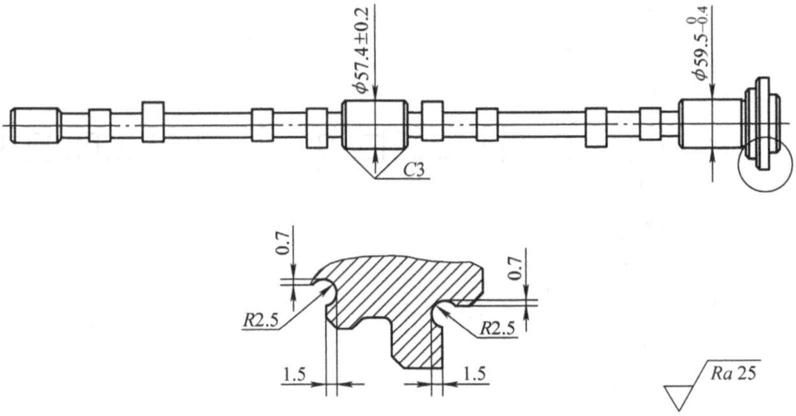	车床

（续）

工序号	工序名称	工序简图	设备
30	在凸轮轴法兰上钻孔、铰孔和攻螺纹	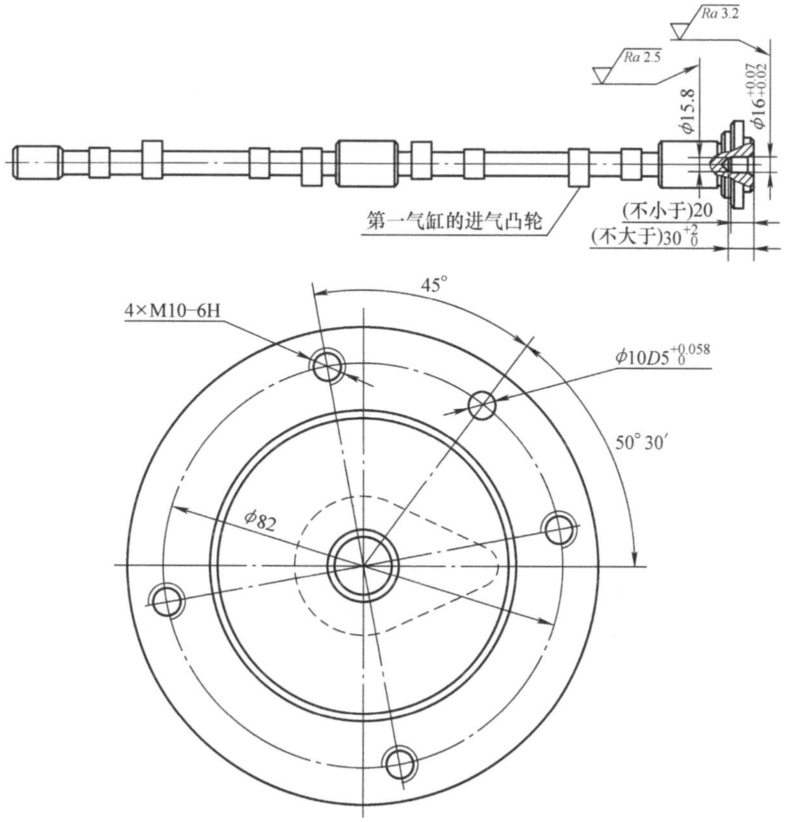 Ra 3.2；Ra 2.5；$\phi 15.8$；$\phi 16^{+0.07}_{+0.02}$；第一气缸的进气凸轮；(不小于)20；(不大于)30^{+2}_{0}；45°；4×M10-6H；$\phi 10D5^{+0.058}_{0}$；50°30′；$\phi 82$ 技术要求：$\phi 10D5^{+0.058}_{0}$孔对凸轮轴中心线的位移度不大于 0.05mm	卧式钻床
35	校直	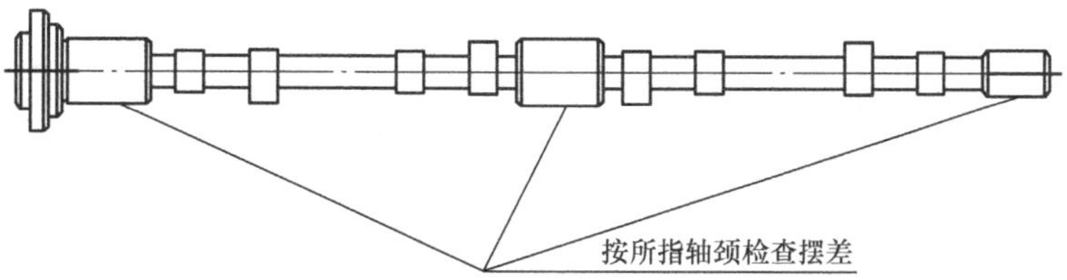 按所指轴颈检查摆差 技术要求：按图示所指轴颈进行校直，以中心孔进行检验，其摆差不大于 0.10mm	压床
40	精车凸轮轴 3 个轴颈	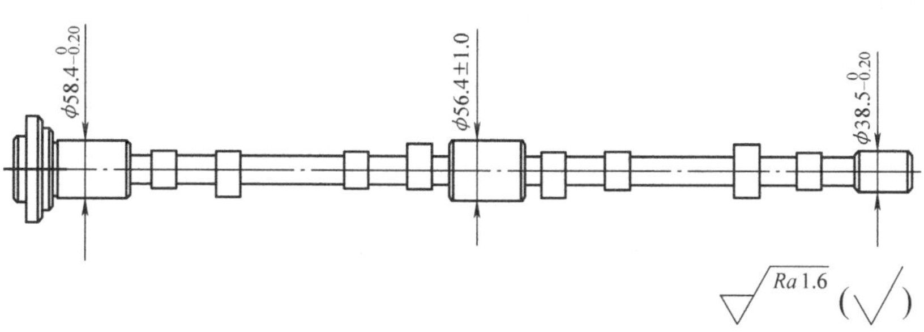 $\phi 58.4^{0}_{-0.20}$；$\phi 56.4\pm1.0$；$\phi 38.5^{0}_{-0.20}$；Ra 1.6 (√)	车床

（续）

工序号	工序名称	工序简图	设备
45	车凸轮轴凸轮外表面	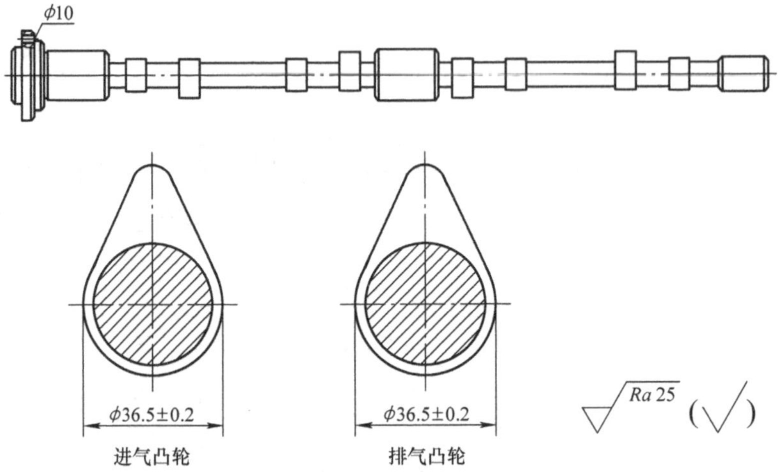 $\phi10$ $\phi36.5\pm0.2$　$\phi36.5\pm0.2$ 进气凸轮　排气凸轮 Ra 25 (√) 技术要求：凸轮相对于定位孔 ϕ 10mm 的角度位移不大于 20′	特种靠模车床
50	矫直	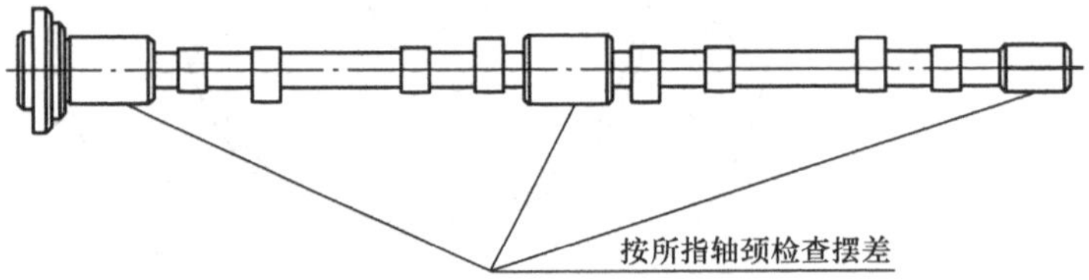 按所指轴颈检查摆差 技术要求：按图示所指轴颈进行矫直，以中心孔进行检验，三个轴颈的摆差不大于 0.10mm	压床
55	粗磨凸轮轴凸轮外表面	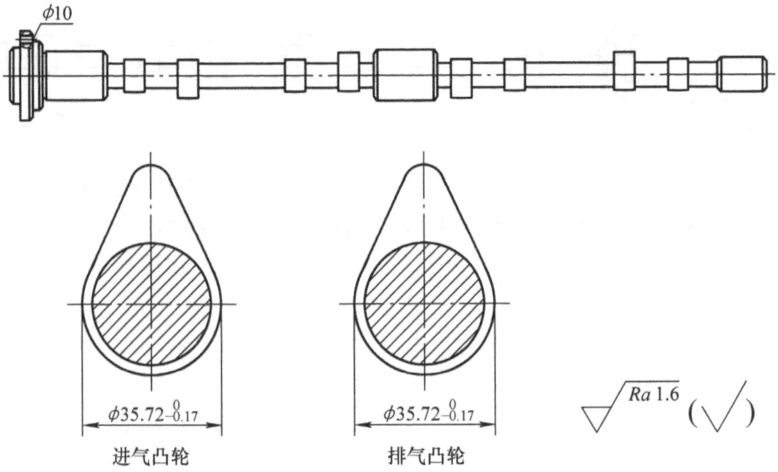 $\phi10$ $\phi35.72_{-0.17}^{0}$　$\phi35.72_{-0.17}^{0}$ 进气凸轮　排气凸轮 Ra 1.6 (√) 技术要求：凸轮相对于定位孔 ϕ 10mm 的角度位移不大于 20′	靠模磨床

（续）

工序号	工序名称	工序简图	设备
60	铣凸轮轴油槽	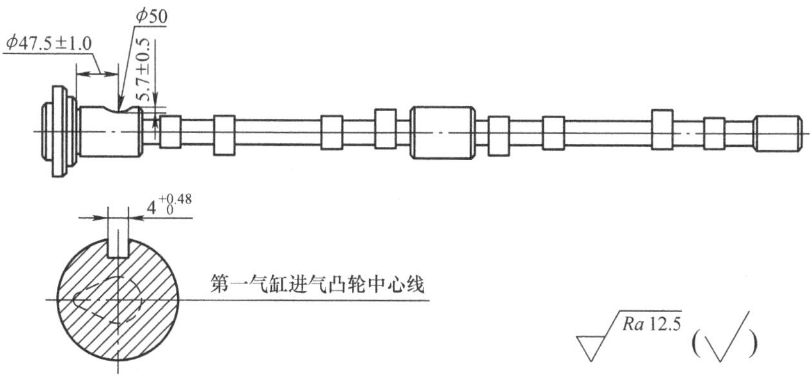 $\phi50$ $\phi47.5\pm1.0$ 5.7 ± 0.5 $4^{+0.48}_{0}$ 第一气缸进气凸轮中心线 Ra 12.5 (√) 技术要求：尺寸 ϕ47.5mm ± 1.0mm 由调整来保证	卧式铣床
65	去毛刺	技术要求：清除机械加工后的铣边和毛刺，吹净和擦净凸轮轴	
70	检验	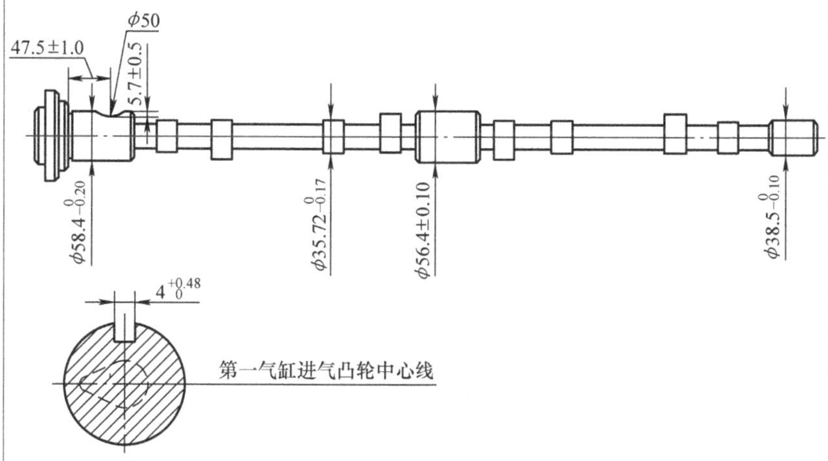 $\phi50$ 47.5 ± 1.0 5.7 ± 0.5 $\phi58.4^{\ 0}_{-0.20}$ $\phi35.72^{\ 0}_{-0.17}$ $\phi56.4\pm0.10$ $\phi38.5^{\ 0}_{-0.10}$ $4^{+0.48}_{0}$ 第一气缸进气凸轮中心线 技术要求：ϕ56.4mm、ϕ58.4mm、ϕ38.5mm 相对中心线的摆差不大于 0.2mm	检验台
75	凸轮轴主轴颈和凸轮淬火	技术要求：在主轴颈和凸轮表面检查硬度	特种淬火机
80	矫直	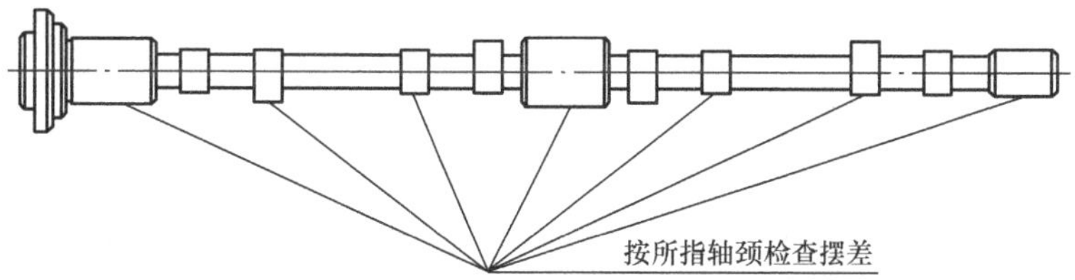 按所指轴颈检查摆差	压床

（续）

工序号	工序名称	工序简图	设备
85	粗磨凸轮轴中间主轴颈和后主轴颈	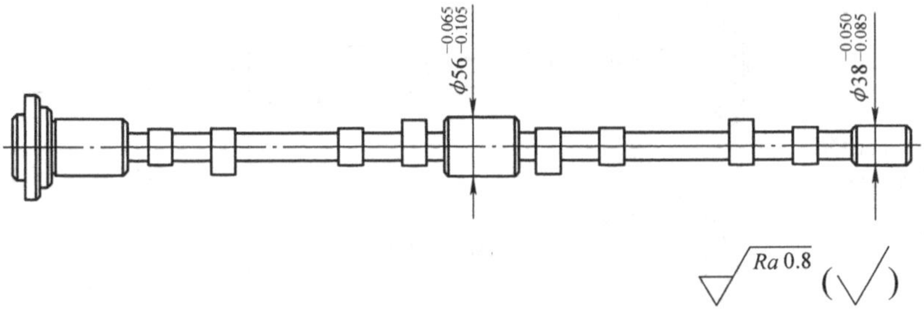 $\phi56^{-0.065}_{-0.105}$　$\phi38^{-0.050}_{-0.085}$　$Ra\ 0.8$（√） 技术要求：ϕ56mm 和 ϕ38mm 的圆柱度误差不大于 0.02mm	外圆磨床
90	磨凸轮轴前后主轴颈和 ϕ77mm 端面	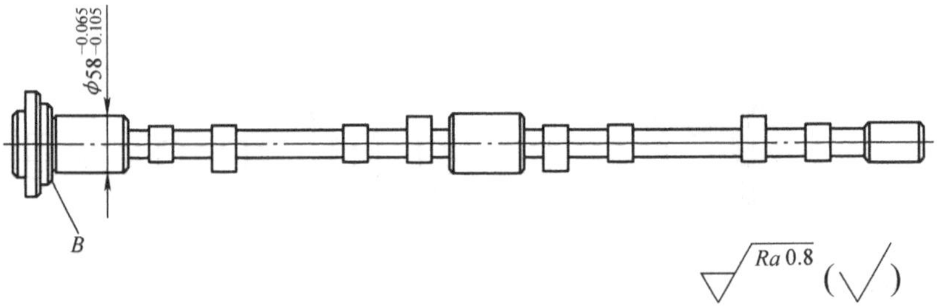 $\phi58^{-0.065}_{-0.105}$　*B*　$Ra\ 0.8$（√） 技术要求： 1）相对于 ϕ58mm 和 ϕ38mm 公共轴线的同轴度误差，ϕ56mm 外圆不大于 0.05mm，端面“*B*”不大于 0.05mm 2）ϕ58mm 的圆柱度误差不大于 0.02mm	外圆磨床
95	磨凸轮轴法兰端面和正时凸轮的轴颈	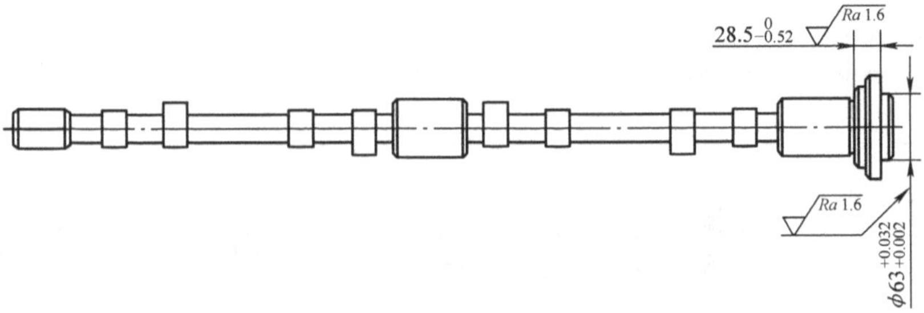 $28.5^{\ 0}_{-0.52}$　$Ra\ 1.6$　$Ra\ 1.6$　$\phi63^{+0.032}_{+0.002}$ 技术要求： 1）ϕ63mm 轴颈相对于外圆 ϕ58mm 和 ϕ38mm 公共轴的同轴度误差不大于 0.04mm 2）法兰端面相对于外圆 ϕ58mm 和 ϕ38mm 公共轴的同轴度误差不大于 0.04mm	外圆磨床

（续）

工序号	工序名称	工序简图	设备
100	精磨凸轮轴凸轮	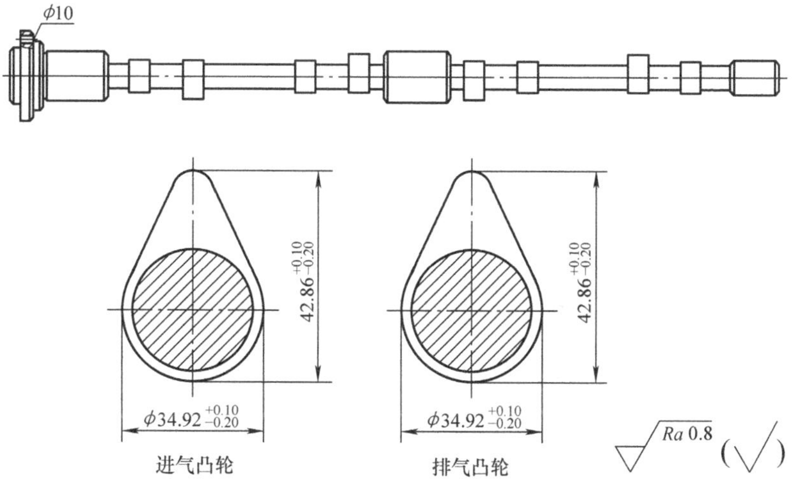 $\phi10$ $42.86^{+0.10}_{-0.20}$ $\phi34.92^{+0.10}_{-0.20}$ 进气凸轮 $42.86^{+0.10}_{-0.20}$ $\phi34.92^{+0.10}_{-0.20}$ 排气凸轮 Ra 0.8 (√) 技术要求： 1）凸轮圆柱部分对 ϕ58mm 和 ϕ38mm 公共轴线的跳动不大于 0.08mm 2）凸轮母线相对 ϕ58mm 和 ϕ38mm 公共轴线的不平行度不大于 0.2mm 3）凸轮的对称轴线相对 ϕ10 *D*5 的轴线的位置度误差不大于 0.04mm 4）在精密测量室抽检凸轮的位置和外形，每加工 500 件抽查一次	特种靠模磨床
105	去毛刺和校准螺纹	技术要求： 1）在前主轴颈一面的法兰上去毛刺 2）在 ϕ10mm 孔中去毛刺 3）在前主轴颈一面的法兰端面上 ϕ16mm 孔中去毛刺 4）在法兰上的孔中校准螺纹	在工作地
110	抛光凸轮和主轴颈	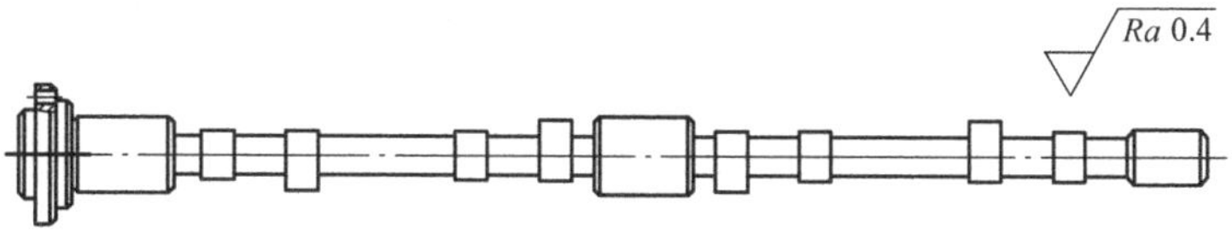 Ra 0.4	抛光机
115	吹净擦净	用压缩空气吹净零件，并擦净	在工作地
120	矫直	中间的主轴颈相对于两边的主轴颈的允许摆差为 0.05mm，凸轮的圆柱部分为 0.08mm	压床

（续）

工序号	工序名称	工序简图	设备
125	检验	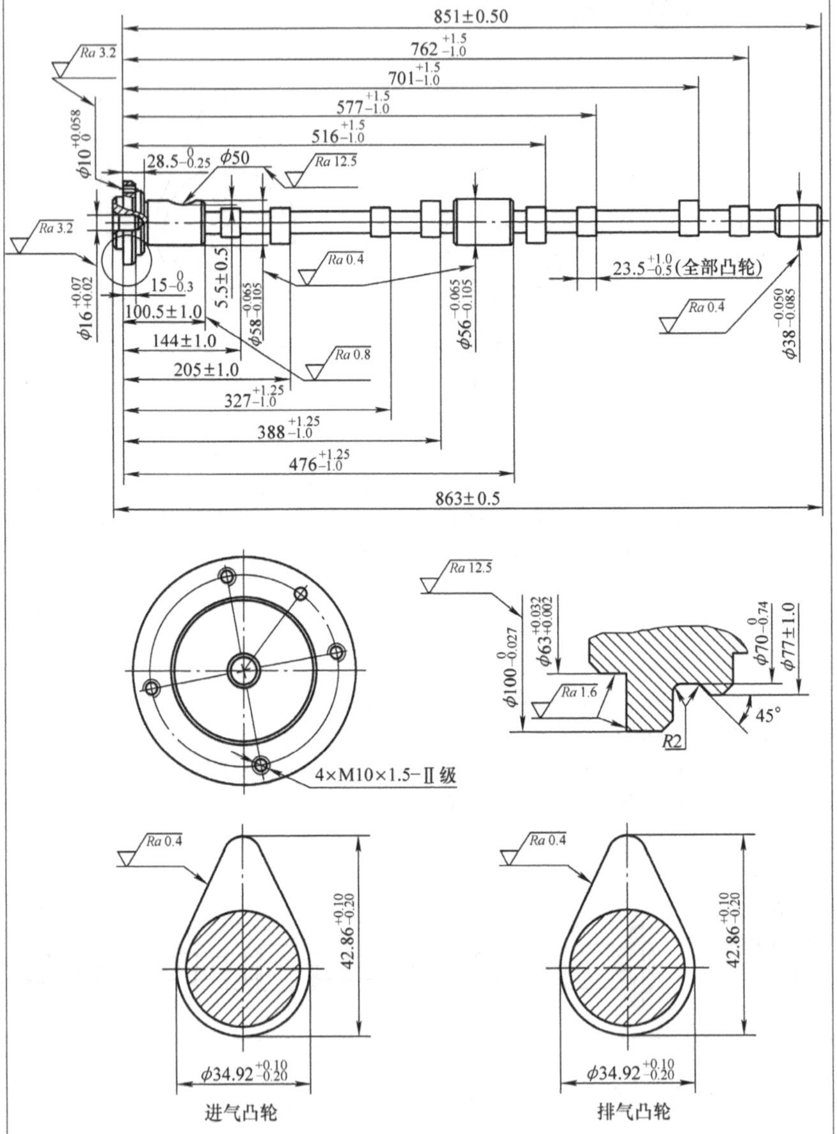 进气凸轮　排气凸轮	检验台

生产实习思考题

1. 为什么孔的加工要比加工同样尺寸、同样精度的外圆生产效率低，加工成本高？

2. 成形面的加工一般有哪几种方式？其特点是什么？

3. 简述各种常用加工方法所能达到的精度和表面粗糙度。

4. 拟定零件切削加工工艺路线的基本步骤是什么？

5. 连杆生产工艺过程中，是否划分了加工阶段，是如何划分的？试举例说明加工顺序安排的原则是什么？工序45、工序50、工序55的顺序能调换吗？为什么？

6. 连杆大、小头平面和剖切面为什么采用磨削加工？磨大头端面时，应先磨哪一个表面，为什么？磨连杆两端面时的定位元件是否相同？工件是如何被夹紧的？

7. 分析金刚镗大、小头孔的工艺特点（夹具形式；定位和夹紧；刀具的调整及切削用量的选择）。

8. 工序55中为什么分三次钻通螺栓孔？两螺栓孔中心线对装螺母凸台的垂直度以及在两个相互垂直方向的平行度最终是怎样保证的？

9. 连杆加工中，采取了哪些措施防止工件变形？

10. 曲轴的机械加工工序在安排上符合什么原则？指出曲轴加工的主要表面。

11. 针对曲轴刚性差，在现场加工中采取了哪些具体措施来消除它对加工精度的影响？

12. 大批量加工曲轴时，工序是集中还是分散，为什么？现场采用的是集中还是分散？

13. 粗磨曲轴主轴颈时，轴向如何定位？其原理如何？

14. 写出现场曲轴主轴颈和连杆轴颈的加工方案。分析各主轴颈的加工方案及它们在整个工艺路线中的安排情况有什么不同，为什么？

15. 气缸体加工时，粗、精基准面是如何选择的？如何对粗、精基准面进行加工？

16. 辅助支承、自位支承、各种定位元件在现场气缸体的加工应用中有何特点？

17. 在组合机床上钻孔、铰孔、攻螺纹时刀具与机床主轴的连接方式及导向方式如何？

18. 气缸体在加工过程中是如何实现翻转的？

19. 凸轮轴钻中心孔时，工件如何定位和夹紧？中心孔的尺寸精度和位置精度对以后各工序的加工有何影响？

20. 针对凸轮轴的工艺特点，加工时应采取什么措施来保证设计要求？

21. 简述生产实习现场的一条典型零件生产线（布局、设备、工艺装备、工艺过程及产品特点等）。

第四章 齿轮加工

第一节 概　述

齿轮是传递运动和动力的重要零件，齿轮传动具有传动比恒定、结构紧凑、传递功率大、寿命长及效率高等特点，广泛应用于机床、汽车、拖拉机、飞机、轮船及精密仪器等行业中，且数量大、品种多，在机械制造中占有极为重要的位置。

1. 齿轮的工艺特点

齿轮形状根据使用要求有不同的结构形式。从机械加工角度看，齿轮是由齿圈和轮体构成的。按照齿圈的几何形状，齿轮可分为圆柱齿轮（直齿、斜齿、人字齿）、锥齿轮（直齿、斜齿、弧齿）、准双曲面齿轮（圆弧形、延伸外摆线形）；按照齿体的外形特点可分为盘形齿轮、套筒齿轮、轴齿轮和齿条等。其中标准直齿圆柱齿轮最为常见。

齿轮技术要求主要包括 4 个方面：①齿轮精度和齿侧间隙；②齿坯基准表面（包括定位基面、度量基面和装配基面等）的尺寸精度和相互位置精度；③表面粗糙度；④热处理。

齿轮精度包括：①传动运动的准确性；②传动的平稳性；③载荷分布的均匀性；④传动的侧隙。GB/T 10095.2—2008《圆柱齿轮精度制第 1 部分：齿轮同侧齿面偏差的定义和允许值》对齿轮及齿轮副规定了 13 个精度等级。第 0 级精度最高，第 12 级精度最低。通常认为 2 ~ 5 级为高精度等级，6 ~ 8 为中等精度等级，9 ~ 12 级为低精度等级。

齿轮加工和装配的过程中，必须控制齿轮内孔、顶圆和端面的加工。内孔是齿轮的设计基准、定位基准和装配基准，加工精度一般不得低于 IT9 级；齿顶圆是齿形的测量基准和加工时的调整基准，其直径公差和径向圆跳动量均应控制在一定范围内。

齿面粗糙度应控制在 Ra =0.63 ~ 10μm；基面的粗糙度应控制在 Ra =0.63 ~ 2.5μm，且应与齿形精度相适应。

2. 齿轮毛坯

齿轮毛坯一般根据齿轮材料、结构形状、尺寸大小、使用条件以及生产批量等因素来确定。

钢质齿轮，除了尺寸较小且不太重要的齿轮直接采用轧制棒料外，一般均采用锻造毛坯。生产批量较小或尺寸较大的齿轮采用自由锻造；生产批量较大的中小齿轮采用模锻。

直径很大且结构较复杂、不便锻造的齿轮，可采用铸钢毛坯。铸钢齿轮的晶粒较粗，力学性能较差，加工性能不好，加工前应进行正火处理，使硬度均匀并消除内应力，以改善加工性能。

齿轮的毛坯材料对齿轮的内在质量和使用性能都有很大影响。对速度较高的齿轮传动，齿面容易产生疲劳点蚀，应选用齿面硬度较高而硬质层较厚的材料；对有冲击载荷的齿轮传动，轮齿容易折断，应选用韧性较好的材料；对低速重载的齿轮传动，轮齿易折断，齿面易磨损，应选用机械强度大、齿面硬度高的材料。

根据齿轮的工作条件和失效条件，常选用以下材料制造。

（1）优质中碳结构钢　采用45钢进行调质或表面淬火。经热处理后，综合力学性能较好，但切削性能较差，齿面粗糙度较大，适于制造低速、载荷不大的齿轮。

（2）中碳合金结构钢　采用40Cr钢进行调质或表面淬火。经热处理后，综合力学性能较45钢好，热处理变形小，用于制造速度、精度较高，载荷较大的齿轮。

（3）渗碳钢　采用38CrMnTi钢等材料进行渗碳或碳氮共渗。经渗碳淬火后齿面硬度可达58～63HRC，心部有较高韧性，既耐磨损，又耐冲击，适于制造高速、中等载荷或承受冲击载荷的齿轮。渗碳处理后的齿轮变形较大，需进行磨齿加以纠正，成本较高。采用碳氮共渗处理变形较小，由于渗层较薄，承载能力不如渗碳。

（4）渗氮钢　采用38CrMoAl进行渗氮处理，变形较小，可不再磨齿，齿面耐磨性较高，适合制造高速齿轮。

3. 齿轮的热处理

（1）齿坯的热处理　齿坯粗加工前后常安排预备热处理，其目的是改善材料的加工性能，减少锻造引起的内应力，防止淬火时出现较大变形。齿坯的热处理常采用正火或调质。经过正火的齿轮，淬火后变形较大，但加工性能较好，拉孔和切齿时刀具磨损较轻，加工表面粗糙度较小。齿轮正火一般安排在粗加工之前，调质则多安排在齿坯粗加工之后。

（2）轮齿的热处理　轮齿的齿形加工后，为提高齿面的硬度及耐磨性，常安排渗碳淬火或表面淬火等热处理工序。渗碳淬火采用高频感应淬火（适于小模数齿轮），超音频感应淬火（适于模数为3～6的齿轮）和中频感应淬火（适于大模数齿轮）。表面淬火齿轮的齿形变形较小，内孔直径通常要缩小0.01～0.05mm，淬火后应予以修正。

4. 齿轮的检验

（1）齿坯精度的检验

1）外径和齿圈精度的检验：由于它们的公差较大，主要用卡规检验。

2）内孔检验：用流速式水柱气动量仪进行检验。

3）端面对内孔圆跳动检验：用锥度心轴在平台上打表检验。

4）轴向尺寸检验：用专用夹具检验。

（2）齿圈精度检验

1）用公法线千分尺卡规检验公法线长度。

2）用万能渐开线检查仪检验齿形公差。

3）用螺旋线检查仪检查齿向公差。

4）用齿圈径跳检查仪检查齿圈径向圆跳动量。

5）用轮廓仪检验齿面粗糙度。

（3）齿轮副接触斑点的检验　在齿轮机上进行，先在齿轮表面涂上一层红丹粉，与标准齿轮啮合后，在轻微制动下做正、反两方向回转，观察其接触区，长度方向应大于 60%，高度方向应大于 45%。

第二节 齿轮加工工艺

一、齿轮齿形的加工

齿形加工是齿轮加工的核心和关键，目前制造齿轮主要是用切削加工方法，如图 4-1 所示。但也可以用铸造或辗压（热轧、冷轧）等方法。铸造齿轮的精度低、表面粗糙；辗压齿轮生产率高、力学性能好，但精度仍低于切削加工的齿轮，未被广泛采用。

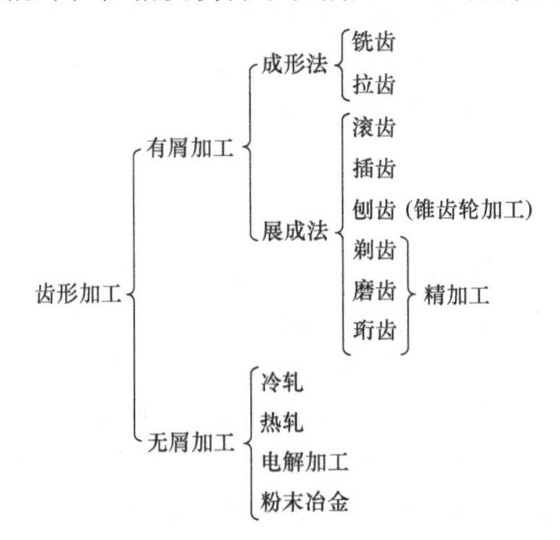

图 4-1 齿形切削加工方法

用切削加工方法加工齿轮齿形，按加工原理的不同，可分为成形法（仿形法）和展成法（包络法）。成形法是用与被切齿轮齿间形状相符的成形刀具来直接切出齿轮齿形的加工方法；展成法是利用齿轮刀具与被切齿轮的相互啮合运动来切出齿轮齿形的加工方法。

齿轮齿形加工方法的选择主要取决于齿轮精度、齿面粗糙度的要求以及齿轮的结构、形状、尺寸、材料和热处理状态等。齿形常用的加工方法见表 4-1；齿形加工工艺见表 4-2；不同精度等级的圆柱齿轮齿形加工方案见表 4-3。

表 4-1 齿形常用的加工方法

齿形加工方法		刀具	机床	加工精度及适用范围
成形法	铣齿	模数铣刀	铣床	精度及生产率都较低，一般精度 9 级以下，但加工成本低。
	拉齿	齿轮拉刀	拉床	精度及生产率都较高，但拉刀需专门制造，成本高，只在大量生产时使用，适合加工内齿轮

（续）

齿形加工方法		刀具	机床	加工精度及适用范围
展成法	滚齿	齿轮滚刀	滚齿机	通常加工6～10级齿轮，最高能达4级，一般8～9级。生产率高，通用性大；常用于加工直齿、斜齿的外啮合圆柱齿轮和蜗轮
	插齿	插齿刀	插齿机	通常加工7～9级齿轮，最高能达6级，一般8～9级。生产率高，通用性大；适用于加工内外啮合小模数齿轮、阶梯齿轮、扇形齿轮和齿条
	剃齿	剃齿刀	剃齿机	能加工5～7级齿轮，生产率高，主要用于滚齿、插齿之后，淬火前的齿形精加工
	磨齿	砂轮	磨齿机	能加工3～7级齿轮，生产率高，成本高，用于齿形淬火后精加工
	珩齿	珩齿轮	珩齿机	能加工6～7级齿轮，多用于经过剃齿和高频感应淬火后齿形的精加工
	冷挤压	挤轧轮	挤齿机	属无屑加工，能加工6～8级精度的齿轮，生产率比剃齿高，成本低，多用于齿形淬硬前的精加工，可代替剃齿

表 4-2 齿形加工工艺

齿形精度	加工方法	工艺过程	注意事项
8	滚或插	滚（插）齿—热处理—铰内孔	热处理前提高一级精度或事后珩齿
7	滚—剃		不需淬火的齿轮
7	滚（插）—磨	滚（插）齿—热处理—磨齿	产量较小的淬火齿轮
7	滚—剃—珩	滚齿—剃齿—热处理—珩齿	产量较大的淬火齿轮
5～6	滚—磨	粗滚—精滚（插）—热处理—磨齿	

表 4-3 圆柱齿轮齿形加工方案

类型	不淬火齿轮									淬火齿轮												
精度等级IT	3	4	5		6			7			3～4	5		6				7					
表面粗糙度（*Ra*）/μm	0.2～0.1	0.4～0.2			0.8～0.4			1.6～0.8			0.4～0.1	0.4～0.2		0.8～0.4				1.6～0.8					
滚齿或插齿	*	*	*	*	*	*	*	*	*	*	*	*	*	*	*	*	*	*	*	*	*	*	*
剃齿				*		*				*			*		*			*					
挤齿																			*				
淬火、渗碳淬火											*	*	*	*	*	*	*③	*	*	*	*	*	*③

（续）

类型	不淬火齿轮										淬火齿轮												
精整基面											*	*	*	*	*	*		*	*	*	*	*	
珩齿或研齿									*				*		*			*	*		*		
粗磨齿	*	*	*								*	*											
定性处理	*	*	*	*①							*	*											
精整基面	*	*	*								*	*											
精磨齿	*	*	*				*				*	*		*		*②							*②

① 定性处理在剃前进行。
② 淬火后用硬质合金滚刀精滚代替磨齿。
③ 热处理采用渗氮处理。

二、齿轮齿形加工方法简介

齿形的加工目前除了成形法中的铣齿外，绝大多数齿轮都采用展成法加工，因为它没有成形法刀具设计的理论误差，且连续对滚，生产率较高。

1. 铣齿

铣齿是指利用成形铣刀在万能铣床上加工齿轮齿形的方法，如图 4-2 所示。加工时，把工件安装在分度头上，用盘形齿轮铣刀（模数 m < 10 ~ 16mm）或指形齿轮铣刀（模数 m > 10mm），对齿轮的齿槽进行铣削，加工完一个齿槽后，进行分度，再铣下一个齿槽。

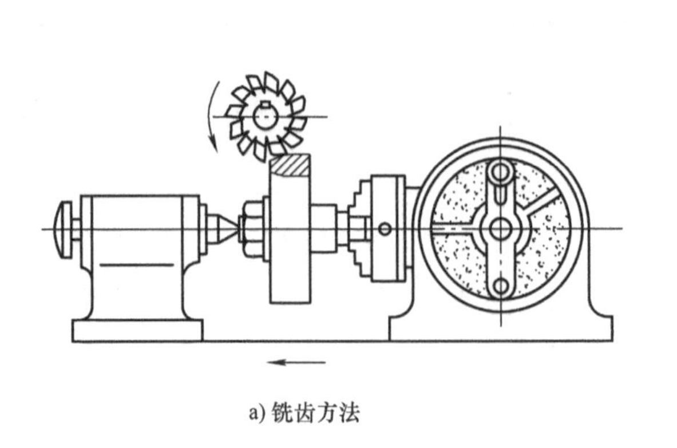

a) 铣齿方法

b) 盘形齿轮铣刀铣齿

c) 指形齿轮铣刀铣齿

图 4-2　铣齿

2. 滚齿

滚齿是指在滚齿机上用滚刀加工齿轮的方法。它相当于一对相错轴斜齿圆柱齿轮的空间啮合，滚刀相当于一个螺旋角很大的具有切削能力的斜齿圆柱齿轮，与工件在一定速比下做空间啮合。滚刀在旋转的同时还做切入运动，按展成（包络）原理来完成渐开线、摆线等各种齿形加工，如图 4-3 所示。滚齿是加工直齿和斜齿渐开线圆柱齿轮最常见的方法之一。

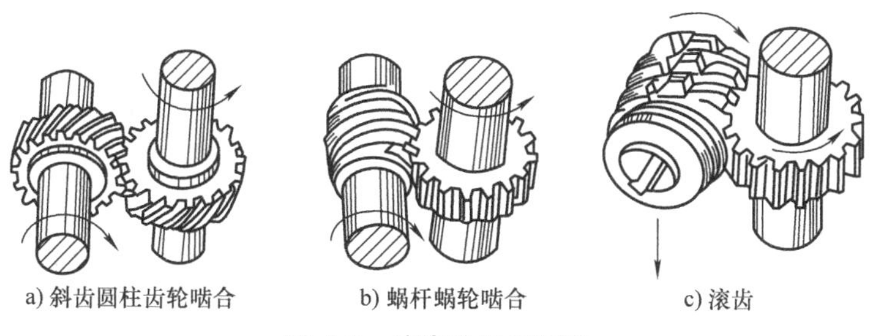

图 4-3　滚齿的加工原理

滚切直齿圆柱齿轮时，其运动如图 4-4 所示。

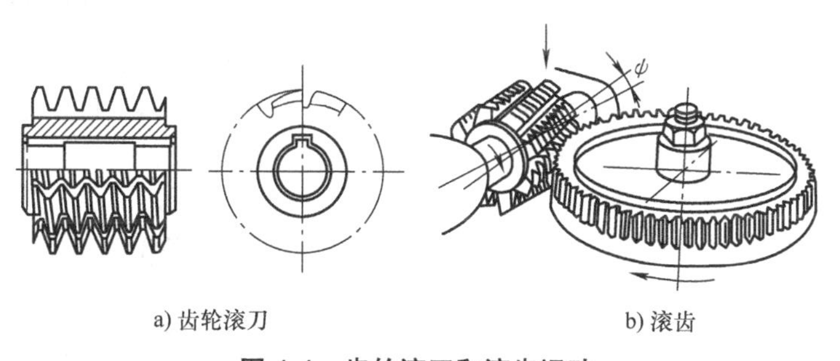

图 4-4　齿轮滚刀和滚齿运动

3. 插齿

插齿是指在插齿机上用形状为齿轮或齿条的插齿刀，与被加工轮齿按一定的速比做啮合运动的同时，刀具沿齿长方向往复运动来完成轮齿加工的方法。插齿刀相当于一个齿轮，其模数及压力角与被加工齿轮一致。把插齿刀的齿磨出前、后角，形成切削刃，在与齿轮工件对滚的过程中切出齿形，如图 4-5 所示。插齿是应用较为广泛的切齿方法。

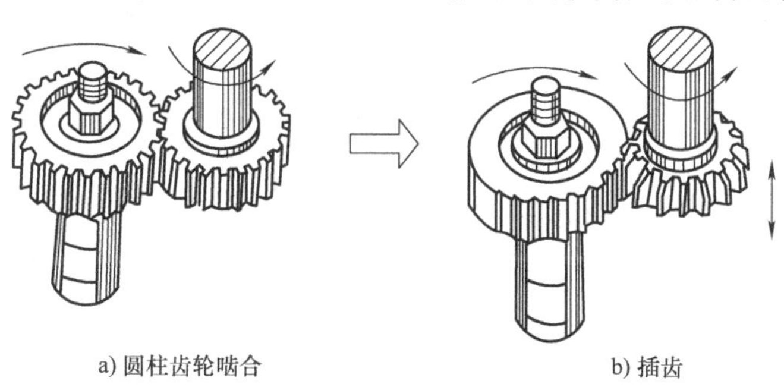

图 4-5　插齿的加工原理

插直齿圆柱齿轮时，用直齿插齿刀，其运动如图 4-6 所示。

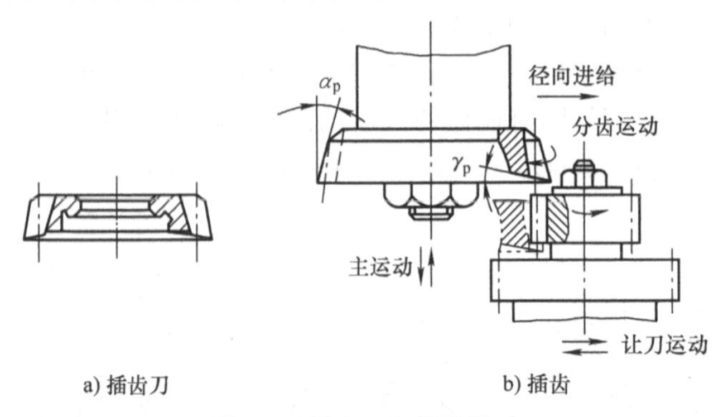

图 4-6 插齿刀和插齿运动

4. 剃齿

剃齿是精加工齿轮的一种方法。其生产率高，剃齿齿轮质量好，剃齿刀具寿命高以及所用机床结构简单、调整方便，所以在成批量生产汽车、拖拉机和机床等的齿轮的加工中，剃齿得到了广泛应用。剃齿时，剃齿刀与工件相当于轴线交错的斜芯圆柱齿轮啮合，盘形剃齿刀的齿侧面上做出许多小容屑槽，槽与齿侧面的交线形成切削刃。剃齿刀装在机床主轴上，带动工件旋转，两者之间没有强制的展成运动。当刀具和工件对滚时，沿齿向有相对滑动，构成切削运动，如图 4-7 所示。

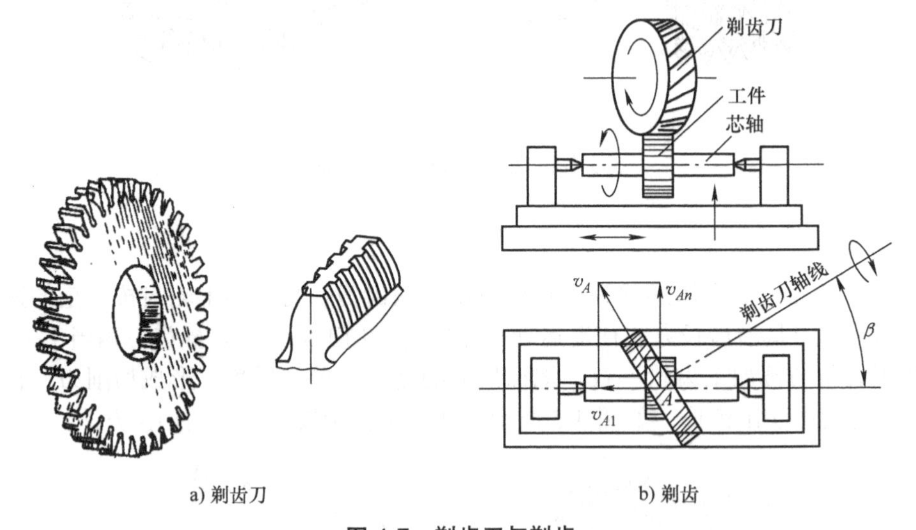

图 4-7 剃齿刀与剃齿

5. 磨齿

磨齿是现有齿形加工中精度最高的，可以作为淬硬齿轮的最终加工，可全面纠正齿轮磨前的各项误差。磨齿的主要缺点是生产率较低，加工成本高，并要求有较高的操作技术。磨齿按加工原理的不同，可分为成形法磨齿和展成法磨齿。

（1）成形法磨齿　将砂轮的断面形状按样板修正成与工件齿槽相吻合的齿廓形状，然后对已经切削过的齿槽进行磨削，如图 4-8 所示。

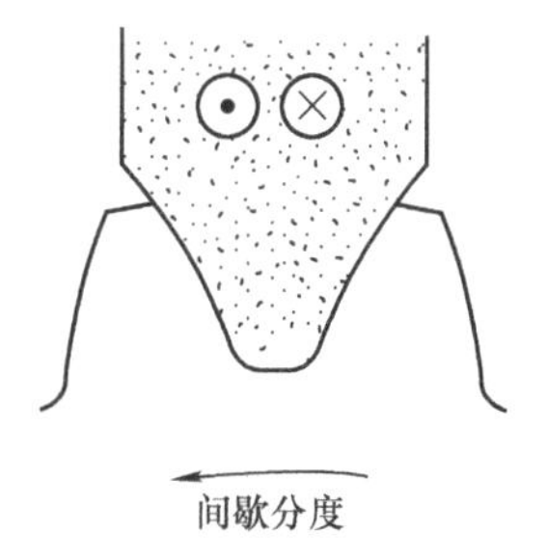

图 4-8　成形法磨齿

（2）展成法磨齿　磨成斜面的砂轮，相当于一个或双齿滚刀磨削齿面，如图 4-9 所示。用两个碟形砂轮磨齿，两个砂轮倾斜运动角度，其端面构成假想齿条两个（或一个）齿的齿面，同时对轮齿进行磨削，如图 4-10 所示。也可用蜗杆形砂轮磨齿，连续磨削，效率高，如图 4-11 所示。

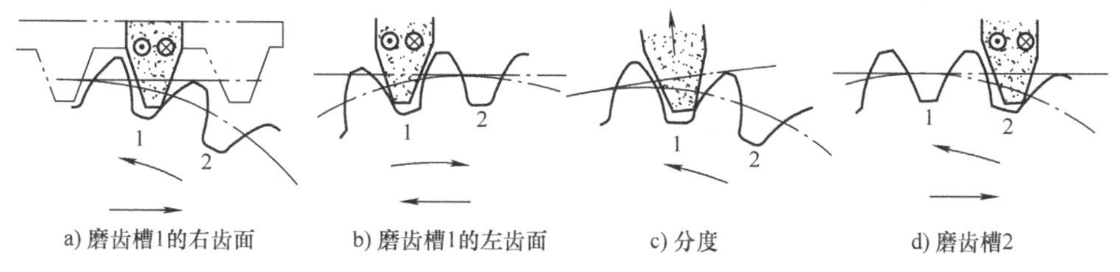

图 4-9　双斜面砂轮磨齿

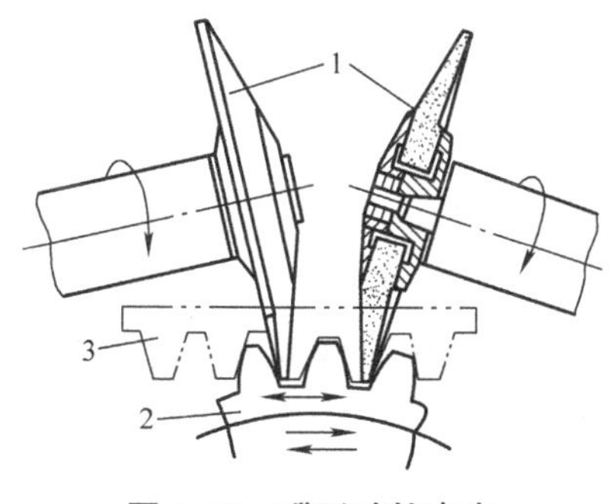

图 4-10　碟形砂轮磨齿

1—碟形砂轮　2—被加工齿轮　3—假想齿轮

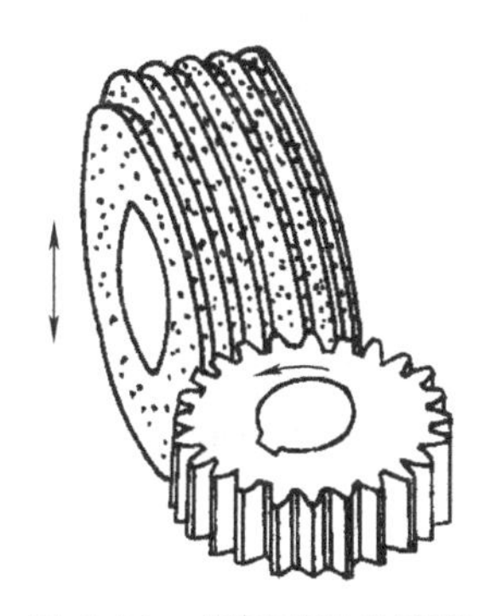

图 4-11　蜗杆形砂轮磨齿

6. 珩齿

珩齿是指对热处理后的齿轮进行光整加工。珩齿加工是应用齿轮形或蜗杆形珩磨轮与被珩齿轮在自由啮合过程传动，借齿面间压力和相对滑动，珩轮用磨粒对被切齿轮进行切削、研磨和抛光。一般用于淬硬齿轮的最终加工。珩齿的运动关系和所用机床与剃齿相同。珩齿原理如图 4-12 所示。

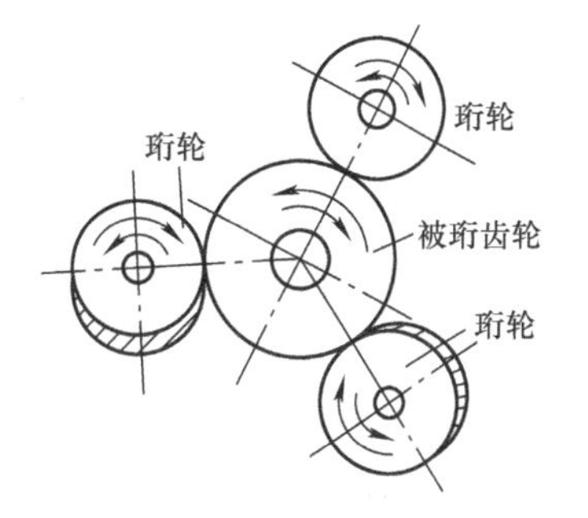

图 4-12　珩齿原理

齿轮加工的工艺过程是根据毛坯的类型、材质和热处理要求，以及齿轮的结构和精度要求、生产类型与现有的生产条件确定的，一般可归纳为：毛坯制造→齿坯热处理→齿坯加工→齿形的粗加工→齿形热处理→齿轮主要表面精加工→齿形的精整加工。

合理制定齿轮的加工工艺规程，不断解决加工过程中出现的问题，以工艺为突破口，提高齿轮加工的精度和生产率。

第三节 齿轮生产实例

图 4-13 所示为某拖拉机变速器中四档齿轮，其技术要求如下：

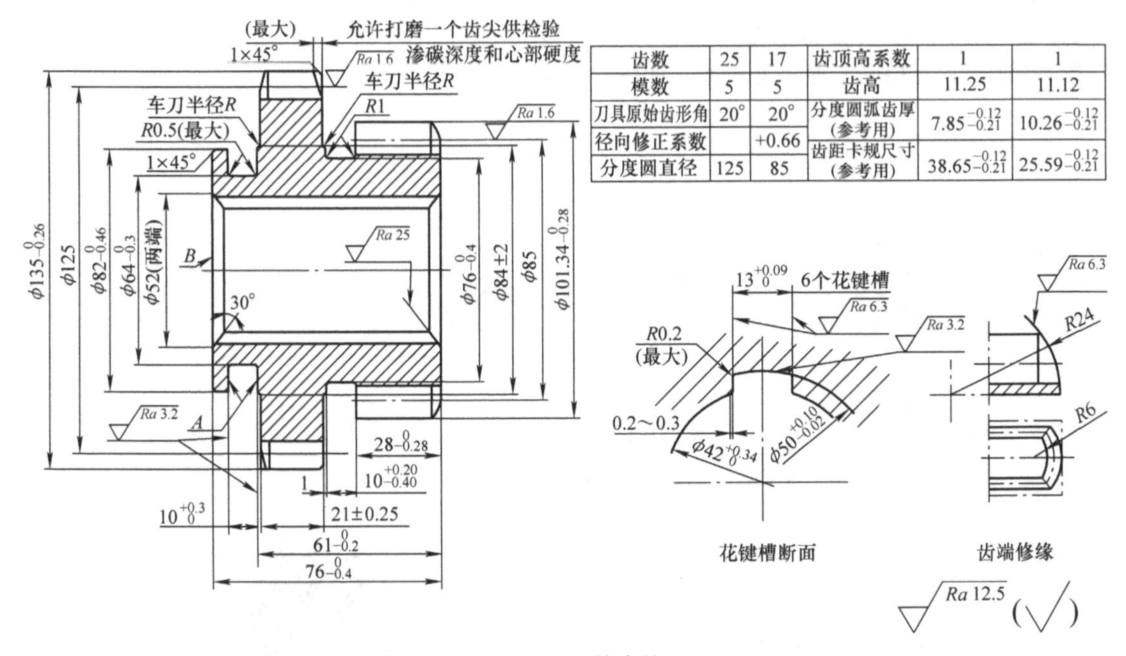

齿数	25	17	齿顶高系数	1	1
模数	5	5	齿高	11.25	11.12
刀具原始齿形角	20°	20°	分度圆弧齿厚（参考用）	$7.85_{-0.21}^{-0.12}$	$10.26_{-0.21}^{-0.12}$
径向修正系数		+0.66	齿距卡规尺寸（参考用）	$38.65_{-0.21}^{-0.12}$	$25.59_{-0.21}^{-0.12}$
分度圆直径	125	85			

图 4-13 四档齿轮

1）渗碳层深度 1.1～1.6mm，淬火硬度 56～63HRC，心部硬度 28～43HRC，渗碳深度自牙齿的外表面计量到退火的磨面上的组织含有 50% 铁素体和 50% 珠光体（相当于 0.4～0.5mm 碳）处为止。

2）花键槽位置用保证配合零件互换性的量规测量。

3）*A* 端面对 ϕ50mm 轴线的轴向圆跳动量在 *R*40 上不大于 0.1mm。

4）齿轮成品与分度圆弧齿厚为 7.49mm（$z=17$）和 7.974mm（$z=25$）的检验齿轮无齿侧啮合时，中心距应小于名义尺寸，并在下列范围内变化：①整批各齿轮转过一圈后，中心距的变化为 0～0.2mm；②单个齿轮转过一圈后，中心距变化不大于 0.14mm，转过一个齿时，中心距变化不大于 0.05mm。

5）用检验齿轮进行印色检验时（无间隙啮合回转），接触印痕应在牙齿侧表面的中部，斑痕高度不小于齿高的 60%，宽度不小于齿宽的 50%。

6）允许花键槽外径从 *B* 端起 17mm 上增大到 ϕ50.30mm。

图 4-13 所示齿轮的锻件图如图 4-14 所示，其技术要求如下：

1）未注圆角 *R*5。

2）热处理：正火 207～236HBW。

3）毛刺：①分模面毛刺不大于 2mm；② ϕ140 处纵向毛刺不大于 3mm；③ ϕ38 出口处不大于 3mm；④ *A* 处不大于 5mm。

4）表面缺陷和压入毛刺深度不大于实际余量的 50%。

5）壁厚差不大于 1.5mm。

6）错差不大于 1mm。

7）尺寸按交点注。

8）未注公差尺寸不检查。

大批大量生产图 4-13 所示四档齿轮的机械加工工艺过程。

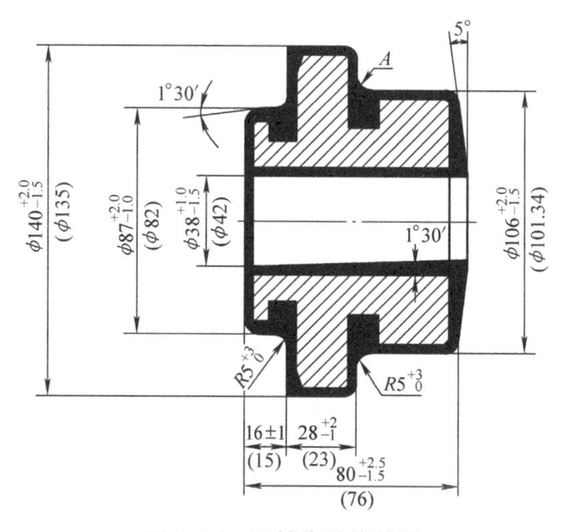

图 4-14　四档齿轮锻件图

表 4-4　大批大量生产图 4-13 所示四档齿轮的机械加工工艺过程

工序号	工序名称	工序简图	设备
5	扩齿轮孔	$\phi41.65^{+0.45}_{0}$ Ra 12.5 (√) 技术要求：壁厚差不大于 2mm	立式钻床

（续）

工序号	工序名称	工序简图	设备
10	粗拉齿轮内花键	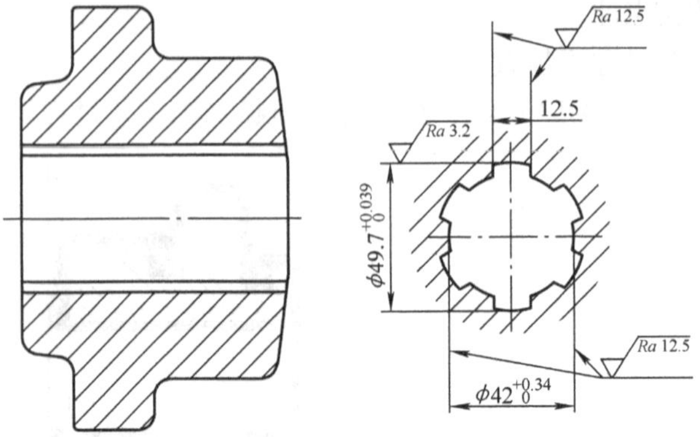	卧式拉床
15	压入、压出齿轮心轴	压入用套筒，压出用心轴	压床
20	粗车齿轮外圆和端面	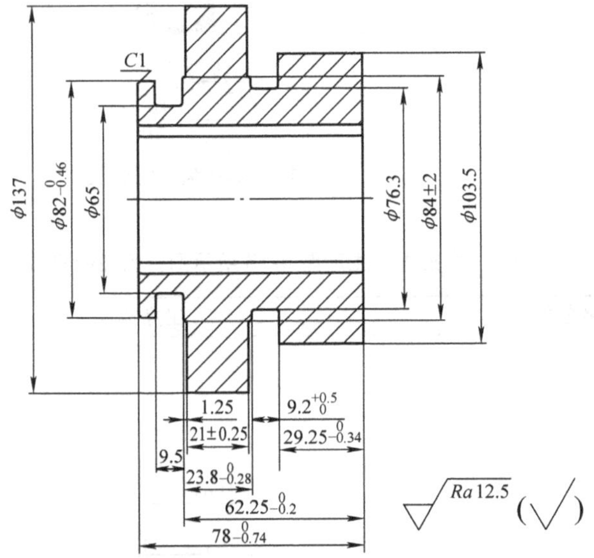	多刀半自动车床
25	精车齿轮外圆、端面和切槽	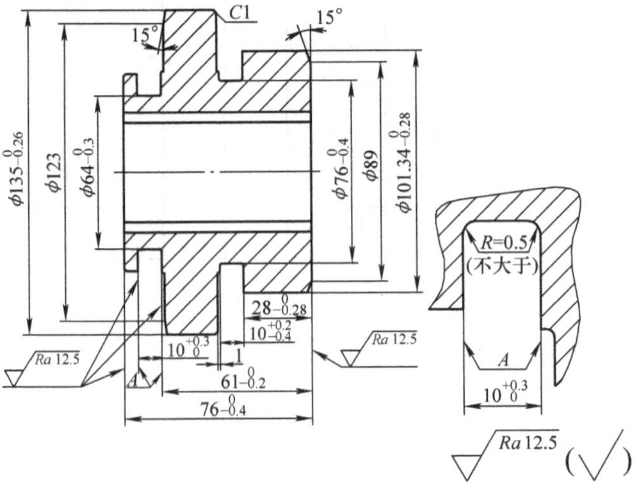	多刀半自动车床

（续）

工序号	工序名称	工序简图	设备
30	在齿轮内花键两端倒角	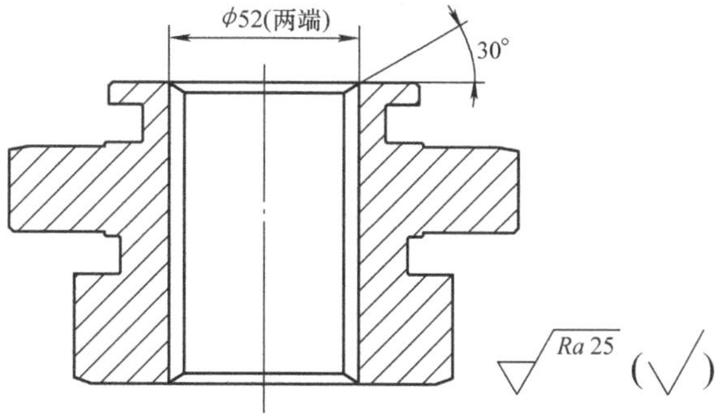	立式钻床
35	去毛刺	去内花键毛刺	压床
40	精拉齿轮内花键	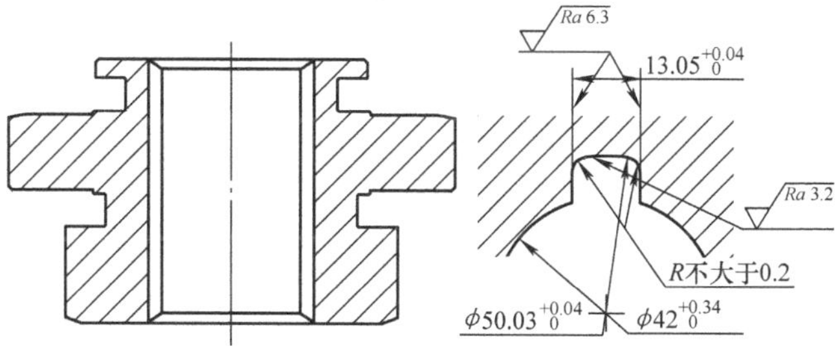 技术要求：在调整机床时，零件的端面摆差不大于 0.05mm，整批零件端面摆差不大于 0.1mm	立式拉床
45	清洗及齿坯检验	清洗，并吹净零件	清洗机、检验台
50	滚齿	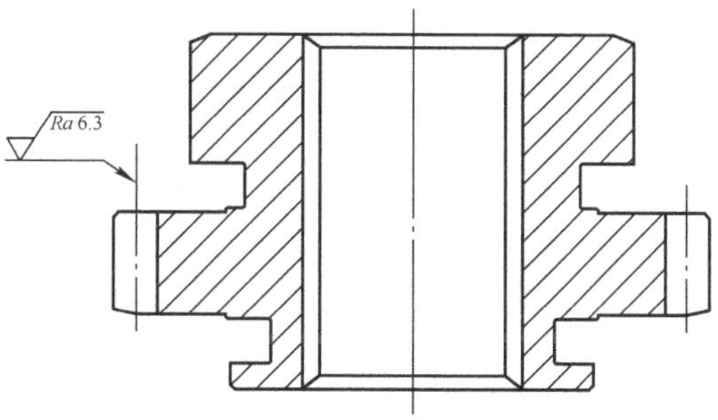 技术要求：滚齿 $z=25$，$m=5$，$\alpha=20°$，公法线长度尺寸$38.59^{+0.017}_{-0.050}$（参考用），并去端面毛刺	滚齿机

（续）

工序号	工序名称	工序简图	设备
55	粗插齿	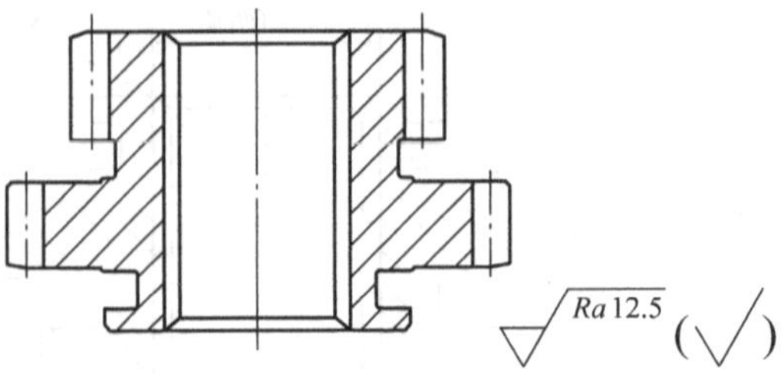 技术要求：粗插齿 $z=17$，$m=5$mm，$\alpha=20°$，保持尺寸$38.59_{-0.10}^{\ 0}$mm	插齿机
60	精插齿	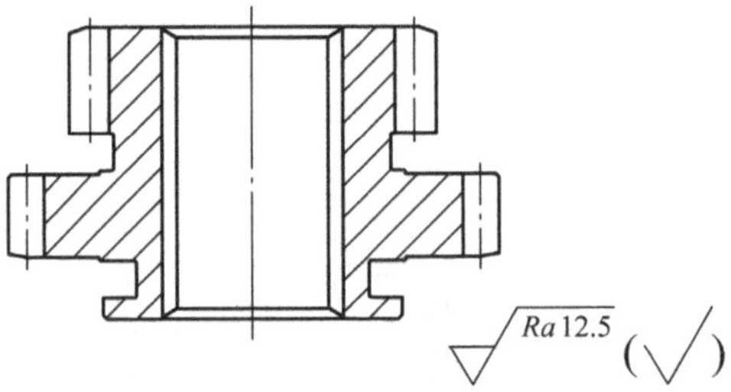 技术要求：精插齿 $z=17$，$m=5$mm，$\alpha=20°$，并去端面毛刺	插齿机
65	清洗及检验	1）清洗、吹净零件（对检验的零件） 2）$z=25$ 齿轮与检验齿轮（分度圆弧齿厚为 7.974mm）做无齿隙啮合检验时，中心距应在下列范围内变化：① 整批齿轮为 0 ~ +0.15mm；② 单个齿轮转过一周其变化不大于 0.12mm，当转过一齿时不大于 0.06mm 3）$z=17$ 齿轮与检验齿轮（分度圆弧齿厚为 7.49mm）做无齿隙啮合检验时，中心距应在下列范围内变化：① 整批齿轮为 −0.07 ~ +0.10mm；② 单个齿轮转一周其变化不大于 0.15mm，当转过一齿时不大于 0.06mm	清洗机、检验台
70	齿轮齿端倒圆角	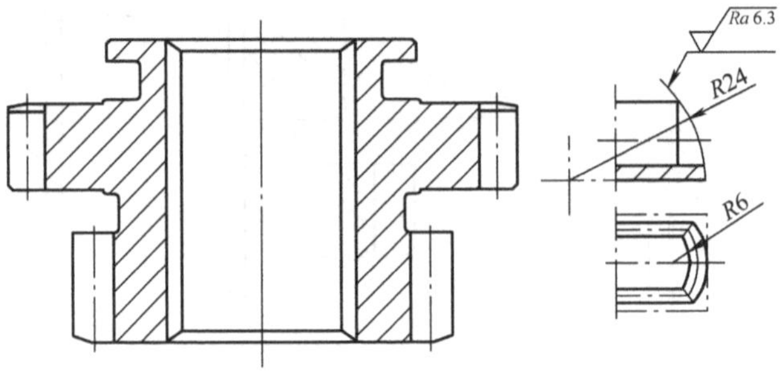 技术要求：在 $z=25$ 的齿上倒圆角 $R=24$mm 及 $R=6$mm，并去齿尖毛刺	齿轮倒角机

（续）

工序号	工序名称	工序简图	设备
75	齿轮齿端倒圆角	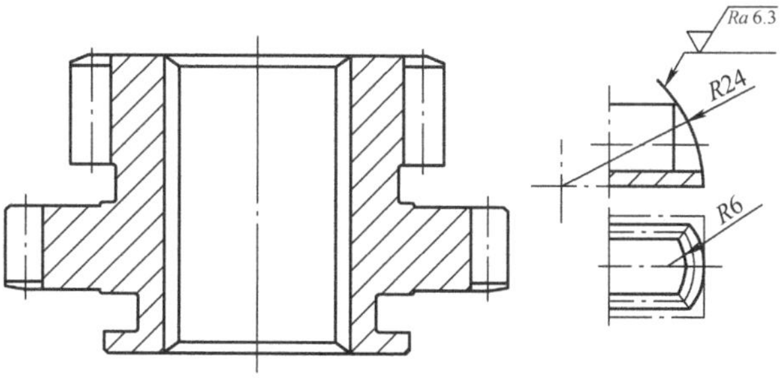 Ra 6.3 R24 R6 技术要求：在 $z=17$ 的齿上倒圆角 $R=24$mm 及 $R=6$mm，并去齿尖毛刺	齿轮倒角机
80	清洗	技术要求：清洗并吹净零件	清洗机
85	去毛刺	技术要求：去端面毛刺，去插点退刀槽内毛刺	砂轮机
90	冷挤齿	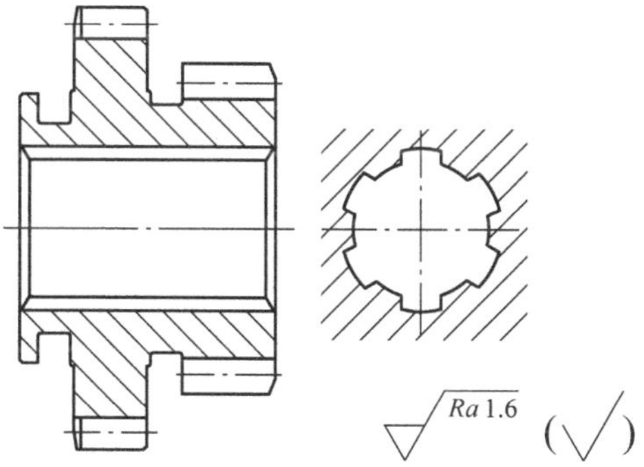 Ra 1.6 (√) 技术要求：冷挤齿 $z=25$，$m=5$mm，$\alpha=20°$	挤齿机
95	剃齿	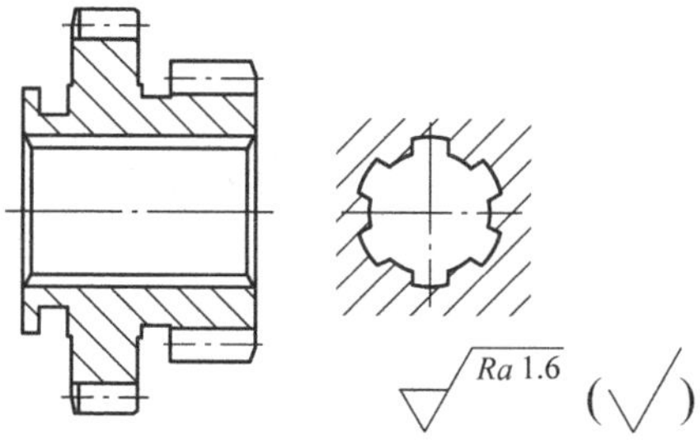 Ra 1.6 (√) 技术要求：$z=17$，$m=5$mm，$\alpha=20°$	剃齿机
100	胀孔	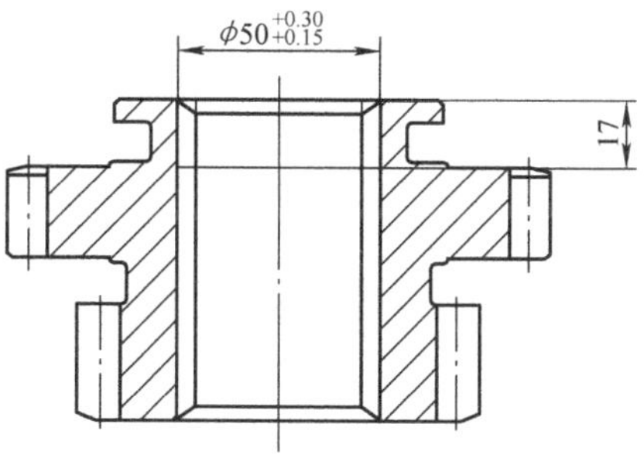 $\phi50^{+0.30}_{+0.15}$ 17	压床

（续）

工序号	工序名称	工序简图	设备
105	清洗及热处理前检验	技术要求： 1）清洗净零件 2）$z=25$ 及 $z=17$ 齿轮与检验齿轮做无齿隙啮合检验时，中心距应在下列范围内变化：①整批齿轮为 −0.06 ~ −0.18mm；②单个齿轮转过一周其变化不大于 0.10mm，当转过一齿时不大于 0.04mm 3）对牙齿进行印色检验时，斑痕应在齿侧表面的中部，其高度不小于齿高的 60%，长度不小于齿宽的 50%	清洗机、检验台
110	热处理	技术要求： 1）按热处理工艺进行热处理 2）渗碳深度 1.1 ~ 1.6mm 3）淬火硬度 56 ~ 63HRC，心部硬度 28 ~ 43HRC	渗碳炉
115	滚光齿面	技术要求：滚光齿面 $z=25$	齿轮滚光机
120	滚光齿面	技术要求：滚光齿面 $z=17$	齿轮滚光机
125	清除毛刺、碰痕及修拨叉槽	技术要求：用砂轮机清除齿面及有关部位的毛刺和碰痕，对拨叉槽的变形零件用车削进行修整	卧式车床、砂轮机
130	清洗	技术条件：清洗并吹净零件	清洗机
135	成品检验		检验台

生产实习思考题

1. 按加工原理的不同，齿形加工可分为哪两大类？各有哪些加工方法？
2. 试比较滚齿与插齿的工艺特点。两者各适用于何种齿轮加工？
3. 剃齿、磨齿适用的场合有何不同？
4. 要保证剃齿质量，应注意哪些问题？
5. 为何要采用冷挤齿？挤齿加工有何特点？
6. 简述在生产实习现场所了解的齿轮加工设备、加工方法及其所生产的齿轮类产品。
7. 简述生产实习现场的一条齿轮生产线（布局、设备、工艺过程及产品特点等）。

第五章　数控加工

第一节　概　　述

数控加工是指在数控机床上进行零件加工的一种工艺方法。数控机床加工与传统机床加工的工艺规程从总体上说是一致的，但也发生了明显的变化。数控机床加工是用数字信息控制零件和刀具位移的机械加工方法。它是解决零件品种多变、批量小、形状复杂、精度高等问题和实现高效化和自动化加工的有效途径。

1. 数控机床

数控机床是一种以数字量作为指令信息形式，通过数字逻辑电路或计算机进行控制的机床。它是综合应用计算机、自动控制、精密测量、伺服驱动和先进机械结构等方面的新技术成果而发展出的一种高效、柔性加工的机电一体化产品，是实现自动加工的基本设备。

数控机床主要由输入输出装置、数控装置、伺服系统、测量装置和机床本体等组成，如图 5-1 所示。

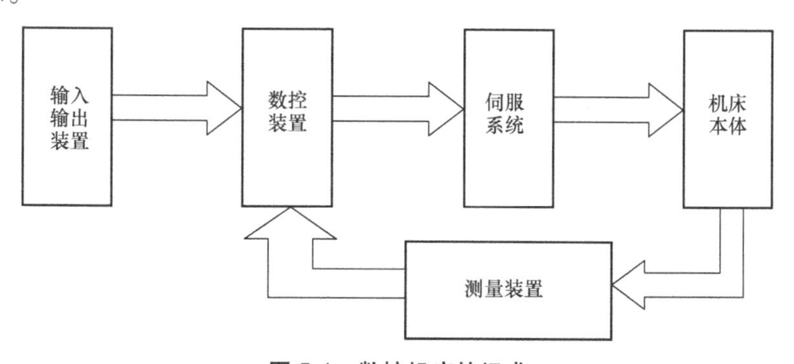

图 5-1　数控机床的组成

随着数控技术的不断发展，数控机床的种类越来越多，其功能、形式各异，通常按下列方法进行分类。

（1）按加工工艺方法分类

1）切削类。指采用车、铣、镗、磨、钻、铰和刨等各种切削工艺的数控机床。它主要分为普通型数控机床（数控车床、数控铣床、数控磨床等）和加工中心（镗、铣类加工中心，车削中心，钻削中心等）。

2）成形类。指采用挤、冲、压和拉等成形工艺的数控机床，常用的有数控压力机、数控折弯机、数控弯管机和数控旋压机等。

3）特种加工类。主要有数控电火花线切割机、数控电火花成形机、数控火焰切割机和数控激光加工机等。

4）测量、绘图类。主要有三坐标测量仪、数控对刀仪和数控绘图仪等。

（2）按控制系统的类型分类　可分为点位控制、直线控制、轮廓控制的数控机床。

（3）按伺服系统的类型分类　可分为开环控制、闭环控制、半闭环控制的数控机床。

此外，数控机床还可以按可控轴数和所联动轴数分为二轴联动、二轴半联动、三轴联动、四轴联动和五轴联动等；按功能水平和价格高低分为高档数控、中档数控、低档数控（经济型数控）等。

数控机床加工零件时，需要将操作内容和动作（工步的划分和顺序、进给路线、位移量和切削用量等）按规定的代码和格式编制成数控加工程序，将数控加工程序输入数控装置，启动数控机床运行数控加工程序，机床就自动进行零件加工，如图 5-2 所示。

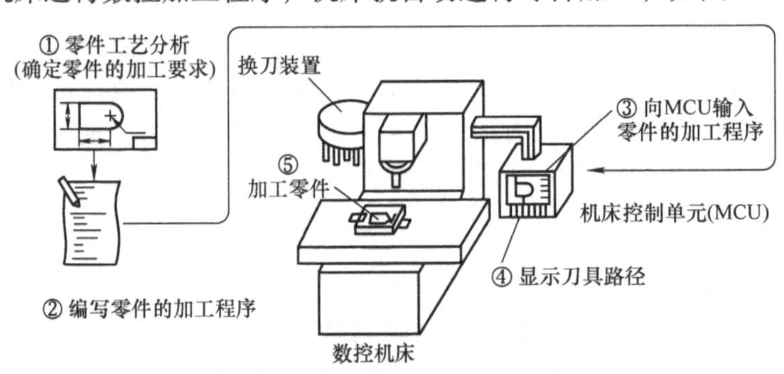

图 5-2　数控机床加工零件的过程

2. 数控系统

数控系统主要由加工程序 I/O、数控装置、伺服系统和可编程序控制器四部分组成，如图 5-3 所示。数控装置（CNC 装置）是数控系统的核心。

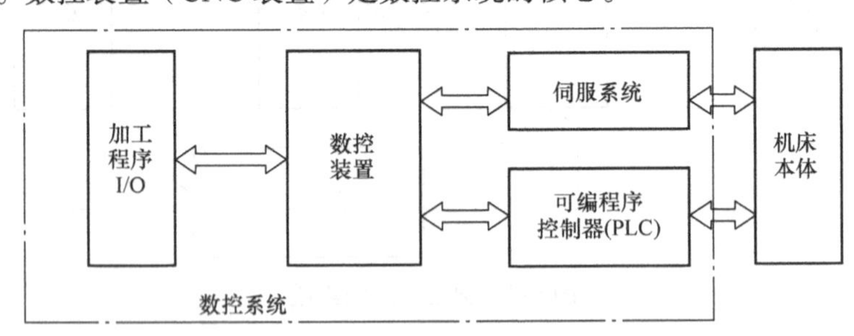

图 5-3　数控机床与数控系统的关系

数控系统是数控机床的核心。数控机床根据其功能和性能要求，可以配置不同的数控系统，常用的有 SIEMENS（德国）、HEIDEN-HAIN（德国）、FANUC（日本）、MITSUBI-SHI（日本）、FAGOR（西班牙）等，它们在数控机床行业占据主导地位。我国数控系统以华中数控、广州数控、航天数控为代表，并已将高性能数控系统产业化。

3. 数控编程

数控编程是指编程者（程序员或数控机床操作者）根据零件图样和工艺文件的要求，编制出可在数控机床上运行以完成规定加工任务的一系列指令的过程。具体地说，数控编程是指从分析零件图样和工艺要求开始到加工程序检验合格为止的全部过程。

数控编程一般分为手工编程和自动编程。自动编程可以减轻劳动强度，缩短编程时间，提高编程质量，有效地解决各种模具及复杂零件的加工问题，大大提高数控机床的利用率，降低制造成本，减少开发新产品的时间，是未来数控编程的主要发展方向。目前，自动编程软件主要有 MasterCAM、UG、Pro/E、SolidWorks 和 CAXA-ME 等。

4. 数控机床坐标系

在数控机床上加工零件时，刀具与工件的相对运动必须在确定的坐标系中，才能按照规定的程序进行加工。

数控机床上的坐标系采用右手直角笛卡儿坐标系作为标准坐标系，如图 5-4 所示。该坐标系中，三坐标 X、Y、Z 的关系及其正方向用右手定则判定；围绕 X、Y、Z 各轴的回转运动及其正方向 $+A$、$+B$、$+C$，分别用右螺旋法则判定。与以上正方向相反的方向应用带“′”的 $+X'$、$+A'$ 等来表示。

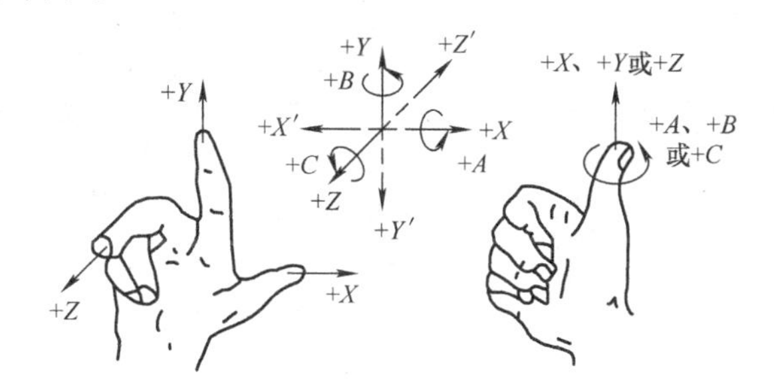

图 5-4 右手直角笛卡儿坐标系

图 5-5 所示为数控车床、数控卧式镗床、数控卧式升降台铣床和数控立式升降台铣床的标准坐标系。标准规定：机床传递切削力的主轴轴线为 Z 坐标。对铣床、钻床、镗床而言，带动刀具旋转的轴为 Z 轴；对车床而言，带动工件旋转的轴为 Z 轴。当机床有几个主轴时，则选一个垂直于工件装夹面的主轴为 Z 轴。规定增大工件和刀具距离（即增大工件尺寸）的方向为正方向。

5. 典型数控机床简介

（1）数控车床　数控车床是将编制好的加工程序输入数控系统中，由数控系统通过车床 X、Z 坐标轴的伺服电动机控制车床进给运动部件的动作顺序、移动量和进给速度，再配以主轴的转速和转向，便能加工出各种形状不同的轴类或盘类回转体零件。

数控车床主体由主轴箱、刀架、进给传动系统、床身、液压系统、冷却系统和润滑系统等部分组成，如图 5-6 所示。数控车床一般具有两轴联动功能，Z 轴是与主轴平行方向的运动轴，X 轴是在水平面内与主轴垂直方向的运动轴。数控车床的进给系统采用伺服电动机经滚珠丝杠传到滑板和刀架，实现 Z 向（纵向）和 X 向（横向）进给运动。

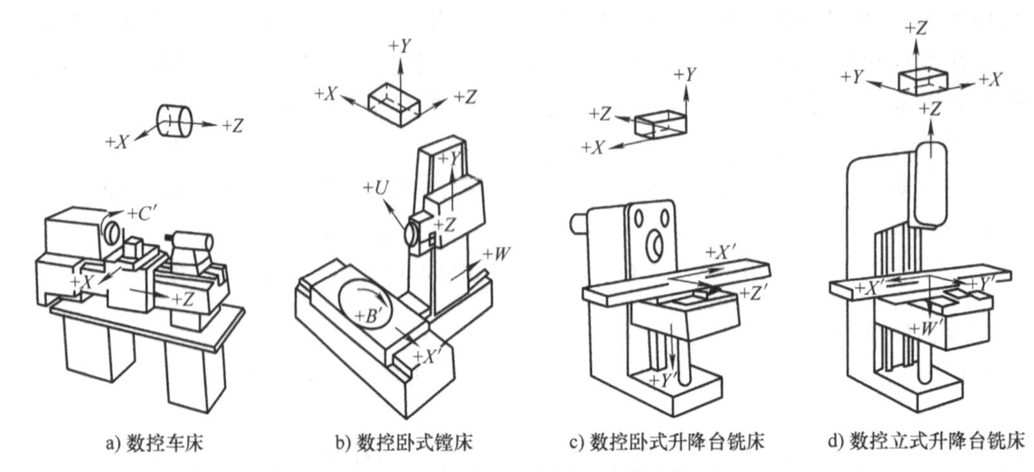

a) 数控车床　b) 数控卧式镗床　c) 数控卧式升降台铣床　d) 数控立式升降台铣床

图 5-5　几种常见数控机床的坐标系

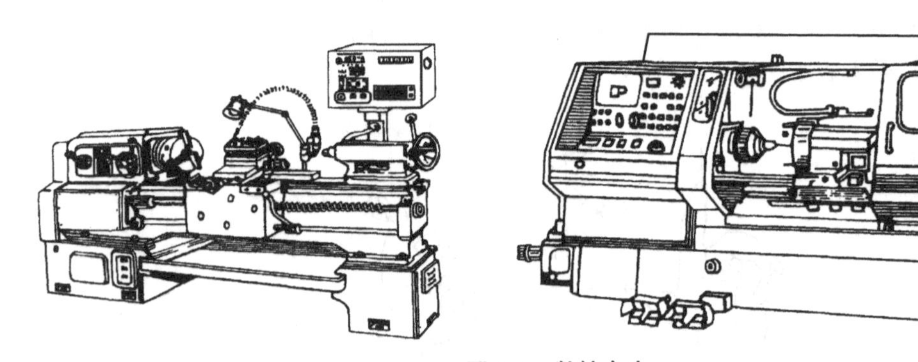

图 5-6　数控车床

数控车床作为当今使用最广泛的数控机床之一，主要用于加工轴类、盘套类等回转体零件，能够通过程序控制自动完成内外圆柱、圆锥、圆弧和螺纹等曲面的切削加工，并进行切槽和钻、扩、铰孔等工作。

（2）数控铣床　数控铣床是一种用途广泛的机床，分为立式和卧式。一般数控铣床是指规格较小的升降台式数控铣床，其工作台宽度在 400mm 以下，规格较大的数控铣床（工作台宽度在 500mm 以上）的功能已向加工中心靠近，进而演变成柔性加工单元。

数控铣床主体是由主轴箱、床身、工作台和进给机构等组成的，如图 5-7 所示，较普通铣床的结构复杂。与数控车床相比，数控铣床在结构上有以下特点。

1）数控铣床能实现多坐标联动，便于加工出连续的形状复杂的轮廓，因此，数控系统的功能要比数控车床强。

2）数控铣床的主轴套筒内一般都设有自动夹刀、退刀装置，能在数秒内完成装刀与卸刀，换刀方便。

数控铣床多为三坐标、两轴联动的机床，也称两轴半控制，即在 X、Y、Z 三个坐标轴中，任意两轴都可以联动。一般情况下，数控铣床用来加工平面、内外平面曲线轮廓、孔和螺纹等。对于有特殊要求的数控铣床，还可以加进一个回转的 A 坐标轴或 C 坐标轴，即增加一个数控分度头或数控回转工作台，这时机床的数控系统为四坐标轴的数控系统，可以加工螺旋槽、叶片等空间曲面零件。

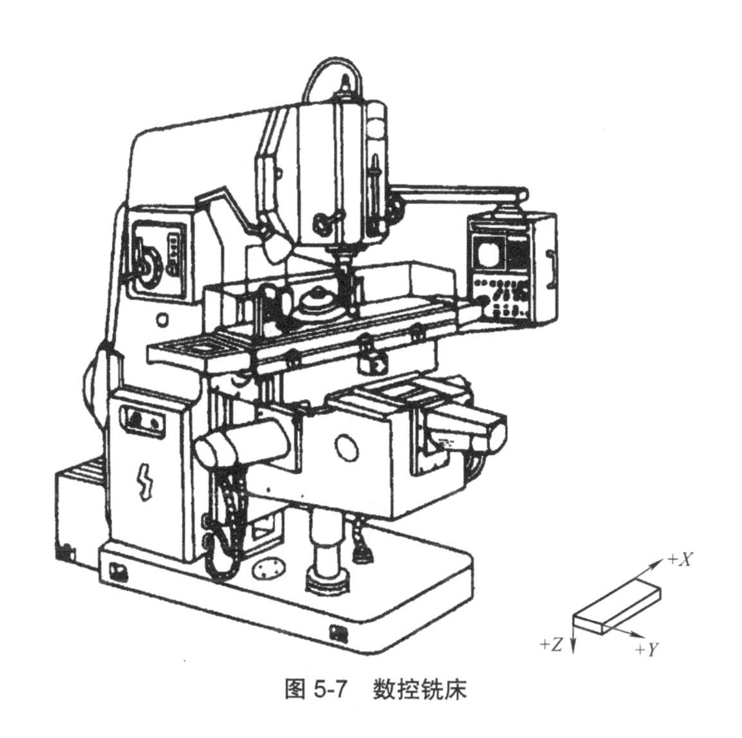

图 5-7 数控铣床

（3）加工中心 加工中心是一种集铣床、钻床和镗床三种机床功能于一体，具有多种工艺手段的数控机床。加工中心一般由基础部件、主轴部件、数控装置、自动换刀装置和辅助装置等组成，如图 5-8 所示。

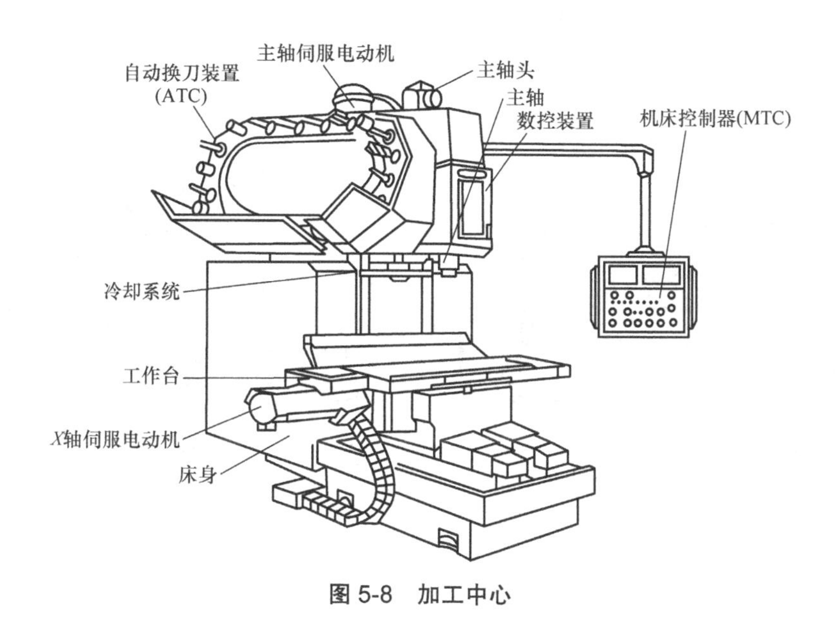

图 5-8 加工中心

加工中心与普通数控机床的主要区别如下：

1）加工中心是在数控镗床或数控铣床的基础上增加了自动换刀装置（ATC）和刀库，使工件在一次装夹后，就可以自动连续完成对工件表面的铣削、镗削、钻孔、扩孔、铰孔、攻螺纹和切槽等多工步的加工，工序高度集中。

2）加工中心一般带有自动分度回转工作台或主轴箱，可自动转角度。工件一次装夹后，就可以自动完成多个平面或多个角度位置的多工序加工。

3）加工中心能自动改变机床主轴转速、进给量和刀具相对工件的运动轨迹及其他辅助功能（刀具半径自动补偿、刀具长度自动补偿、刀具损坏报警、加工固定循环、过载自动保护、丝杠螺距误差补偿、丝杠间隙补偿、故障自动诊断、工件加工显示、工件自动检测及装夹等）。

4）加工中心若再配有自动工作台交换系统，工件在工作位置的工作台进行加工的同时，另外的工件在装卸位置的工作台上进行装卸，不影响正常的加工。

加工中心按主轴加工时的空间位置分为立式加工中心、卧式加工中心和龙门式加工中心。

立式加工中心的主轴（Z 轴）是垂直状态设置的，其结构形式多为固定立柱式，工作台具有无分度回转功能。立式加工中心一般可实现三轴三联动，有的可进行五轴、六轴控制，完成复杂零件的铣削、镗削、钻削、攻螺纹和切削螺纹等加工，适合于加工盖板类零件及各种模具，尤其是加工高度方向尺寸相对较小的工件，且具有结构简单、占地面积小、价格低的特点。

卧式加工中心的主轴（Z 轴）是水平状态设置的，配备容量较大的链式刀库，带有一个自动分度工作台或配有双工作台以便于工件的装卸，如图 5-9 所示。卧式加工中心通常有 3 ~ 5 个坐标轴，形成 3 个直线运动坐标（沿 X, Y, Z 轴方向）加 1 个回转运动坐标（回转工作台），最适宜加工箱体类零件，能够使工件在一次装夹后完成除安装面和顶面以外的其余 4 个面的铣削、镗削、钻削和攻螺纹等加工，特别是箱体类零件上孔和型腔有位置公差要求的，以及孔和型腔与基准面有严格尺寸精度要求的加工。但与立式加工中心相比较，卧式加工中心的结构复杂，占地面积大，价格也较高。

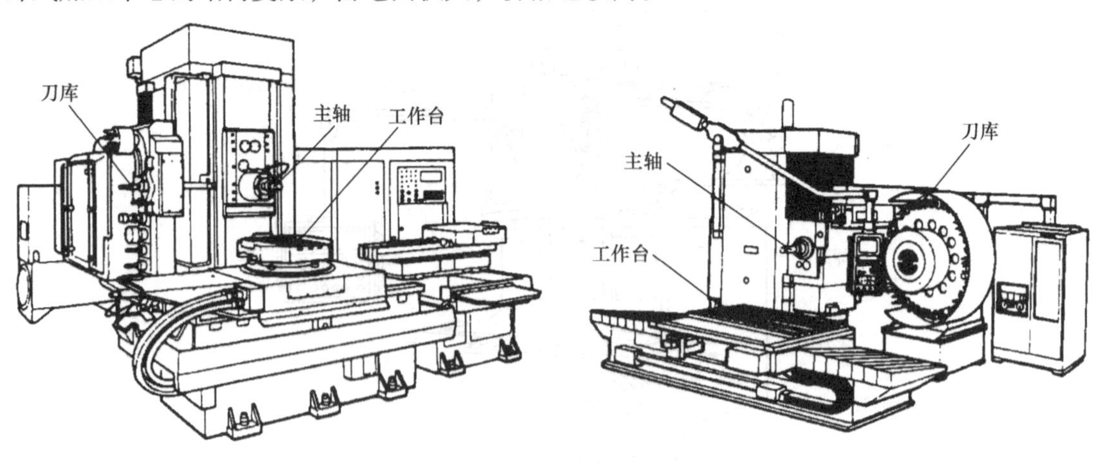

a) 带链式刀库的加工中心　　b) 带转塔式刀库的加工中心

图 5-9　卧式加工中心

龙门式加工中心与龙门铣床相似，主轴多为垂直设置，带有自动换刀装置和可更换的主轴头附件，数控装置软件功能齐全，能够一机多用。龙门式加工中心主要适用于大型或形状复杂的工件，比如航空、航天工业及大型汽轮机上的某些零件的加工。

第二节 数控加工工艺

一、数控加工工艺概述

数控加工工艺是采用数控机床进行零件加工所使用的方法和技术手段的总和，是伴随着数控机床的产生、发展而逐步完善起来的一种应用技术。

（1）数控加工工艺的基本特点　数控机床加工工艺与普通机床加工工艺的原则和使用方法基本相同，但由于数控加工的整个过程是自动进行的，自动化程度高、精度高、质量稳定、设备使用费高，使数控加工相应形成了以下特点。

1）数控加工工艺内容要求具体详细。数控加工由机床实施自动化加工，在零件的加工过程中一般不需要人工干预，因此必须事先具体详细设计和安排，即数控加工时，不论零件简单、重要与否，都要有完整的加工程序，制定详细的工艺规程。数控编程时，必须考虑确定工序中工步的安排、对刀点、换刀点以及进给路线等。

2）数控加工工艺要求更严密、精确。数控加工自动化程度较高，但自适应性差，因此在对零件图样进行数学处理和计算时，要求准确无误。

3）数控加工方法的特点：① 工序相对集中是现代数控加工工艺的重要特点。数控加工原则上要求一次装夹基本完成所有的加工内容，以减少装夹和工序转移的等待时间，大幅度缩短加工周期，且能消除多次装夹带来的定位误差，提高加工精度；② 数控机床的刚度比普通机床高，所配刀具较好，因此在同等情况下，所采用的切削用量通常比普通机床大，加工效率较高；③ 数控加工一般是较复杂的零件加工，因此在装夹方式确定和夹具设计时，应特别注意刀具与夹具、工件的干涉问题。

（2）数控加工工艺的主要内容

1）对加工零件进行工艺分析，确定零件的数控加工内容与加工要求，制定零件数控加工的工艺路线，如工序的划分、加工顺序的安排、与普通加工工序的衔接等，并选择加工机床类型。

2）设计加工工序，比如工步的划分、零件的定位、夹具的选择、刀具的选择和切削用量的确定等。

3）加工轨迹的计算和优化。

4）加工程序的编写、校验与修改，比如对刀点、换刀点的选择，加工路线的确定，刀具的补偿等。

5）合理分配数控加工中的公差。

6）首件试加工与数控机床部分工艺指令等现场问题的处理。

7）数控加工工艺技术文件的定型与归档。

二、数控加工工艺设计

1. 数控加工零件的工艺性分析

（1）检查零件图的完整性和正确性　即零件图上尺寸标注方法应适应数控加工编程的特点，构成零件轮廓几何元素的条件要充分。

（2）零件各加工部位的结构工艺性应符合数控加工的特点　即零件的内腔和外形采用统一的几何类型和尺寸，零件图上各个方向的尺寸采用统一的设计基准。

2. 加工方法的选择与加工方案的确定

加工方法的选择应考虑零件的形状、尺寸，以及热处理、生产设备、生产率和经济性的要求，应同时保证加工精度和表面粗糙度。常用加工方法的经济加工精度与表面粗糙度可查阅有关工艺手册。

确定加工方案时，首先应根据主要表面的精度和表面粗糙度的要求，初步确定加工方法。同时要考虑数控机床使用的合理性和经济性，充分发挥数控机床的功能。原则上数控机床仅进行较复杂零件重要基准的加工和零件的精加工。

3. 工序与工步的设计

数控加工的工序是指一个零件在一次装夹中连续自动加工直至结束的所有工艺内容，具体包括零件的装夹方法和夹具选用，刀具选择与工步划分以及进给路线、切削用量选择等。

工序划分应充分利用数控机床的高效率、高精度、高自动化等特点，其划分的方法主要有根据加工内容（装夹定位方式）划分工序，根据所用刀具划分工序和根据粗、精加工划分工序。数控加工工序的划分应以加工的合理性，以及有利于零件的加工和保证技术要求为前提，根据零件的具体情况合理安排。

工步设计是保证加工质量与生产效率的关键，是编写加工程序的工艺依据。一个工序内，可能采用了不同的刀具和切削用量，对不同的表面进行加工。为了便于分析和描述工序的内容，工序应进一步划分为工步。工步是指加工中切削工具和切削用量中的转速与进给量均不变时，所完成的工序内容。工步的划分主要从加工精度和生产效率两方面来考虑，其遵循的原则有同一表面按粗加工、半精加工、精加工依次完成，或全部加工表面按先粗加工后精加工分开进行；对于既有铣削平面又有镗孔加工表面的零件，可按先铣削平面后镗孔进行加工；按使用刀具来划分工步。

此外，在工序的安排上根据数控加工和通用设备加工的特点，在保证高精度、高效率的前提下，应考虑数控加工和普通机床加工的经济合理性，以及生产节拍和生产能力的平衡。即在铸、锻件毛坯的预加工，粗定位基准的预加工，数控加工难以完成的个别或次要部位的加工，以及大型、复杂零件中的简单表面的加工时，应插入普通机床加工工序。

三、数控机床、刀具的选择和夹具设计

1. 数控机床的选择

数控机床的选择主要根据零件的表面加工方法、精度与粗糙度、工件形状与尺寸、需

要机床的坐标轴数等要求，并考虑现有机床的条件与负荷、加工成本等因素。在保证加工效率和精度的前提下，应尽可能选用加工成本较低的设备，比如对不太复杂、尺寸不大的孔系加工（比如阀体）可选用数控钻床而不必用价格昂贵的加工中心，对四面体（要求多工位）并有平面的复杂孔系零件（比如箱体）的加工可选用卧式加工中心，对单面的孔系或曲面的板件与端面凸轮等零件的加工可选用立式加工中心。

2. 数控刀具的选择

刀具的选择是数控加工工艺的重要内容之一，它不仅影响机床的加工效率，而且直接影响零件的加工质量。数控刀具的选择通常要考虑机床的加工能力、工序内容、零件的材料等因素。

与普通机床和传统加工方法相比，数控加工对刀具的要求更高，不仅要求刀具精度高、强度与刚度好、装夹调整方便，而且要求其切削性能强、寿命长和可靠地断屑。因此，数控刀具材料一般要求采用硬质合金、陶瓷、立方氮化硼和金刚石等新型优质材料。

3. 夹具的设计

数控机床固定工件的工装夹具必须适应多工序、多刀具的加工，其设计使用的具体要求如下：

（1）装夹方式　装夹方式要有利于数控编程计算的方便性和准确性，便于编程坐标系的建立。即力求设计基准、工艺基准和编程计算基准统一；尽量减少装夹次数，尽可能在一次定位装夹后加工出全部待加工表面；避免采用占机人工调整加工方案等。

（2）夹具结构　夹具结构应具备足够的刚性，避免振动与夹压变形，还应能方便排除切屑，以适应大切削量的切削。

（3）夹具的设计　夹具的设计要保证开敞性的原则，必须方便加工，确保刀具的运动空间，避免刀具组件与夹具碰撞，保证刀具对多部位、多面的加工。

（4）装卸便捷　装卸零件要方便可靠，能迅速完成零件的定位、夹紧和拆卸过程，应考虑采用气动、液压或电动等自动夹紧机构。

（5）对刀要求　夹具的设计与选用应方便对刀及测量，即设计有对刀基准位置。

（6）夹紧力及位置调整　对薄壁工件应在粗加工后精加工前适当变换（减小）夹紧力；对形状不规则或测定原点不方便的工件，应在夹具的适当位置设定找正定位面，作为工件加工的原点。

（7）易清洁　夹具的定位、夹紧部位应不易存留切屑，并清屑方便。

四、加工路线与切削参数的确定

1. 加工路线的确定

加工路线是数控加工过程中刀具相对于工件的运动轨迹与方向。加工路线的选择一般在保证零件的加工精度和表面粗糙度的前提下，尽可能缩短加工运行路线，减少空运行行程，方便数值计算，减少编程工作量，有利于工艺处理及“少换刀”等。

寻求最短加工路线与最佳进给方式，主要是大余量切除的进给次数要少，每一次进给应切除尽可能多的加工内容，尽量减少或缩短空行程等。刀具的切入（安全距离）及其切出应按有关标准或采用推荐值，不应过长。

此外，在确定加工路线时，还要考虑零件的加工余量和机床、刀具的刚度，要确定是一次进给还是多次进给来完成切削加工，并确定在数控铣削加工中是采用逆铣加工还是顺铣加工等。

2. 对刀点与换刀点的确定

数控编程中正确地选择对刀点是十分重要的。选择对刀点的原则有：①选择的对刀点便于数学处理，并可简化程序编制；②对刀点在机床上容易校准；③加工过程中便于检查；④引起的加工误差小等。

对刀点可以设置在零件上，也可以设置在夹具上或机床上。为提高零件的加工精度，应尽可能设置在零件的设计基准或工艺基准上，或与零件的设计基准有一定的尺寸关系。对刀点既是程序的起点，也是程序的终点，因此在批量生产中要考虑对刀点的重复定位精度。

换刀点是指刀架转位换刀时的位置。换刀点在加工中心上是一固定点，在数控车床上则为一任意点，一般要根据加工工序的内容进行安排，在数控铣床上是一相对固定点。为了防止换刀时刀具碰伤被加工零件，换刀点应该设置在被加工零件或夹具的外部。

3. 切削参数的确定

切削参数包括主轴转速、进给速度、背吃刀量和切削宽度等。正确地选择切削参数，有利于提高切削效率，保证刀具寿命和加工质量，降低加工成本。

数控加工中切削参数的确定原则与普通机床加工相同，即根据切削原理中规定的方法，以及机床的性能和规定的允许值、刀具寿命等来选择和计算。但其具体确定时应考虑数控机床的刚性与热稳定性好，动力参数较高，并且使用先进的切削刀具，速度参数范围较大等特点，一般根据生产经验或参考国内外有关数控加工切削用量表或切削用量手册确定。

五、数控加工工艺文件

数控加工工艺文件是与数控加工程序配套的相关技术文件，包括数控加工工序卡、工艺过程卡、数控加工程序说明卡、刀具调整卡和机床调整卡等，以明确程序的内容、工件安装与定位方式及各个加工部位所选用的刀具等相关问题。

1. 工艺过程卡

工艺过程卡是用来记录零件加工的工艺路线，是工艺规程的总纲，用于指导、规范整个加工过程。它一般按已确定的加工工序排列，包括工序号、工序内容和选用设备等，对工序的说明不是很具体，主要用于生产管理。

2. 数控加工工序卡

工序卡与程序单是数控加工主要的技术文件，是编制加工程序的工艺依据。工序卡内容包括工步与进给的序号，加工机床型号，加工部位与尺寸，刀具的编号、形式、规格及刃长，刀具夹持件标准编号，主轴转速，进给速度，背吃刀量及切削宽度等。对于一些复杂零件还应包括夹具与量具、零件草图和装夹示意图。工序卡应按已确定的工步顺序填写。

3. 数控加工程序说明卡

数控加工程序说明卡是对加工要求和细节的说明，主要内容如下：

1）所用数控设备型号及数控系统型号。

2）编程坐标系的设定和对刀点（程序原点）的选用，对刀点允许的对刀误差。

3）起刀点、退刀点、换刀点坐标位置及进退刀方式。

4）所用刀具的规格及其在程序中对应的刀具号、刀具补偿值、更换该刀具的程序段号。

5）有子程序调用时，说明子程序的功能和参数。

6）其他需特殊说明的问题，比如中间测量用的计划停机程序段号等。

4. 刀具调整卡

刀具调整卡是指导机外对刀、预置、调整或修改刀具尺寸的工艺性文件。刀具调整的顺序如下：

1）根据工艺分析和设计选择合适的刀具。

2）编制加工程序，在编程的过程中产生刀具调整卡。在刀具调整卡中确定刀具号、工步号、刀柄型号、刀具型号、刀具尺寸的偏置号，甚至画出刀柄与刀具的特征图与预调尺寸。

3）根据刀具调整卡的排列顺序把刀具、刀柄、拉钉组装起来，做上顺序号标记。

5. 机床调整卡

机床调整卡主要是控制面板上与速度、跳步、起停、冷却、补偿和镜像对称轴等有关的开关与调节旋钮的位置，以及零件装夹等内容的说明。首件试切后制定机床调整卡。

第三节 数控加工实例

一、数控车床加工工艺

在数控车床上加工某减速器的锥齿轮，如图 5-10 所示。

（1）工艺处理

1）数控加工前的预加工。零件毛坯在热处理前先进行粗车加工，为数控车削加工工序提供可靠的工艺基准：用车床自定心卡盘装夹零件，零件的各内孔、外圆以及所在端面均留 5 ~ 6mm 余量；在经调质处理后进行的半精车加工工序中，零件的各内孔、外圆及零件端面的曲线轨迹均留 1.6 mm（或 0.8 mm）余量；数控编程任务书如图 5-11 所示 。

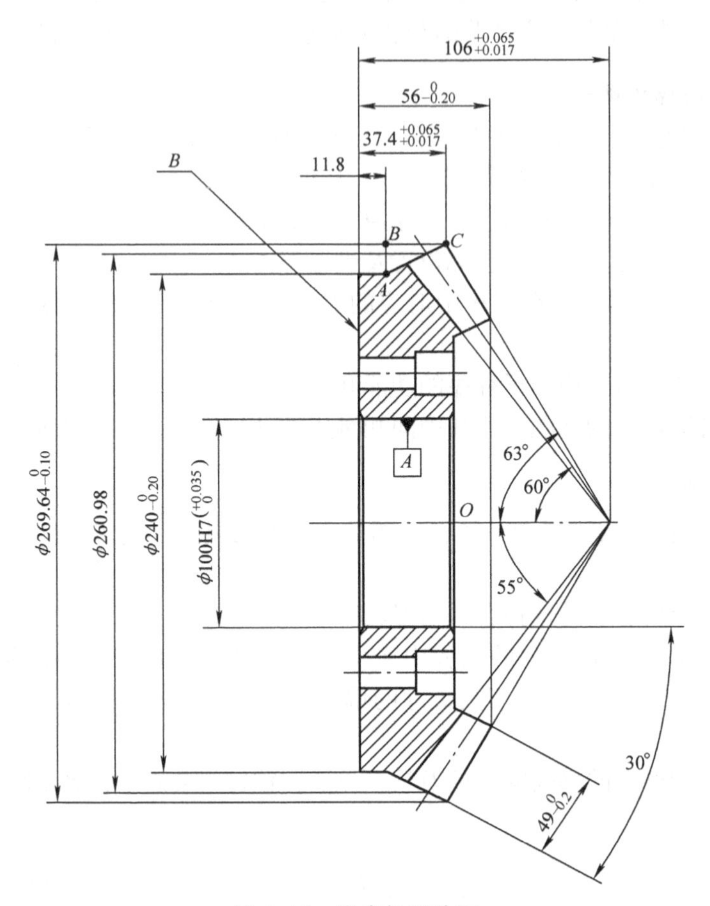

图 5-10 锥齿轮零件图

<table>
<tr><td colspan="2" rowspan="3">工艺处</td><td colspan="2" rowspan="3">数控编程任务书</td><td colspan="2">产品零件图号</td><td colspan="2">02000−10</td><td colspan="2">任务书编号</td></tr>
<tr><td colspan="2">零件名称</td><td colspan="2">锥齿轮</td><td colspan="2">CK−2001−1</td></tr>
<tr><td colspan="2">使用数控设备</td><td colspan="2">数控车床</td><td colspan="2">共1页第1页</td></tr>
<tr><td colspan="10">主要工艺说明及技术要求：
1. 数控车削加工零件上各轨迹曲线尺寸的精度达到图样要求，详见产品工艺卡片
2. 技术要求见零件图</td></tr>
<tr><td colspan="3">收到编程时间</td><td colspan="3">月　日</td><td colspan="2">经手人</td><td colspan="2"></td></tr>
<tr><td>编制</td><td></td><td>审核</td><td></td><td>编程</td><td></td><td>审核</td><td></td><td>批准</td><td></td></tr>
</table>

图 5-11 数控编程任务书

2）数控车削加工安装方式。零件采用夹盘、顶尖形式进行定位安装。数控加工工件安装和零点设定卡如图 5-12 所示。

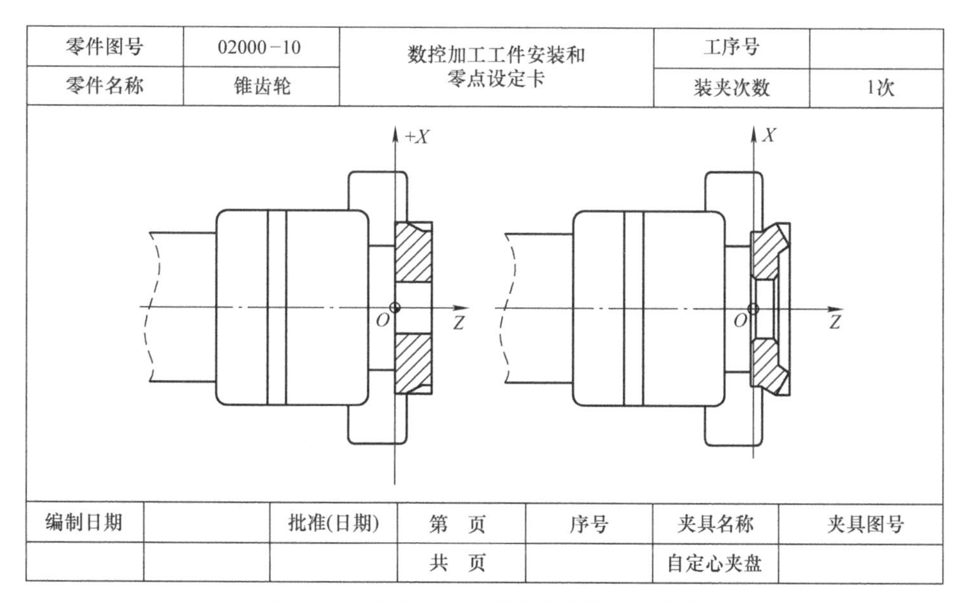

零件图号	02000－10	数控加工工件安装和零点设定卡	工序号	
零件名称	锥齿轮		装夹次数	1次

编制日期		批准(日期)	第 页	序号	夹具名称	夹具图号
			共 页		自定心夹盘	

图 5-12 数控加工工件安装和零点设定卡

3）数控车削加工工序。数控车削分两次装夹完成切削加工。先使用 90° 外圆精车车刀精车加工零件左端处各部分尺寸、齿轮背锥及其所在端面，使用内孔车刀加工 ϕ100H7 内孔，并留磨量 0.4mm；然后掉头装夹，使用 45° 外圆车刀精车加工零件右端处各部分尺寸、齿轮顶锥、齿轮前锥及其所在端面。数控加工工艺卡如图 5-13 所示。

零件图号	零件名称	材料	数控刀具明细表	程序编号	车间	使用设备
02000－10	锥齿轮	30CrMnSi		P0110 P0120	机5	数控车床

刀具号	刀位号	刀具名称	刀具图号	刀具 直径 设定	刀具 直径 补偿	刀具 长度 设定	刀补地址 直径	刀补地址 长度	换刀方式 自动/手动	加工部位
T1		外圆车刀				85			自动	
T3		外圆车刀				85			自动	
T4		内孔车刀				160			自动	

编制		审核		批准		年 月 日	共 页	第 页

图 5-13 数控加工工艺卡

4）数控车削加工刀具。T1 为 90° 外圆车刀（可转位车刀），T4 为 90° 内孔车刀（可转位内孔车刀），T3 为 45° 外圆车刀（可转位车刀）。数控加工刀具明细表如图 5-14 所示。

机械厂	数控加工工序卡		产品名称或代号		零件名称		零件图号	
					锥齿轮		02000-10	
工艺序号	程序编号	夹具名称	夹具编号		使用设备		车间	
	P0110 P0120	夹盘、顶尖			数控车床		机5	
工步号	工步内容	加工面	刀具号	刀具规格	主轴转速	进给速度	背吃刀量	备注
1	精车零件右端处曲面轨迹		TC10	$\kappa_r = 90°$	375		$a_p = 0.8$	
2	精车加工零件内孔		TC30	$\kappa_r = 90°$	375		$a_p = 0.4$	
3	精车零件左端处曲面轨迹		TC40		375		$a_p = 0.8$	
编制		审核		批准		第 页	共 页	

图 5-14 数控加工刀具明细表

（2）加工余量的选择与确定 数控精车车削加工中，零件轮廓轨迹的加工余量为0.8mm。

（3）编程参数的计算 （略）。

（4）机床刀具运行轨迹 机床刀具运行轨迹如图 5-15 所示。

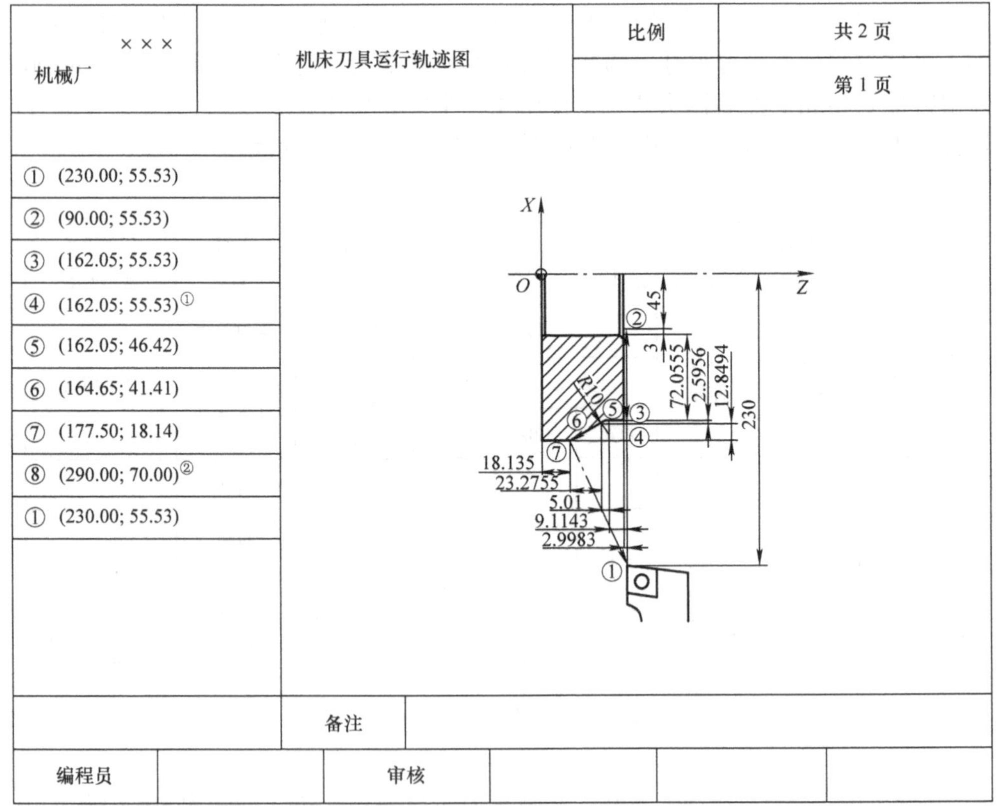

××× 机械厂	机床刀具运行轨迹图	比例	共 2 页
			第 1 页

① (230.00; 55.53)
② (90.00; 55.53)
③ (162.05; 55.53)
④ (162.05; 55.53)[1]
⑤ (162.05; 46.42)
⑥ (164.65; 41.41)
⑦ (177.50; 18.14)
⑧ (290.00; 70.00)[2]
① (230.00; 55.53)

备注	

编程员		审核			

①程序段N0060中，G04指令为延时指令，因此“③”点“④”点坐标相同。
②“⑧”点坐标在图形外，因此未显示。

图 5-15 机床刀具运行轨迹

（5）程序编制 数控加工程序清单（使用FANUC-0-TD数控系统）如图5-16所示。

N	G	X(U)	Z(W)	I	K	F	S	T	M	CR	说 明
N0010	92	460.00	55.53								①
N0020	01	242.00				400.0					近②
N0030	01	90.00				80.0					②
N0040	04					02					延时
N0050	01	324.10				80.0					③
N0060	04					02					延时
N0070	01		46.42			80.0					⑤
N0080	02	334.48	41.41	20.0	0.00	80.0					⑥
N0090	01	355.52	16.48			80.0					过⑦
N0100	01	470.00	65.00			400.0					过①
N0110	04					02					延时
N0120	01	460.00	55.53			40.0			02		①

图5-16 数控加工程序清单

注：N—程序段号；G—准备功能；X（U）—X（U）方向坐标；Z（W）—Z（W）方向坐标；I—X方向圆弧中心坐标；K—Z方向圆弧中心坐标；F—进给功能；S—主轴功能；T—刀具功能；M—辅助功能；CR—结束符。

（6）数控加工操作说明

1）必须按照数控加工工件安装和零点设定卡安装工件。安装后工件径向圆跳动不得大于0.045mm。

2）必须应用对刀样板准确校正程序设定的零点。

二、数控铣床加工工艺

数控铣床上加工平面结构的凸模零件，如图5-17所示。毛坯为70mm×50mm×10mm板材，六面已加工，材料为Cr12，其中各点坐标分别为A（−15.357，14.846）、B（−15.357，−14.846）、C（18.929，9.897）、D（18.929，−9.897）。

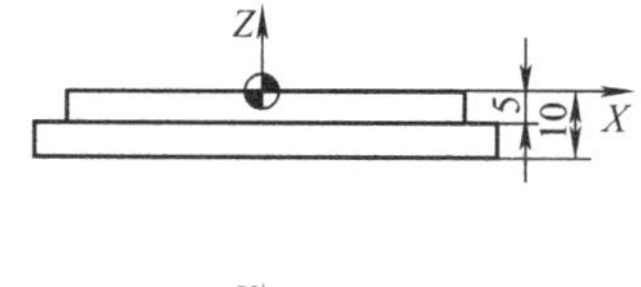

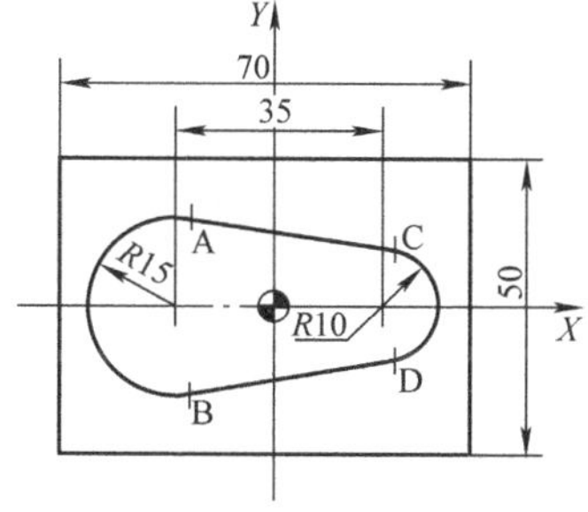

图5-17 平面结构的凸模零件

1. 根据零件图样要求、毛坯材料，确定工艺方案及加工路线

（1）以已加工过的底面和侧面为基准 采用精密台虎钳装夹方式，一次装夹完成粗、精加工。

（2）工步顺序

1）粗铣凸台外轮廓，侧面留 0.2mm 精铣余量。粗铣零件进给路径如图 5-18 所示。

2）精铣外轮廓如图 5-18 所示，采用直线边的延长线方向切入、切出的方法加工，以保证零件轮廓加工精度。

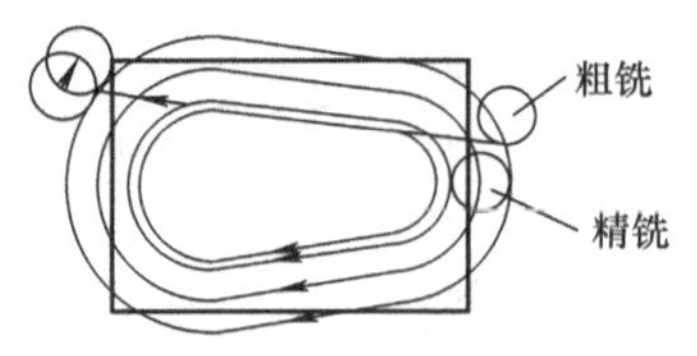

图 5-18 粗铣零件进给路径

2. 选择机床设备

根据零件图样要求，选择在 FANUC 0lMA 系统数控铣床上加工。利用刀补功能 G41（刀具半径左补偿）/G40（刀具半径补偿取消），通过改变刀具半径，实现零件的粗、精加工。

3. 选择刀具

该零件材料比较硬，选用 ϕ12mm 硬质合金立铣刀，定义为 T01 号刀具。通过对刀方式把刀偏值输入相应的刀具参数表中。

4. 确定切削用量

切削用量的选择，通常根据机床性能、相关的手册并结合实际经验确定。

该零件材料为 Cr12 钢，刀具材料为硬质合金立铣刀。通过查表法确定主轴转速和进给量。查表得切削速度 $v = 35 \sim 60$m/min，取 $v = 50$m/min，ϕ12mm 刀具每齿进给量 $s =$ 0.05mm/z。当 $n = 1326$r/min 时，$F = 2s \times n = 132.6$mm/min。

精加工时，取 $n = 1200$r/min，进给速度取 $F = 120$mm/min。

粗加工时，取 $n = 900$r/min，进给速度取 $F = 90$mm/min。

5. 编写加工程序（略）

生产实习思考题

1. 简述数控机床的组成及各部分的主要功能。
2. 简述数控车床、数控铣床、加工中心的主要特点及其应用范围。
3. 数控机床加工的工艺特点是什么？
4. 简述数控加工零件工艺性分析的主要内容。
5. 数控工艺路线设计中应注意哪些问题？
6. 简述在生产实习现场所了解的数控设备及其所加工的零件。
7. 简述生产实习现场的一条数控加工生产线（布局、设备、工艺装备、工艺过程及产品特点等）。

第六章　装配与拆卸

第一节　概　　述

一、装配

装配是指按照规定的技术要求，将若干零件结合成一个组件或部件，或将若干零件、部件结合成一个完整的机械产品的工艺过程。前者称为组装或部装（总成装配），后者称为总装。装配是机械制造过程中最后一个阶段，它包括组装、调整、检验和试验等工作。

装配单元是指机器中分解出可以独立进行装配的部分，一般可分为五级，即零件、合件（亦称套件）、组件、部件和机器。零件是组成机器的基本单元，也是装配的最小单元，一般零件都是先装成合件、组件或部件然后进入总装，直接进入总装的零件不是太多；合件是少数零件的永久性连接（焊接、铆接等）或连接在“基准件”上少数零件的组合；组件是一个合件或几个合件、零件的组合；部件是一个或几个组件、合件、零件的组合；机器是由上述全部装配单元组合而成的整体。

同一等级的装配单元在进入总装之前是相对独立的，在总装时再以一个零件或部件作为基础件，按照预定的装配作业计划顺次将其他零件就位装配成整机。在同级装配单元之间可实现平行作业，而在高一级装配单元实现流水作业。这样安排可以缩短装配周期，便于制订装配作业计划和布置装配车间。拖拉机的总装配就是在各总成之间平行作业，装好的总成再按总装要求的节拍送到总装流水线上装成整车。所以总装厂不需要庞大的贮料仓库，只需几分钟就可完成一辆整车的总装。

在装配工艺规程制定过程中，表明产品零部件间相互装配关系及装配流程的示意图称为装配工艺系统图，如图 6-1 所示。每个装配单元用一个长方格来表示，注明零件名称、编号及数量，如图 6-2 所示。这种方框不仅可以表示零件，也可以表示合件、组件和部件等装配单元。

装配工艺系统图是重要的装配工艺文件，配合装配工艺规程，指导实际生产。它可以清楚地表达部件或机器的全部装配顺序，有利于分析产品结构（比如部件化的程度）和装配工艺过程。装配工艺系统图主要应用于大批量生产中，以便组织平行流水装配，分析装配工艺问题。

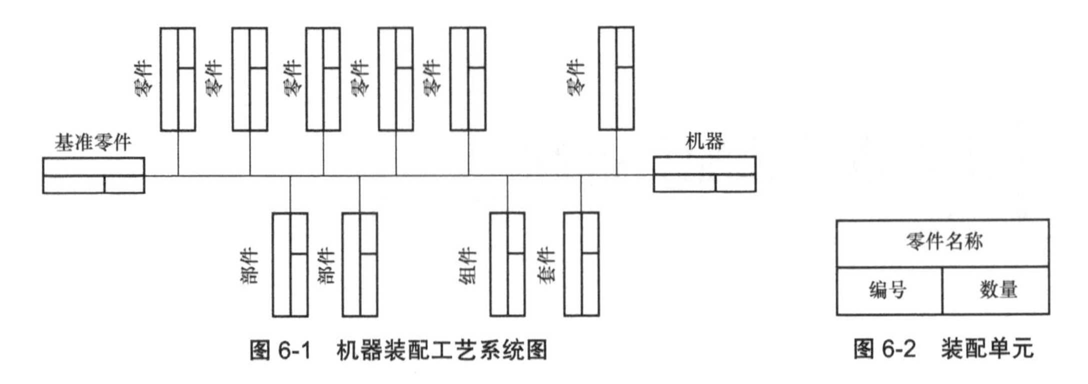

图 6-1　机器装配工艺系统图　　图 6-2　装配单元

（1）装配工艺方法　机械产品的精度最终是靠装配精度实现的。装配精度是指零件经装配后在尺寸、相对位置及运动等方面所获得的精度，一般包括零部件间的尺寸精度、位置精度、相对运动精度和接触精度等。

装配精度通常根据机械产品的工作性能来确定，它既是制定装配工艺规程的主要依据，也是选择合理装配方法和确定零件加工精度的依据。

根据产品的性能要求、结构特点、生产形式、生产条件等，可采取不同的装配方法。保证机械产品装配精度的方法有互换装配法、选择装配法、修配装配法和调整装配法。

1）互换装配法。互换装配法是采用控制零件加工误差来保证装配精度的方法。根据零件的互换程度不同，又分为完全互换法和不完全互换法（亦称大数互换法）。

① 完全互换法：规定各有关零件公差（组成环公差）之和小于或等于装配公差（封闭环公差）。故在装配时零件完全可以互换而不需做任何选择、调整和修配就能达到装配精度的要求。

完全互换法装配过程简单、可靠，生产率高，能满足大批量生产中组织流水作业及自动化装配节拍的要求和实现零部件的专业协作，备件供应容易解决。因此，拖拉机等机械的装配中广泛采用此法。当装配精度要求不高时，各种生产类型都应尽量采用这种方法。但完全互换法对零件的制造公差规定很严，当装配精度要求较高或组成件数较多时则对各组成零件的加工精度要求更高，很不经济甚至无法加工。

② 不完全互换法：规定各有关零件公差平方和的平方根小于或等于装配公差。

不完全互换法对零件的制造公差要求放宽了，降低了零件制造成本，使得装配过程简单，提高了生产率。但装配后有极少数产品达不到规定的装配精度要求，须采取返修措施。

2）选择装配法。选择装配法是将相互配合的各零件按经济精度制造，然后选择合适的零件进行装配，以满足规定的装配精度要求的方法，包括：直接选配法、分组装配法和复合选配法。

① 直接选配法：装配工人在若干个待装配的零件中，凭经验挑选合适的互换件装配在一起，保证装配精度。比如为了避免活塞工作时活塞环可能在槽中卡住，装配时凭经验直接选择合适的活塞环装配。此法虽简单但工时不稳定，而且装配质量由工人技术水平决定，不宜在流水线和自动线上采用，常用于装配精度不太高的组件。

② 分组装配法：装配前先对互配零件进行测量分组，装配时则按对应的组进行装配，达到装配精度要求。在同一组中零件可以完全互换，满足装配精度要求，故又称为分组互

换法。采用分组装配法对零件的加工精度要求不是很高，但却能达到很高的装配精度。其缺点是增加了零件测量、分组、贮运等工作，有时组内配对零件数目不等，常有剩余零件，造成积压和浪费。

③ 复合选配法：装配前先对零件进行测量分组，装配时再在对应组的零件中凭工人经验直接选配。这种方法吸取了前两种选择装配法的优点，既能达到较高的装配精度，又能较快地选到合适的零件，便于保证生产节奏。在拖拉机发动机的装配中，气缸与活塞的装配大都采用这种方法。

3）修配装配法。修配装配法是在零件上预留修配量，在装配时用手工锉、刮、研等方法修去该零件上的多余部分，达到装配精度要求的方法。由于装配时增加了手工修配工作，劳动量大，也没有一定的节拍，不易组织流水作业，装配质量往往依赖于工人的技术水平，因此在大批量的拖拉机生产中很少采用。但有些精密偶件可在装配前用修配法先配对，以期不影响装配流水线或自动线的节拍。比如柴油机精密偶件是用分组选配再研磨的方法来保证装配精度的；拖拉机中主传动器或中央传动的主、被动锥齿轮在用调整法保证轴向位置精度之前，先把主、被动锥齿轮进行直接选配研磨，打上记号，然后成对进行装配。

4）调整装配法。调整装配法是用一个可调整的零件，在装配时通过调整它在机器结构中的相对位置或增加一个定尺寸零件（比如垫片、垫圈、套筒等）来达到装配精度要求的方法。在拖拉机中有的组件包含零件很多而且装配精度要求较高，若用互换装配法则零件的制造公差要求很严，导致加工很困难甚至无法加工，若用选择装配法则因零件多，使分组选择工作相当复杂，也不经济，这时采用调整装配法较为可行。比如拖拉机中央传动中主、被动锥齿轮有较高的啮合要求（侧隙和接触区的要求），这些要求是由主、被动锥齿轮的加工精度及轴向位置精度来保证的，其轴向位置精度的保证则是通过调整装配法来完成的。

调整装配法有三种形式：固定调整法、可动调整法和误差抵消调整法。

① 固定调整法：在装配时增加一个定尺寸零件来达到装配精度要求。比如在后桥壳体的一端和轴承座间安放一调整垫片，通过改变调整垫片的厚度就可以达到改变锥齿轮轴向位置满足装配精度的要求。

② 可动调整法：用改变调整件的位置来达到装配精度的方法。这种方法不必更换调整件。比如用调整螺母预紧圆锥轴承就可以调整锥齿轮的轴向位置，满足装配精度的要求。

③ 误差抵消调整法：通过调整被装零件的相对位置，使加工误差相互抵消，提高装配精度的方法。它在机床装配中应用较多，比如在车床主轴装配中通过调整前后轴承的径跳方向来控制主轴的径向圆跳动；在滚齿机工作台分度蜗轮装配中，采用调整蜗轮和轴承的偏心方向来抵消误差，以提高分度蜗轮的工作精度。

可动调整法和误差抵消调整法适用于小批量生产，固定调整法则主要用于大批量生产。

（2）装配工艺的基本要求

1）总装配的技术要求。总装配是在总装线上按照规定的生产节拍，把各总成装配成机器或产品并经试验和检查验收的过程。它的一般技术要求如下：

① 装配的完整性：按工艺规定，所有零件、部件和总成必须全部装好，不得有漏装现象。

② 装配的完好性：按工艺规定所装零件、部件和总成不得有凹痕、弯曲、变形、机械损伤及生锈现象。

③ 装配的紧固性：按工艺规定，凡螺栓、螺母、螺钉等联接件，必须达到规定的转矩要求，不允许有松动及过紧现象。

④ 装配的牢靠性：按工艺规定，凡螺栓、螺母、螺钉等联接件，必须装开口销，不允许产生松脱现象。

⑤ 装配的润滑性：按工艺规定，凡润滑部位必须加注定量的润滑脂或润滑油。

⑥ 装配的密封性：按工艺规定，气、油管路接头不允许有漏气、漏油现象，常充气气路接头必须涂密封胶。

⑦ 装配的统一性：按生产计划，各种产品或机器进行配套生产，不允许有误装、错装现象。

2）大批量生产装配的工艺特点。机械装配工艺按产品的生产批量一般可分为大批量、成批（中批）量及单件小批量三种生产类型，装配工艺的组织形式、工艺方法、工艺过程及工艺装备随生产类型的不同而有所不同。拖拉机属于大批量生产，生产过程按照一定的节拍进行，其毛坯制造和机械加工等均采用先进的工艺，实现了高度机械化连续流水线生产和自动生产线，装配工艺必须与之相适应，应突出以下特点：

① 总成装配和总装配必须采用流水装配线或自动装配线。

② 装配工艺方法按互换装配法或分组装配法进行，允许有少量简单的调整，精密偶件成对供应，没有任何修配工作。

③ 装配工艺过程划分应详细，要满足所需的节拍，力求达到高度的均衡性。

④ 工艺装备的专业化程度要高，应采用高效的工艺装备、气动工具等。

为了保证装配精度和一定的生产节拍，在拖拉机装配中大量采用完全互换的装配方法；分组装配法一般应用在个别要求很高的部件装配中。

（3）装配自动化　装配自动化可以减轻劳动强度，提高生产效率，保证装配质量和稳定性，是未来装配工艺发展的主要方向，主要包括：给料自动化、传输自动化、装入自动化、连接自动化和检测自动化等。装配自动化主要适用于批量装配。

装配自动化系统分为刚性装配系统和柔性装配系统。

1）刚性装配系统是按一定的产品类型设计的，适合于大批量生产，能实现高速装配，节拍稳定，生产率恒定，但缺乏灵活性。

2）柔性装配系统是按照成组的装配对象，确定工艺过程，选择若干相适应的装配单元和物料储运系统，由计算机或其网络统一控制，能实现装配对象变换的自动化，能适应产品设计的变化，主要适合于多品种中小批量生产，且多用于自动化和无人化的生产。柔性装配系统主要包括：可调装配机、可编程的通用装配机、装配中心、装配机器人和机械手等。

二、拆卸

机械设备拆卸的目的是便于检查和修理机械零部件。需要修理的机械设备，必须经过拆卸才能对失效的零部件进行修复或更换。如果拆卸不当，往往造成零部件损坏，设备精度降低，有时甚至无法修复。

（1）拆卸前的准备工作

1）拆卸前应选择好工作地点，不要选在有风沙、尘土的地方。工作场地应避免无关人员频繁出入，以防止造成意外的混乱。不要使泥土、油污等弄脏工作场地的地面。机械设备进入拆卸地点之前应进行外部清洗，以保证机械设备的拆卸不影响其精度。

2）清洗机械设备外部之前，应预先拆下或保护好电气设备，以免受潮损坏。对于易氧化、锈蚀的零件，要及时采取相应的保护、保养措施。

3）尽可能在拆卸前将机械设备中的润滑油趁热放出，以利于拆卸工作的顺利进行。

4）为避免拆卸工作中的盲目性，确保修理工作的正常进行，拆卸前，应详细了解机械设备各方面的状况，熟悉机械设备各个部分的结构特点、传动系统，以及零部件的结构特点和相互间的配合关系，明确其用途和相互间的作用，以便合理安排拆卸步骤和选用适宜的拆卸工具或设施。

（2）拆卸的一般原则

1）机械设备的拆卸顺序，一般是先由整体拆成总成，由总成拆成部件，由部件拆成零件，或由附件到主机，由外部到内部。在拆卸比较复杂的部件时，必须熟读装配图，并详细分析部件的结构以及零件在部件中所起的作用，特别应注意那些装配精度要求高的零部件。这样，可以避免混乱，使拆卸有序，达到有利于清洗、检查和鉴定的目的，为修理工作打下良好的基础。

2）在机械设备的修理拆卸中，应坚持能不拆的就不拆，该拆的必须拆的原则。若零部件可不必经拆卸就符合要求，就不必拆开，这样不但可减少拆卸工作量，而且还能延长零部件的使用寿命。但对于不拆开难以判断其技术状态，而又可能产生故障的，或无法进行必要保养的零部件，则一定要拆开。

3）拆卸时，应尽量采用专用的或选用合适的工具和设备，避免乱敲乱打，以防零件损伤或变形，比如拆卸轴套、滚动轴承、齿轮和带轮等，应该使用顶拔器或压力机；拆卸螺柱或螺母时，应尽量采用尺寸相符的呆扳手。

（3）拆卸时的注意事项

1）对拆卸零件要做好核对工作或做好记号。比如汽车发动机中各缸的挺杆、推杆和摇臂，在运行中各配合副表面得到较好的磨合，不宜变更原有的匹配关系；多缸内燃机的活塞连杆组件，是按质量成组选配的，不能在拆装时互换。

2）拆卸下来的零件存放应遵循以下原则：同一总成或同一部件的零件应尽量放在一起；根据零件的大小与精密度分别存放，不应互换的零件要分组存放，怕脏、怕碰的精密零件应单独拆卸与存放，怕油的橡胶件不应与带油的零件一起存放，易丢失的零件，比如垫圈、螺母要用铁丝穿在一起或放在专门的容器里，各种螺柱应装上螺母存放。

3）拆卸的过程中，不能损伤拆卸下来的零件的加工表面，否则将给修复工作带来麻烦，并会因此而引起漏气、漏油、漏水等故障，也会导致机械设备的技术性能降低。

（4）拆卸方法

1）击卸。击卸是指用锤击的力量，使配合零件移动的拆卸方法。这是最方便、最简单的拆卸方法之一，适用于结构比较简单、坚实或不重要的部位。锤击时如果方法不当可能损坏零件。击卸前，为减少摩擦，在连接处应用润滑油浸润。常用工具有铜锤、木槌、大锤、冲子，以及铜、铝、木质垫块等。

2）压卸和拉卸。压卸和拉卸与击卸相比有很多优点：它施力均匀，力的大小和方向容易控制，零件偏斜和损坏的可能性比较小，适用于拆卸尺寸较大或过盈较大的零件。常用工具有压床和拉模。

3）热拆卸和冷拆卸。利用金属热胀冷缩的特性，用加热的办法使孔的直径增大，用冷却的办法使轴的直径缩小，从而使过盈量减小，甚至配合面间出现间隙，以达到拆卸目的。实际应用中，零件的加热温度不宜超过 100 ~ 120℃，否则，零件容易变形，会丢失它原有的精度。

第二节　履带式拖拉机装配

一、履带式拖拉机的总装

履带式拖拉机总装是在总装配流水线上按照一定的节拍（7 ~ 9 台 /h）进行装配的，部件和各总成平行作业，均组装好后通过天桥和地沟送到总装配流水线上，装配成整车并经过试验、调整合格后入库。履带式拖拉机配以悬挂式或牵引式农具就可进行田间作业，也可以与工程机械装置相连供工业使用或与拖车连接在道路较差的条件下承担运输任务。

履带式拖拉机总装配流水线全长 180m，线宽 1.8m。全线共 32 个装配工位，主要设备有桥式起重机（天车）、吊装设备、风扳机和扭力扳手等。其装配是以车架为基础件，由运输链驱动按照从后向前、从下到上、从里向外、先重后轻的顺序进行的。履带式拖拉机总装流程如图 6-3 所示。

二、变速器总成装配

变速器是拖拉机机械式传动系统中的一个重要部件，由变速传动机构和操纵机构组成。

1. 变速器的功用

1）增扭减速，即将发动机的扭矩增大，转速降低。

2）变扭变速，即变换排档，以改变传动比，使之在不改变发动机的扭矩和转速的情况下，改变拖拉机的牵引力和行驶速度。

3）实现空档，使拖拉机在发动机不熄火的情况下长时间停车，同时也为发动机能顺利起动创造条件。

4）实现倒档，使拖拉机能倒退行驶。

2. 变速器的结构

变速器的类型较多，一般根据其结构特点，轴的排列方式或获得各种传动比的方法分成简单式变速器、组成式变速器（又分为平面三轴和空间三轴等）和行星机构变速器三种。履带式拖拉机一般采用简单式变速器。

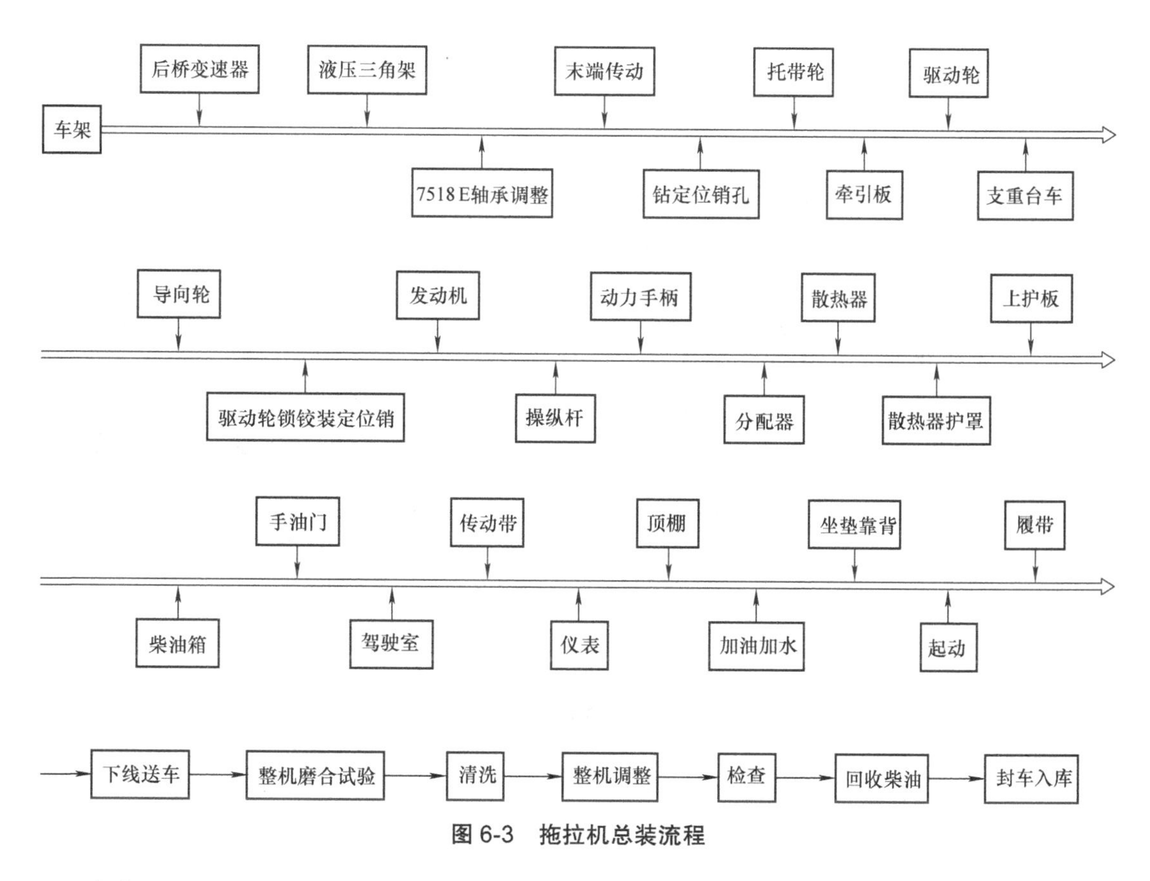

图 6-3 拖拉机总装流程

东方红 -75 拖拉机的变速器是简单式变速器，其结构如图 6-4 所示，整个变速器由变速传动部分和操纵机构两部分组成。

变速传动部分共有 4 根轴、14 个齿轮，可得到 5 个前进档（Ⅰ ~ Ⅴ档）和 1 个倒档（用 5+1 表示）。输入动力的轴 5 是第Ⅰ轴，其前端伸出箱体，通过联轴器与离合器轴相连接，轴上通过花键装有固定齿轮 C_1 和滑动双联齿轮 $A_1 \sim A_4$。滑动双联齿轮 $A_1 \sim A_4$ 分别是Ⅰ ~ Ⅳ档的主动齿轮，轴的两端用深沟球轴承支承。输出动力的轴 3 是第Ⅱ轴，后端有中央传动锥齿轮 14，伸出变速器外与中央传动从动锥齿轮相啮合。轴上装有Ⅰ ~ Ⅴ档从动齿轮 $B_1 \sim B_5$。轴的后端用圆柱滚子轴承支承以提高承载能力。两端用圆锥滚子轴承承受轴向力。倒档轴 23 上装有固定齿轮 C_2 和滑移倒档齿轮 A_6，Ⅴ档中间轴 29 的前端装有固定齿轮 C_3，C_3 与 C_2 及溅油齿轮 26 常啮合。中部装有接合器 28，后端装有滑移Ⅴ档主动齿轮 A_5，A_5 具有内外齿，其外齿与第Ⅱ轴上的齿轮 B_5 经常啮合，内齿与接合器 28 套合。前进档Ⅰ ~ Ⅳ档是由第Ⅰ轴 5 上的滑动齿轮 $A_1 \sim A_4$ 与第Ⅱ轴 3 上的齿轮 $B_1 \sim B_4$ 分别啮合获得的；Ⅴ档是由第Ⅰ轴动力经倒档轴 23 和Ⅴ档中间轴 29，再传给第Ⅱ轴，先降速而后又升速，经过 3 对齿轮传动获得的。倒档是由倒档轴 23 上的固定齿轮 C_2 与第Ⅰ轴上的固定齿轮 C_1 啮合，齿轮 A_6 与第Ⅱ轴上的齿轮 B_4 相啮合，则动力经齿轮 C_1、C_2、A_6、B_4 传给第Ⅱ轴获得。

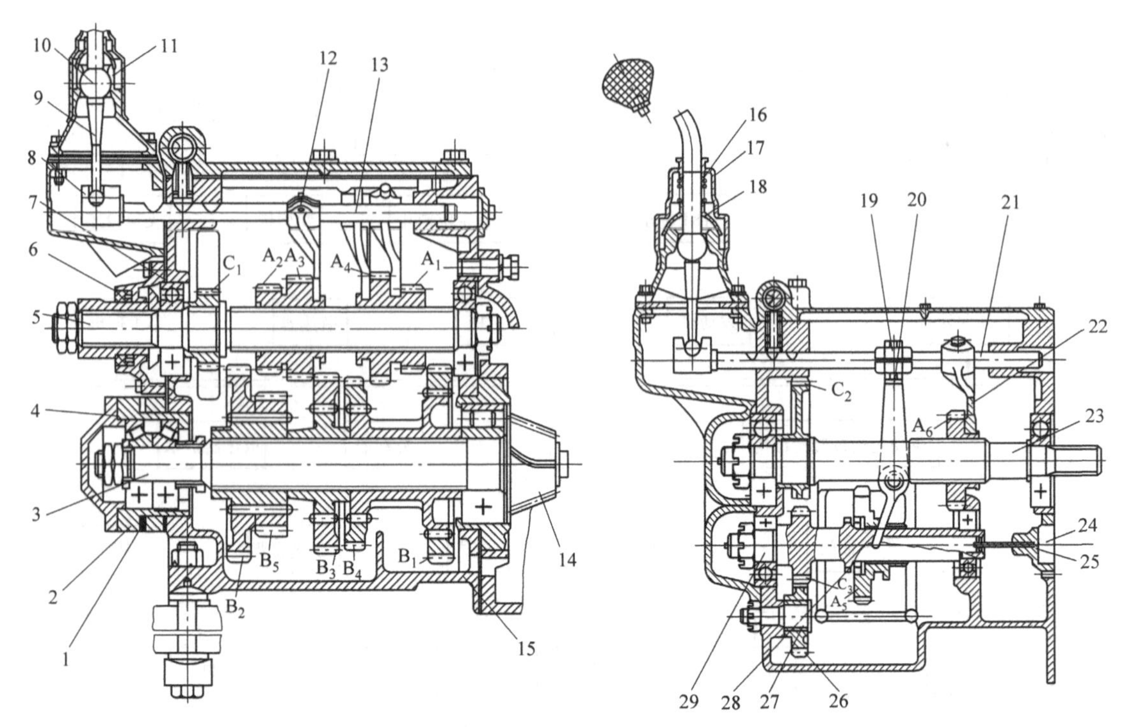

图 6-4 简单式变速器

1—调整垫片 2—轴承座 3—第Ⅱ轴 4—调整垫片 5—第Ⅰ轴 6—油封 7—轴承卡环 8—滑杆拨头 9—变速杆 10—球头 11—变速杆座 12—Ⅱ、Ⅲ档拨叉 13—Ⅱ、Ⅲ档滑杆 14—中央传动锥齿轮 15—箱体 16—弹簧 17—橡胶套 18—碗盖 19—Ⅴ档拨块 20—Ⅴ档拨叉 21—Ⅴ倒档滑杆 22—倒档拨叉 23—倒档轴 24—集油槽 25—引油管 26—溅油齿轮 27—轴 28—接合器 29—Ⅴ档中间轴

3. 变速器的装配工艺过程

变速器的装配线全长 12m，线宽 0.54 m，生产节拍为 10 ~ 15 台 /h。全部装配线共 6 个装配工位，主要装配设备有压装机、吊装工具等。变速器主要装配工艺过程如下：

1）装变速器壳体。

2）装溅油齿轮。

3）装第Ⅱ轴总成。

4）装第Ⅱ轴上的齿轮（$B_1 \sim B_5$）。

5）装第Ⅰ轴总成。

6）装第Ⅰ轴上的齿轮（$A_1 \sim A_4$ 和 C_1）。

7）装滑杆、拨叉。

8）装Ⅴ档中间轴。

9）装顶盖总成。

10）变速器总成下线。

三、后桥总成装配

后桥是变速器与驱动轮之间所有传动部件及其壳体的总称。

1. 后桥的组成及布置

履带式拖拉机后桥是由中央传动、转向机构和最终传动等部件组成，从变速器传来的动力经过这些部件传到驱动轮上，其布置形式如图 6-5 所示，通常是中央传动（3、4）和转向机构（2、5、7、8、11、12）在同一壳体中，而最终传动（1、13）布置在两侧。

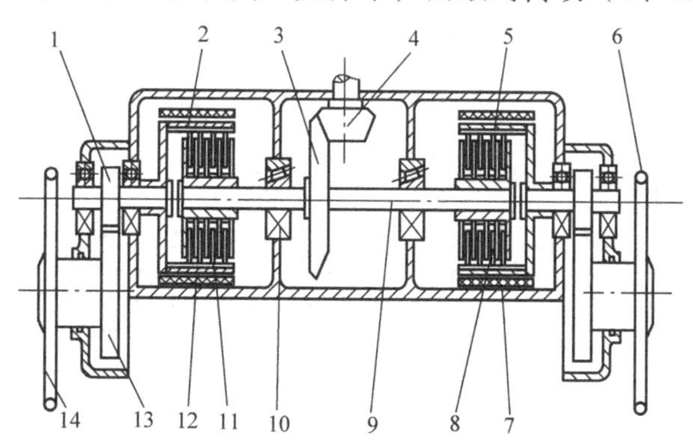

图 6-5　履带式拖拉机后桥的布置形式

1—最终传动主动齿轮　2—左制动鼓　3—大锥齿轮　4—小锥齿轮　5—右制动鼓
6—右驱动轮　7—右制动带　8—右转向离合器　9—后桥轴　10—轴承　11—左转向离合器
12—左制动带　13—最终传动被动齿轮　14—左驱动轮

从图 6-5 中可以看出，履带式拖拉机转向和制动的过程是：左转向离合器 11 和右转向离合器 8 配合使用就可实现转向。当拖拉机左转时，通过操纵机构（图中未画出）使左转向离合器 11 松开，而右转向离合器 8 压紧，则左驱动轮 14 失去动力，从而实现左转；反之实现右转。当左、右两个转向离合器同时压紧时，拖拉机前进或后退。拖拉机的制动是靠左制动带 12、右制动带 7，以及左制动鼓 2、右制动鼓 5 配合使用实现的。即制动踏板经制动机构将左右制动带 12、7 拉紧，使其分别与左、右制动鼓 2、5 产生摩擦来完成制动。

2. 后桥主要组成件的结构

（1）中央传动的结构　中央传动由一对锥齿轮组成，主动小锥齿轮驱动从动大锥齿轮，它们的中心线互成 90° 角，因此除了进一步增扭减速外，还能将动力的旋转平面转过 90°，然后再传给差速器，驱动半轴，以适应拖拉机行驶的需要。

东方红 -75 拖拉机的中央传动结构如图 6-6 所示。主动小锥齿轮与变速器第Ⅱ轴做成一体，左调整垫片用来调整轴承安装，右调整垫片用来调整主动小锥齿轮的轴向位置。从动大锥齿轮用螺栓固定在横轴的连接盘上，横轴两端用圆锥滚子轴承支承，轴承座上的调整螺母用来调整轴承间隙和从动大锥齿轮的轴向位置；调整螺母的外缘有花槽，锁片插入花槽中，防止螺母松退。中央传动锥齿轮及圆锥滚子轴承都靠飞溅润滑。

（2）转向离合器（离合器式的转向机构）　目前，拖拉机上多采用干式、多片常接合式摩擦离合器。干式转向离合器加在摩擦片上的压力是靠弹簧产生的。

东方红 -75 拖拉机的转向离合器如图 6-7 所示。由中央传动锥齿轮带动的横轴 11 的花键端上装着主动鼓 1，其外圆齿槽上松动地套着 10 片主动片 7，每两片主动片之间有 1 片从动片 6，从动片的两面铆有摩擦衬面，从动片也是 10 片。从动片的外齿与从动鼓 5 的内齿套合。从动鼓用螺钉固定在从动鼓接盘 3 上，并通过它带动最终传动主动小锥齿轮。6 对大、小压紧弹簧 8 通过弹簧拉杆 9 将压盘 15 压向主动鼓 1，使主、从动片压紧。小弹簧套在大弹簧内，以减小所占的位置。弹簧座利用两半合成的锁瓣 4 锁紧定位。分离轴承用螺母 10 压紧在压盘的顶部。分离叉 12 转动时，分离轴承往里移（向中央传动方向移动），带动压盘进一步压缩弹簧，使主动片与从动片之间的压紧力降低或彻底分离。

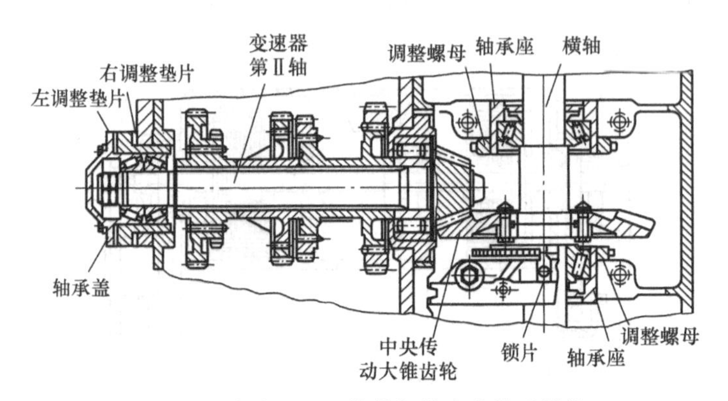

图 6-6　东方红 -75 拖拉机的中央传动结构

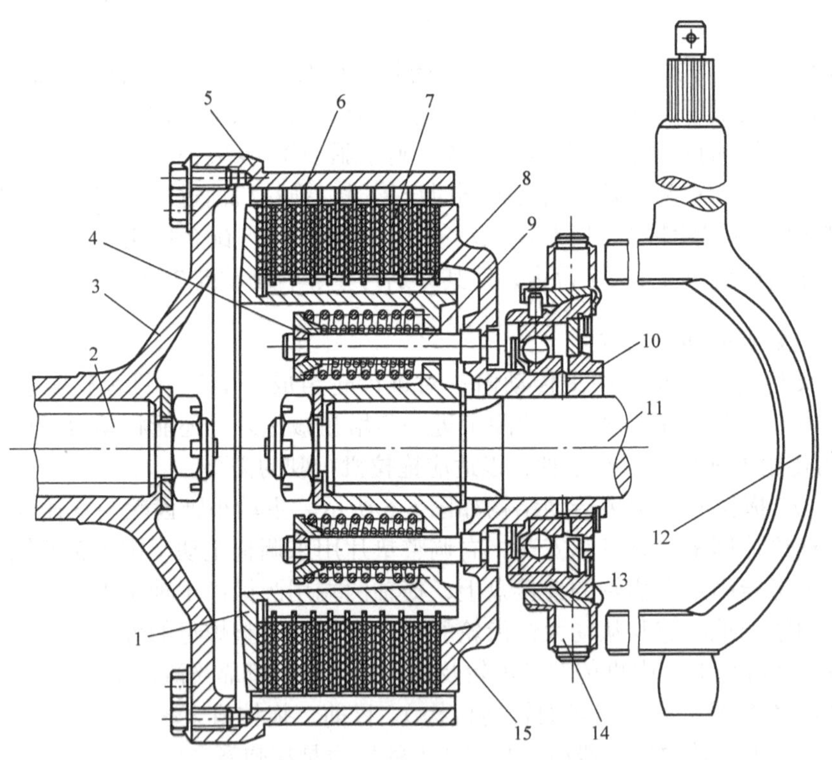

图 6-7　东方红 -75 拖拉机的转向离合器

1—主动鼓　2—最终传动主动轴　3—从动鼓接盘　4—锁瓣　5—从动鼓　6—从动片　7—主动片　8—压紧弹簧　9—弹簧拉杆　10—螺母　11—横轴　12—分离叉　13—分离轴承座　14—拨销　15—压盘

（3）最终传动的结构　最终传动是传动系统中最后一级增扭减速机构。在传动形式上是外啮合齿轮式传动，也有的采用行星齿轮式传动。

东方红 -75 拖拉机的最终传动如图 6-8 所示。其结构形式布置上靠近驱动轮。主动齿轮 12 和花键轴制成一体支承在两个圆柱滚子轴承上，它们全部安装在套筒 15 中，套筒再与后桥壳 18 和最终传动壳 23 的安装孔过盈配合相连，主动齿轮 12 的花键轴端装接盘 16，接盘与转向离合器的从动鼓相连。从动齿轮 22 与驱动轮 13 用螺栓固定在轮毂 8 上。轮毂用两个圆锥滚子轴承支承在后轴 20 上，轴端由调整垫片 7 调整圆锥滚子轴承间隙。后轴横贯在整个后桥上，且固定在车架上作为车架的横梁。

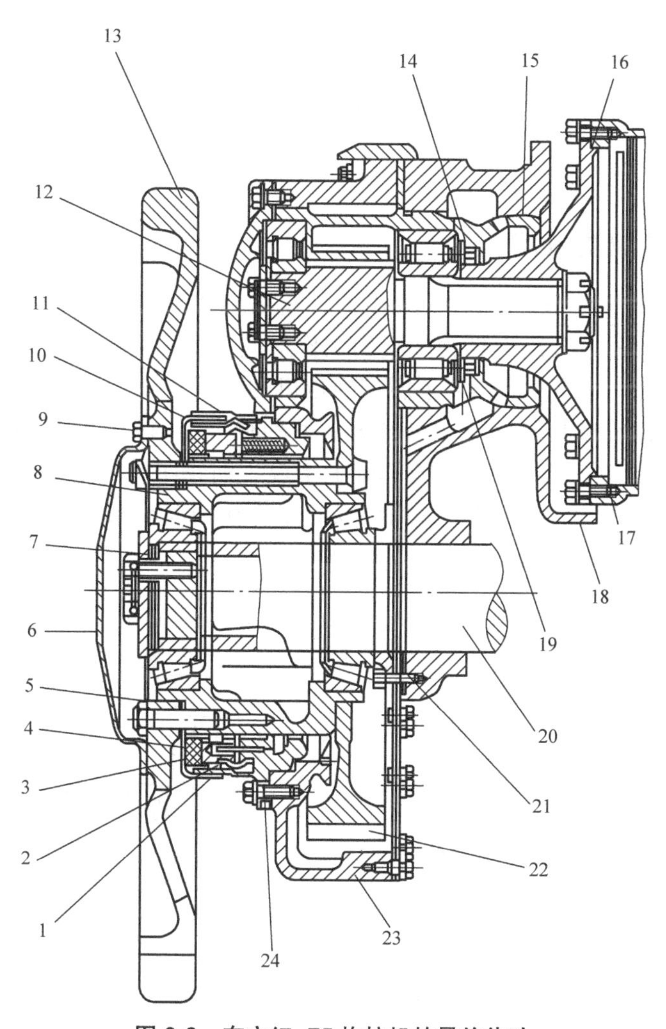

图 6-8 东方红 -75 拖拉机的最终传动

1、5、11—防尘罩 2—橡胶套 3—导向销 4—毛毡环 6—端盘 7—调整垫片 8—轮毂 9—弹簧 10—油封压环 12—主动齿轮 13—驱动轮 14—自紧油封 15—套筒 16—接盘 17—转向离合器从动鼓 18—后桥壳 19—集油槽和回油孔 20—后轴 21—橡胶密封圈 22—从动齿轮 23—最终传动壳 24—端面油封固定盘

3. 后桥的装配工艺过程

后桥的装配线全长 18m，线宽 0.8m，生产节拍为 10 ~ 15 台 /h。全装配线共 9 个装配工位，主要装配设备有压装机、吊装设备等。后桥装配主要工艺过程如下：

1）装轴承座。
2）压盘。
3）装后桥总成。
4）打隔板。
5）装后桥上盖。
6）试验。

第三节 轮式拖拉机装配

一、轮式拖拉机的总装

轮式拖拉机目前主要分为两轮驱动式（后轮驱动式）和四轮驱动式（前、后轮驱动式）两种。四轮驱动式拖拉机因具有广泛的工作适应范围而发展很快，在大功率拖拉机上所占的比重日益增大，并部分地代替了履带拖拉机的使用。

四轮驱动式拖拉机按其设计特点可分为变型和独立型两种，如图 6-9 所示。变型四轮驱动式拖拉机是在两轮驱动式拖拉机的基础上增设了前轮驱动装置而形成的。独立型四轮驱动式拖拉机是专门设计的，它的前、后驱动轮采用相同尺寸的轮胎，整机布置比较合理，能充分发挥四轮驱动的性能特点。

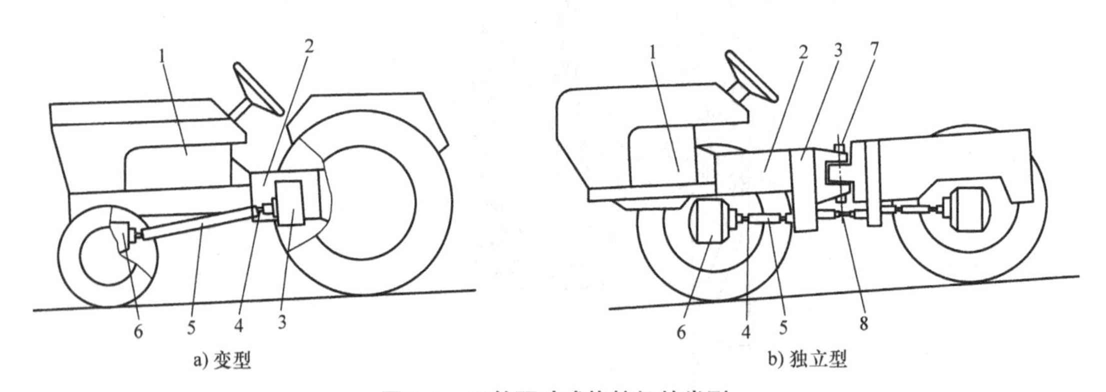

图 6-9 四轮驱动式拖拉机的类型

1—发动机 2—变速器 3—分动箱 4—万向节 5—传动轴 6—前驱动桥 7—转向销 8—等速万向节

轮式拖拉机总装是在总装配线上按照一定的生产节拍进行的。部件和各总成平行作业，组装好后通过天桥和地沟送到总装线上，装配成整车并经过试验、调整合格后出厂。

轮式拖拉机总装流程如图 6-10 所示。

中小功率轮式拖拉机的总装主要分为以下步骤。

（1）车架总成与发动机总成连接

1）将组合好的车架总成抬到前桥总成上面，用 7 个带有弹簧垫圈的螺栓 M12 × 40 将车架总成的后挡板与传动箱总成的前平面连接并紧固在一起。7个连接螺栓应对角交叉均匀拧紧，其拧紧力矩为59～78N·m。

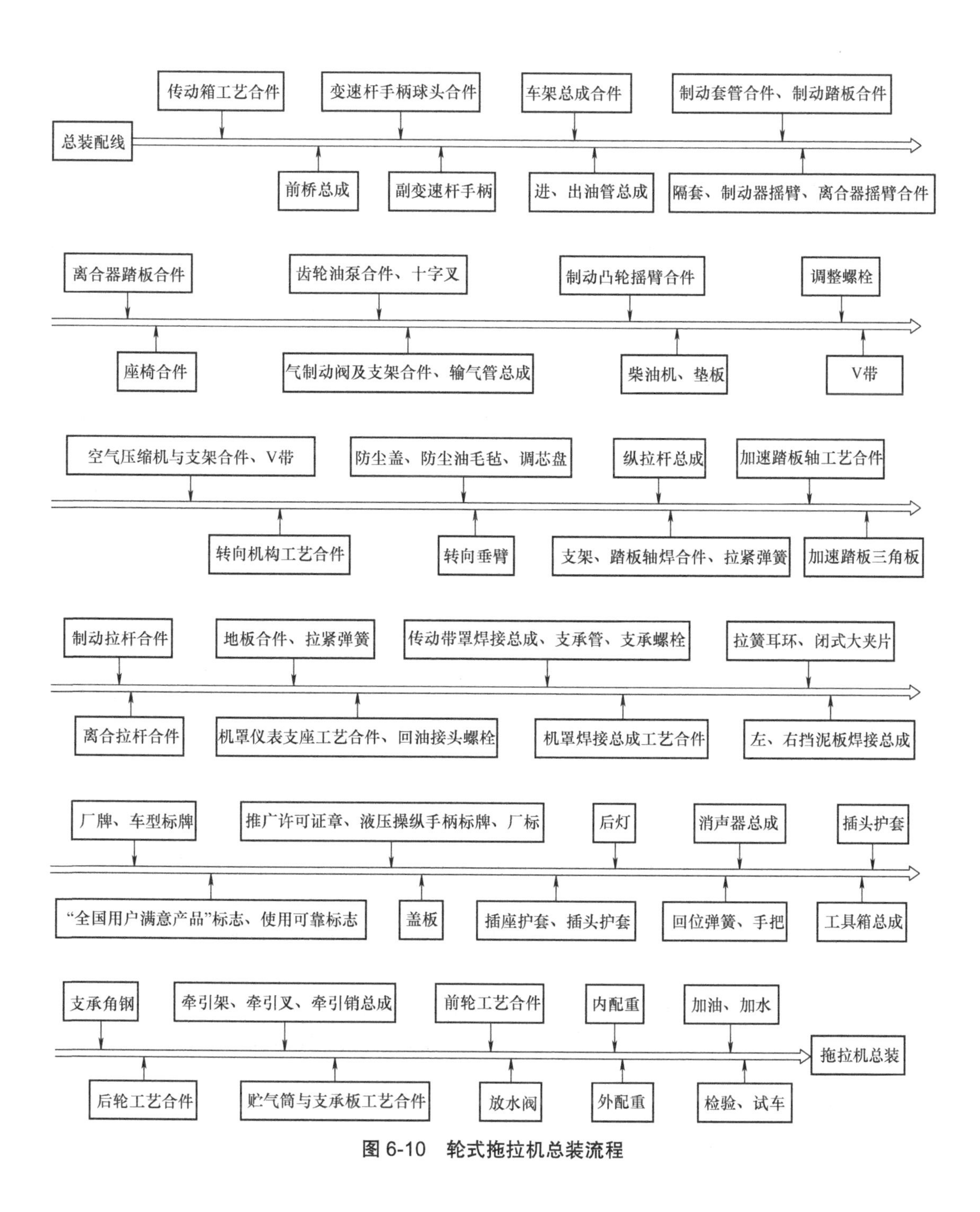

图6-10 轮式拖拉机总装流程

2）若发现车架总成焊接处有严重咬肉、夹渣、气孔、烧穿和漏焊等缺陷，不得上线装配。

3）必须均匀两次对角打紧。

4）拧紧力矩应达标，达标率≥97%。

（2）装纵拉杆总成

1）将前轮摆正在转向垂臂调整到后倾一个花键齿的状态下，将纵拉杆总成两端转向接头球头销上的螺母M14×1.5和弹簧垫圈取下，然后将两头的球头销分别插入转向垂臂和左转向臂，并用卸下的弹簧垫圈和螺母M14×1.5紧固，其拧紧力矩应达59～78N·m。

2）纵拉杆总成上的弯曲部位装配时对整体拖拉机来说应朝前、朝上。

3）若连接后转向垂臂的后倾角度太大或太小，应进行调整，调整后将纵拉杆两端上的左、右六角螺母拧紧。拧紧力矩指标达标率≥97%。

（3）发动机支座与车架连接

1）将组合好的发动机总成从S1105柴油机配输送线上吊起放到车架相应的位置上，调整发动机，通过车架与发动机底座上的孔从下向上穿进4个预先装有垫板的螺栓M12×55，在上部装上有弹簧垫圈的螺母M12，暂不紧固。垫板长边紧贴车架下面，短边紧贴车架侧面。

2）取下发动机吊环，暂放在指定箱内，在吊环螺栓装上一个垫圈和一个螺母M12并紧固。

3）拧紧发动机支座与车架连接的4个螺栓，其拧紧力矩要求达39～57N·m，力矩指标达标率≥97%。

（4）调整前轮前束　将前轮打正，松开横拉杆总成两端的锁紧螺母，沿轮轴中心线等高水平位置测量两轮中心线前后之间的距离，通过转动横拉杆使其伸长或缩短，来调整前轮前束，使其值达4～10mm，然后将横拉杆上的左、右锁紧螺母锁紧。工序指标达标率≥97%。

（5）装牵引架

1）用8个带有弹簧垫圈的螺栓M16×40将牵引架紧固在左右半轴壳体后平面上。紧固时，8个螺栓应交叉均匀拧紧，其拧紧力矩要求达到118～147N·m，然后在牵引架后部装上牵引叉，用长销和锁紧销锁住。最后再在牵引叉的后部装上牵引销总成，并用锁紧销锁住。

2）在装牵引架时，两边各拧一个螺栓，拧紧力矩指标达标率≥97%。

（6）装后轮工艺合件

1）将左、右后轮合件分别吊到左、右半轴总成的制动鼓3个双头螺柱上，然后轮上的气门嘴位置对准一个短头螺栓，然后用6个弹簧垫圈及螺母M16×1.5将左右后轮合件紧固到半轴总成的双头螺柱上。

2）拧紧力矩要求达到100～150N·m，拧紧力矩指标达标率≥97%。

3）两个后轮花纹要求一致配套，"人"字形花纹朝前装配，与轮胎生产厂家一致。

4）如果发现后轮辋严重碰坏，不得上线装配。

（7）装后配重

1）用专用吊钩将两个后配重分别吊到已装好后轮的左、右半轴总成制动鼓的端面上，使配重缺口对准后轮的气门嘴，并骑托在 3 个配重螺栓上，装上 6 个垫圈，用 6 个配重螺母将其紧固，其拧紧力矩要求达到 78～118N · m，拧紧力矩指标达标率≥ 97%。

2）对装好的拖拉机进行全面检查，对各处需要补漆的地方进行补漆，使整台拖拉机油漆完整、美观。工序指标达标率≥ 95%。

（8）加油加水

1）将传动箱油尺总成、提升器油尺总成和发动机油尺总成分别卸下，抽出柴油箱加油口滤网，再分别插入相应的各加油管子，然后通过按钮起动向各处加入各种定量控制的规定型号的油，全部加完油后，抽出各加油管子，然后装上各处油尺总成、滤网。加油的同时打开加水阀门往发动机散热器漏斗里加水，直至浮子基本漂浮起来。

2）加油加水时，注意勿使油和水洒落到不应加的地方。

3）每班加油时，班前、班中均要抽查几台，查看油是否加够（以油标尺刻度线为准），若不合格，应及时反映并调整。

4）加油管口应保证清洁，加油时勿将灰尘和杂物带入，用干净布擦净加油口。工序指标达标率≥ 95%。

二、转向机构总成装配

1. 转向机构的组成

轮式拖拉机转向机构如图 6-11 所示，主要由转向盘、转向器和转向传动部分组成。转向传动部分又包括转向摇臂、纵拉杆、横拉杆、左转向梯形臂、右转向梯形臂。横拉杆，左、右转向梯形臂和前轴构成转向梯形。

2. 转向机构主要部件的构造和工作过程

（1）转向盘和转向器　转向盘由一个圆环、三根辐条和骨架座组成，安在转向轴的上部。转向器由壳体、蜗轮、蜗杆和调芯衬套等组成。它主要用来增大转向盘传至转向垂臂的转矩，并改变转矩的传动方向。转向器壳体由 4 个螺钉固定在机架上，其内装有蜗轮和蜗杆。蜗杆与转向轴下端焊接在一起，由壳体上的两个单列圆锥滚子轴承支撑，轴承下盖与壳体之间装有调整垫片。改变垫片的厚度，可调整圆锥滚子轴承间隙。调芯衬套是一个偏心套，其上两个凸爪与调芯盘的内花键槽相配合，蜗轮与转向摇臂轴制成一体，转向摇臂轴与调芯衬套内孔呈滑动配合。转动调芯盘时，调芯衬套也随之转动。因为调芯衬套是偏心套，所以当它转动时可改变蜗轮、蜗杆的中心距，从而调整蜗轮、蜗杆的啮合间隙。在调芯盘外面装有密封毡圈和防尘盖，以防转向器壳内润滑油漏出和外面的尘土进入壳内。蜗轮与调芯衬套之间设有调整垫片，蜗轮封盖中心装有紧定螺钉，外端用锁紧螺母锁紧。调整垫片和紧定螺钉可保证蜗轮与蜗杆的正常啮合。

（2）转向摇臂　转向摇臂通过花键与摇臂轴连接，并用螺栓夹紧。转向摇臂的下端通过球头销与纵拉杆相连，因此转向摇臂能将转向器传来的动力传给纵拉杆。

（3）纵拉杆　纵拉杆由拉杆和拉杆接头组成。两个拉杆接头分别用螺纹与拉杆的两端相连。拉杆接头两端分别以球头销与转向垂臂和转向摇臂相接，因此可将转向垂臂的动力传给转向摇臂。

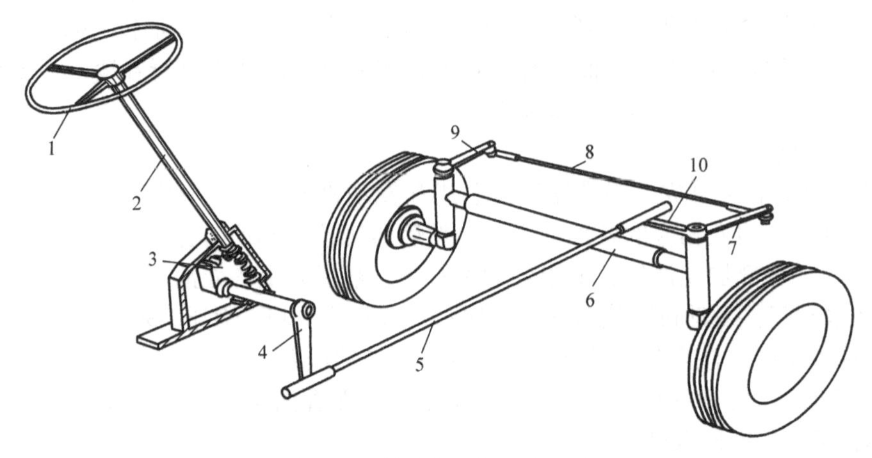

图 6-11 轮式拖拉机转向机构

1—转向盘 2—转向轴 3—转向器 4—转向摇臂 5—纵拉杆
6—前轴 7—右转向梯形臂 8—横拉杆 9—左转向梯形臂 10—转向节臂

（4）转向梯形 转向梯形由横拉杆及左、右转向梯形臂和前轴组成。其作用是在转向时，能使内、外侧前轮偏转的角度不等，内侧前轮的偏转角大于外倾前轮的偏转角，从而使两前轮沿不同半径的圆弧滚动，而减少横向滑移。转向梯形的布置如图 6-12 所示。

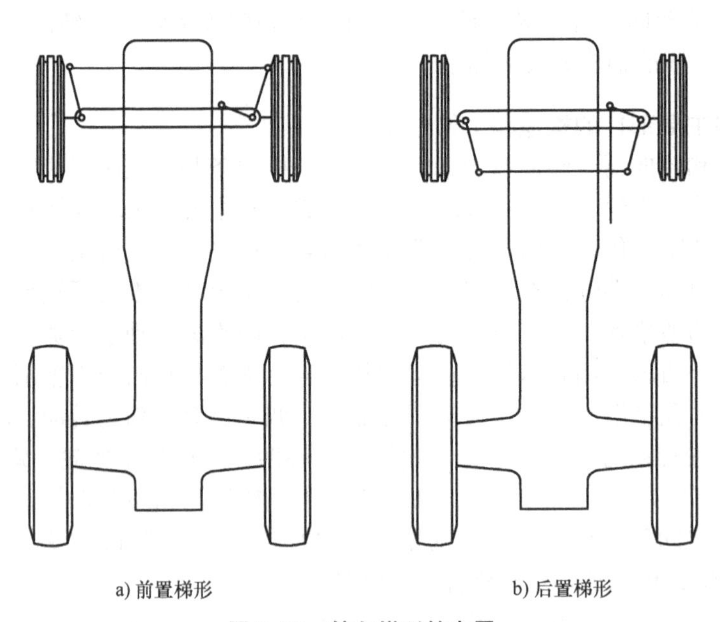

a) 前置梯形　　b) 后置梯形

图 6-12 转向梯形的布置

（5）球节头 球节头由球头销、球头座、球头、补偿弹簧和密封盖组成。当球头和球头座磨损时，补偿弹簧能及时消除磨损造成的间隙。

轮式拖拉机转向机构的工作过程如下：当拖拉机需要向左转向时，将转向盘向左转，通过转向器使转向摇臂带动纵拉杆向后移动，带动转向节臂、转向梯形使左、右两个前轮分别向左偏转不同的角度，左前轮偏转的角度大，右前轮偏转的角度小，防止车轮在转向时有拖滑现象。当拖拉机需要向右转向时，将转向盘向右转，通过转向器使转向摇臂带动纵拉杆向前移动，带动转向节臂，使前轮向右偏转，此时右前轮偏转角大于左前轮偏转角，同样防止车轮在转向时有拖滑现象。

3. 转向机构的装配工艺过程

转向机构的装配工艺过程如图 6-13 所示。

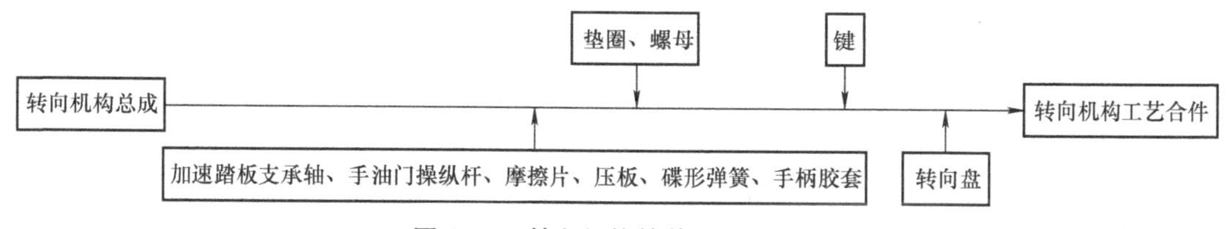

图 6-13　转向机构的装配工艺过程

第四节　柴油发动机的拆装

一、柴油发动机的拆卸

柴油发动机在保养或维修时需要拆卸，一般步骤如下：

（1）打开放水开关，放尽冷却液

（2）拆卸气缸盖罩及气缸盖

1）旋下机油压力指示阀进油处的管接螺栓，并旋下气缸盖罩上的一只紧固螺母，卸下气缸盖罩。

2）先将油箱开关关闭，然后拆下柴油发动机滤清器上的喷油器回油管。

3）拆下空气滤清器及进气管。

4）卸下排气管消声器总成。

5）拆下气缸盖罩及摇臂轴座总成，取出进排气门推杆。

6）拆下高压油管。安装高压油管时，两端管接螺母应同时旋上（但不应完全旋紧），先旋紧喷油泵端螺母，然后用泵油扳手反复泵油，直到喷油器端油管处喷出油为止，再将该螺母旋紧。

7）旋下喷油器压板上的压紧螺母，取下压板和喷油器。安装时，喷油器的偶件一端应先套上纯铜垫圈，才能装入气缸盖的喷油孔中。拧紧压板螺母时，两只螺母轮流均匀旋紧。

8）拆下机油管，管接螺栓。

9）旋去气缸盖螺母，取下气缸盖。安装时，气缸盖螺母的拧紧力矩为 245N · m 左右，拧紧时应对角交错轮流逐步进行。

10）取下气缸盖垫片，安装时正反面不要搞错。

（3）拆装散热器和油箱

1）关闭油箱开关。

2）旋去柴油发动机吊环。

3）旋去柴油发动机滤清器上的输油管管接螺栓。

4）卸下机体后盖上方的两只油箱紧固螺栓，散热器上的一只紧固螺栓，取下油箱。

5）将散热器漏斗总成拆下。

6）旋去散热器内与机体连接的 4 只紧固螺栓，取下散热器。

7）将机体上盖拆下，并取下上盖垫片。

（4）拆卸齿轮室

1）旋下齿轮室与机体的连接螺栓，拆下齿轮室盖。

2）拆下调速齿轮、调速滑盘及钢球。

3）取出凸轮轴。安装时，所有传动齿轮记号必须绝对校准。

（5）拆卸机体后盖

1）拔出油标尺。

2）拆下后盖及后盖垫片。

（6）活塞连杆组的拆装

1）转动飞轮，使连杆大头位于拆卸连杆螺栓处。

2）拆连杆螺栓的保险铅丝，并将其抽出。安装时用新的铅丝，应交错拧紧保险。

3）用专用扳手旋下连杆螺栓。

4）取下连杆盖。连杆轴瓦应保护好。

5）慢慢转动飞轮，将活塞推向上止点位置（如果气缸内积炭，则应预先清除），然后用木柄顶住连杆大头继续慢慢往前推动，直到将活塞连杆组取出。在这一过程中，不应使连杆轴颈、气缸套和活塞碰伤擦毛。

安装时，连杆大头 45° 剖切面应朝下，且连杆与连杆盖刻有字样的一面应安放在同侧，切勿调错，活塞环搭口应互相错开 120°，避开活塞销方向；锥环有记号“上”的一面朝向缸头。连杆螺栓的拧紧力矩为 78 ~ 98N · m，未全部拧紧时，应先盘动一下飞轮，感觉轻松后再均匀拧紧。在安装时，连杆轴颈、连杆轴瓦、活塞外表面和活塞环上均匀涂上少量清洁机油。若需要换连杆小头衬套，则在更换后连杆与活塞装配时按照原来的位置装配。

（7）飞轮的拆卸

1）拆下带轮。

2）将飞轮螺母锁止垫圈的折边翻开。

3）用专用六角扳手将飞轮螺母旋松（可用锤子逆时针方向敲击扳手手柄）。

4）用顶拔器将飞轮拉出，如不易拉动，可用锤子敲击顶拔器压板曲轴轴头处。

5）用 M6 螺钉将曲轴上的飞轮键顶出。

（8）曲轴的拆装

1）拆下机油管。

2）旋下所有主轴承盖紧固螺栓。

3）用两只 M8 螺栓旋入主轴承盖两侧的螺孔中，左右两只螺栓应同时兼顾，慢慢旋入直至将主轴承盖顶出。在顶出过程中，注意曲轴不能同时跟随外移，外移时，应随时将其推回，否则可能会使曲轴脱落而损坏。

4）将曲轴小心抽出。注意，曲轴所有轴颈处应严加保护，不得碰伤擦毛。安装时在轴颈处涂上少量机油。

（9）平衡轴的拆装　平衡轴一般不易拆下，当滚动轴承磨损需要更换时，可按下列方法拆装：

1）将上平衡轴飞轮端的轴承盖、上下平衡轴端的机油泵拆去。

2）旋上下平衡轴齿轮端的压紧螺栓，用顶拔器将齿轮拉出。

3）拆去机体上的滚动轴承挡圈。

4）用木槌或纯铜棒敲击平衡轴（飞轮端），直到另一端滚动轴承完全脱落机体外，然后取下滚动轴承。

5）将平衡轴再推向飞轮端，再取出另一个滚动轴承。

6）将平衡轴拿出。

二、柴油发动机的装配

装配柴油发动机时应先将全部零件、部件用清洁的柴油清洗干净，并且检查各零部件的配合情况，如果不符合要求，就要进行修理或更换。

装配时，根据“后拆先装，由内到外”的原则，一般步骤如下。

（1）装平衡轴

1）装机油集滤器、油底壳。

2）装气门挺柱和凸轮轴（包括凸轮轴正时齿轮）。

3）装上、下平衡轴（包括平衡轴齿轮）。安装时要认清一端有槽的为下平衡轴，并且这一端要装在靠近飞轮的一边。

4）装机油泵。将泵轴的方端插入下平衡轴槽中，并使机油泵体的进、出油槽与机体上的出、进油孔分别对准，然后用螺栓固定。

（2）装曲轴、飞轮

1）装曲轴（包括曲轴正时齿轮）和主轴承盖。安装前在各轴颈表面涂上少量机油，将一根双头螺柱拧入机体上安装主轴承盖的螺孔，用来定位。将主轴承盖垫片贴放在主轴承盖上，再把主轴承盖套在曲轴右端（有螺纹）的主轴颈上，然后将曲轴送进机体，把主轴承盖对准方位后装到机体上。应注意：曲轴主轴颈推力断面与主轴瓦推力端面的间隙（即曲轴轴向间隙）为 0.15～0.25mm，不合要求时，应增减主轴承盖垫片进行调整。

2）装曲轴油封。将油封可以看到弹簧的一面朝向曲柄，注意不要装反，否则不能防漏。

3）装机体右侧壁的零件。装上主轴承盖处机油管接头螺栓、凸轮轴盖板、上平衡轴盖板等。

4）装飞轮。将飞轮平键装入键槽，不得松动；将飞轮装到曲轴上，装止推垫圈和飞轮螺母，拧紧飞轮螺母后，认真检查有无松动，再将止推垫圈翻边（原翻边处不得再翻）。

（3）装活塞、连杆

1）装活塞销。先将活塞加热，然后把活塞横放在木板上，再把连杆小头送入活塞内，注意使连杆小头的油孔与活塞顶端的铲尖在同一侧，然后将涂有机油的活塞销插入销孔，对正后用木槌打入，最后装上活塞销挡圈，注意使挡圈落入槽中。

2）装活塞环。将活塞裙下端放到台虎钳钳口，再夹紧连杆体，使活塞、连杆固定，然后用活塞环钳张开活塞环口，自下而上，依次将活塞环装入相应的环槽中。装活塞时，应使倒角向上，否则柴油发动机工作时活塞将向气缸体内泵油。装完后，各环环口位置应按规定错开。

3）将活塞连杆组件装入气缸。先将连杆轴瓦压入连杆大头，并在活塞体、活塞裙和连杆轴瓦的表面涂上清洁机油，再将曲轴转到上止点 20° 左右位置，然后使连杆大头分开面朝下送入气缸，最后用活塞环卡圈夹紧活塞环，用木柄将活塞推入气缸。

4）给连杆盖上保险铁丝。先将连杆轴瓦压入连杆盖，涂上清洁机油，再将连杆盖合到连杆大头上，使连杆盖和连杆大头有钢印记号（或字样）的一面在同一侧，然后拧入连杆螺栓，用扭力扳手交替拧紧到 80 ~ 100N · m。拧紧以后，转动飞轮，检查其是否能灵活转动。最后用 ϕ1.8mm 镀锌铁丝把两个连杆螺栓锁紧。

（4）装正时齿轮室

1）装调速器驱动齿轮轴。将轴的柱面上的两个机油孔朝正下方，把轴压到机体上。轴的外漏部分应为 66.5mm，不能过短，否则容易造成“飞车”。

2）装调速器驱动齿轮。先将调速器驱动齿轮平放在桌面上，把 6 颗调速钢球分别放到滑槽内，盖上滑盘，上好推力轴承，然后对准啮合记号把它们一起装到调速器驱动齿轮轴上。

3）装起动齿轮。注意对准啮合记号。

4）装喷油泵。将喷油泵和调速器的其他各零件都装到正时齿轮室盖上。喷油泵同调速器必须紧密且灵活地连接在一起，因此，装喷油泵时，应特别注意将调速杠杆的小拨叉卡在喷油泵的调节臂上，同时要移动调速手柄，使调速杆、调速弹簧、调节臂等零件都能灵活运动，不得有任何卡轧现象。如果有问题，必须重新安装或调整，否则会造成严重“飞车”事故。

5）装正时齿轮室盖。先将正时齿轮室盖垫片贴在机体上，再装正时齿轮室盖。

（5）装气缸盖和气缸盖罩

1）装气缸盖和气缸盖衬垫。先在气缸盖上装好气门、气门弹簧、气门弹簧座和气门锁夹，再把气缸盖衬垫贴到气缸体上，贴时要注意使衬垫没有包边的一面贴着气缸体，然后装上气缸盖。在拧紧气缸盖螺母时，应使用扭力扳手，分三四遍交替拧紧到 200 ~ 220N · m，否则气缸盖会因受力不均而翘曲变形。

2）装气门推杆。将气门推杆插进推杆孔，使推杆顶到挺柱碗形座中。

3）装摇臂轴支座。将摇臂轴、摇臂轴支座、摇臂、气门间隙调整螺钉、锁紧螺母等装好，在一起装到气缸盖上，然后调整气门间隙。

4）装气缸盖罩和机油管接头螺栓。

（6）装散热器、柴油箱、喷油器以及其他各零部件

1）装机体上盖、散热器（包括散热器漏斗、散热器浮子等）、柴油箱（包括柴油粗滤器、油箱开关座、油箱开关和加油管滤网等）和吊环，再将柴油箱灌满柴油。

2）装柴油精滤器和输油管。

3）装喷油器。在喷油器前端套上纯铜垫圈，再将喷油器插入安装孔中，然后将喷油器压板的凸台朝向喷油器装好。拧紧压板螺母时，应注意左右交替进行。

4）装高压油管。将高压油管两端的管接螺母同时拧到喷油泵和喷油器上；先旋紧喷油泵端的管接螺母，然后用泵油扳手反复泵油，等到喷油器端的油管接头处冒出油后，再将喷油器端的管接螺母拧紧。

5）装进气管和空气滤清器。

6）装排气管和消声器。

7）加机油约 2.5kg，装后盖，插上机油标尺，并检查油面是否在上、下刻度线之间。

生产实习思考题

1. 大批量生产装配的工艺特点是什么？

2. 简述履带式拖拉机和轮式拖拉机的总装配工艺过程。

3. 简述履带式拖拉机和轮式拖拉机装配各使用了哪些装配方法。

4. 履带式拖拉机的转向和制动是如何实现的？

5. 变速器的装配工艺过程是什么？后桥的装配工艺过程是什么？根据它们的装配过程试总结装配顺序应遵循的原则。

6. 结合柴油发动机的拆装谈谈机械设备拆装时的基本原则。

第三篇 材料成形生产实习

第七章 工程材料与热处理

第一节 概 述

一、工程材料

工程材料是指制造工程结构和机器零件所使用的材料总称。

1. 工程材料的种类

工程材料种类很多，用途广泛，有许多不同的分类方法，通常按其组成进行分类。

（1）金属材料 金属材料是最重要的工程材料，包括钢铁、有色金属及合金。由于金属材料具有良好的力学性能、物理性能、化学性能及工艺性能，能通过简便和经济的工艺方法制成零件，因此金属材料是目前应用最广泛的材料。

（2）非金属材料 非金属材料主要是高分子材料和陶瓷材料。

1）高分子材料因其具有原料丰富、成本低、加工方便等优点，发展极其迅速，目前已在工业上广泛应用，并将越来越多地被采用。

2）陶瓷材料具有不可燃性、高耐热性、高化学稳定性、不老化性以及较高的硬度和良好的耐压性，且原料丰富，受到特殊行业的广泛关注。

（3）复合材料 复合材料通常是由基体材料（树脂、金属、陶瓷）和增强剂（颗粒、纤维、晶须）复合而成的，它既保持所组成材料的各自特性，又具有组成后的新特性。它在强度、刚度和耐蚀性方面比单纯的金属、陶瓷和聚合物都优越，且它的力学性能和功能可以根据使用需要进行设计、制造。因此，复合材料的应用领域在迅速扩大，其品种、数量和质量有了飞速发展，具有广阔的发展前景。

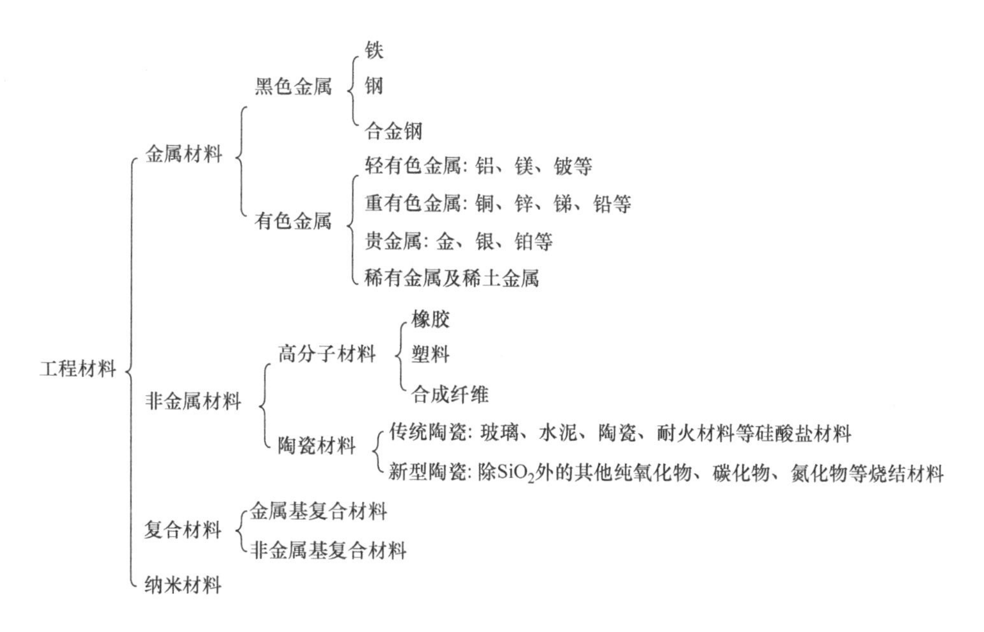

2. 工程材料的主要性能

工程材料的主要性能包括使用性能和工艺性能两类。使用性能包括力学性能、物理性能和化学性能；工艺性能包括铸造性、可锻性、焊接性、切削加工性和热处理性等。工程材料的主要性能是进行结构设计、选材和制定工艺的重要依据。

（1）工程材料的力学性能　工程材料的力学性能是指它在受各种外力作用时所反映出来的性能，比如强度、硬度、塑性、冲击韧度和疲劳强度等。

1）强度。强度是指材料在静载荷作用下抵抗变形和断裂的能力。工程中常用的强度指标有屈服强度和抗拉强度。屈服强度常用 R_{eH} 和 R_{eL} 表示，抗拉强度用 R_m 表示。

2）硬度。硬度是指材料表面抵抗更硬物体压入的能力。硬度的测试方法很多，工业生产中常用的是布氏硬度试验法和洛氏硬度试验法。

硬度是金属材料重要的性能和工艺指标，是检验工具、模具和机械零件质量的重要指标，在生产中得到了广泛应用。一般材料的硬度越高，其耐磨性越好。

3）塑性。塑性是指材料在静载荷作用下产生塑性变形而不破坏的能力。工程中常用的塑性指标有断后伸长率和断面收缩率，分别用 A 和 Z 表示。良好的塑性是材料成形加工和保证零件工作安全的必要条件。

4）冲击韧度。冲击韧度是指材料在冲击载荷作用下抵抗破坏的能力，用 a_K[①] 表示。a_K 值越大，则材料的韧性就越好。

5）疲劳强度。疲劳强度是指材料抵抗交变应力的能力，用 S 表示。改善零件的结构形状，避免应力集中，降低零件的表面粗糙度值，以及进行表面热处理、表面滚压和喷丸处理等措施，均可有效地提高其抗疲劳能力。

---

① 冲击韧度 a_K 已废止，此处保留仅作为参考值。——编者注

（2）工程材料的物理、化学性能

1）工程材料的主要物理性能有密度、熔点、热膨胀性和导电性等。不同的机器零件有不同的用途，对材料物理性能的要求亦不相同，比如飞机零件应选用密度小、强度高的铝合金制造，以减轻飞机的自重；电器零件应选用导电性良好的材料；内燃机活塞应选用热膨胀性小的材料。

2）工程材料的化学性能是指其在室温或高温下抵抗各种化学作用的性能，包括耐酸性、耐碱性、抗氧化性等。在腐蚀介质中或在高温下工作的零件比在空气中或在室温下工作的零件腐蚀更加强烈。设计这类零件时，应特别注意材料的化学性能，比如设计化工设备、医疗器械时可采用耐蚀性好的不锈钢、工程塑料等材料。

（3）工程材料的工艺性能　工程材料的工艺性能是其物理、化学、力学性能的综合反映，是指材料在加工过程中的适应能力，包括铸造、锻压、焊接、热处理和切削加工性能等。它决定着金属材料的加工工艺、工艺装备、生产效率及成本效益，有时甚至会影响产品零件的设计。

二、热处理

钢的热处理是将钢在固态下通过加热、保温和冷却，使其组织改变而获得所需性能的加工方法。热处理是改善材料工艺性能，提高其使用性能，保证产品质量，挖掘材料潜力不可缺少的工艺方法，被广泛地应用于机械制造领域，比如汽车、拖拉机上约有 50% 的零件要经过热处理，机床上约有 80% 的零件要经过热处理。

由于零件的成分、形状、大小、工艺性能及使用性能不同，热处理的方法及工艺参数也不同。根据热处理加热和冷却方式的不同，热处理大致分类如下。

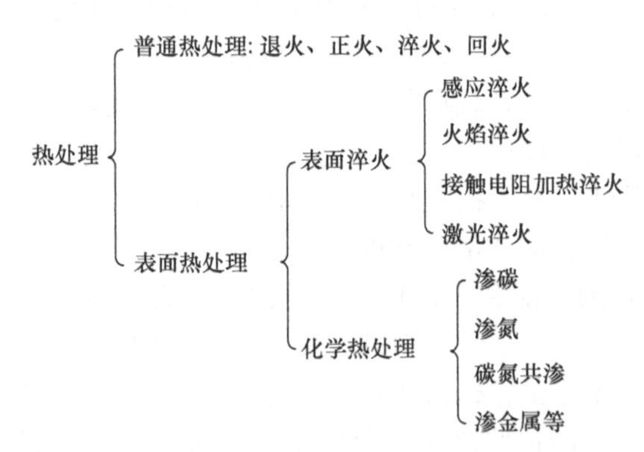

热处理通常可用工艺曲线表示，如图 7-1 所示。通过控制加热温度和冷却速度，可以在很大范围内改变金属材料的性能。

1. 热处理设备

常用的热处理设备有加热设备、冷却设备、控温仪表和质检设备等。加热设备有箱式电阻炉、井式电阻炉和盐浴炉，分别如图 7-2 ~ 图 7-4 所示；冷却设备有水槽、油槽、循环冷却液槽和盐浴槽等。加热的温度测控是通过热电偶、控温仪表系统和计算机温控系统实现的。质检设备主要有洛氏硬度试验机、金相显微镜、量具和无损（探伤）设备等。

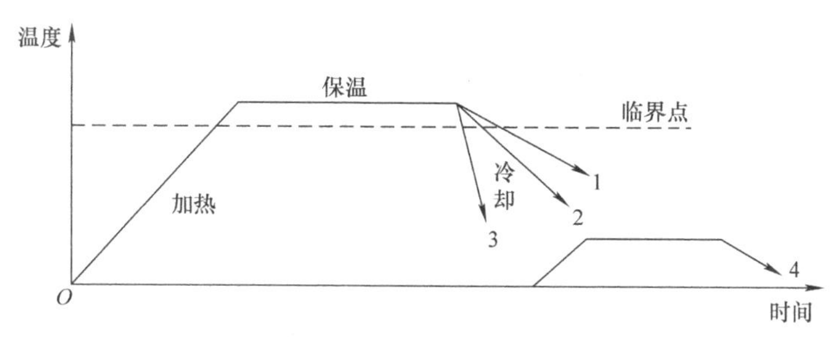

图 7-1　热处理工艺曲线

1—退火　2—正火　3—淬火　4—回火

目前计算机与自动控制技术在热处理及检测设备中的大量应用，不仅使单台设备和单一工序的热处理实现了计算机控制自动化生产，而且还形成了多道复杂的热处理工序、辅助工序、检测工序和多台设备集成的计算机集成热处理生产线，为各种金属材料提供了多种改性手段，满足了不同机械产品对零件性能的要求。

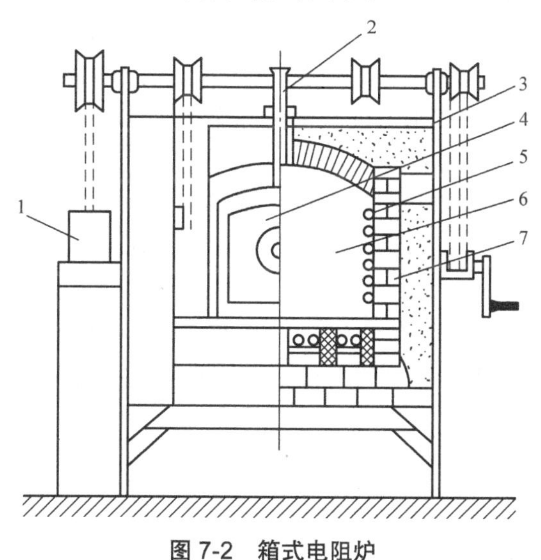

图 7-2　箱式电阻炉

1—炉门配重　2—热电偶　3—炉壳　4—炉门　5—电阻丝　6—炉膛　7—耐火砖

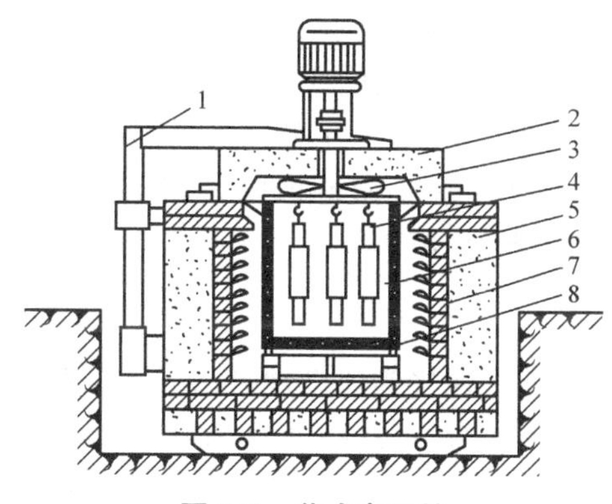

图 7-3　井式电阻炉

1—炉盖升降机构　2—炉盖　3—风扇　4—工件　5—炉体　6—炉膛　7—电热元件　8—装料筐

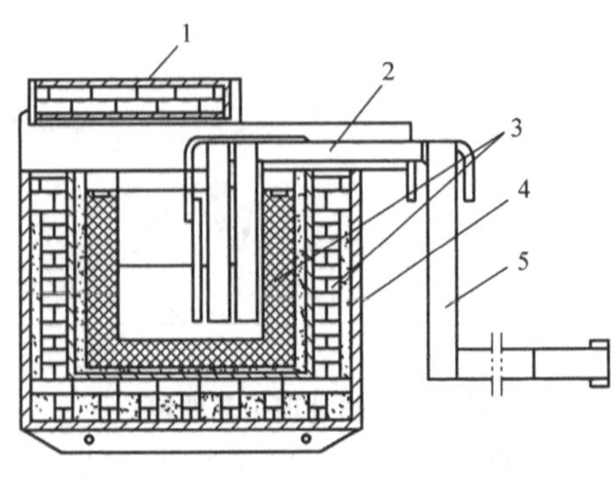

图 7-4 盐浴炉

1—炉盖 2—电极 3—炉衬 4—炉体 5—导线

2. 普通热处理

（1）退火 退火是将钢加热到一定温度（对碳钢一般加热至 780 ~ 900℃），经充分保温后随炉缓慢冷却的热处理方法。退火目的是降低硬度、细化组织、消除内应力和某些铸、锻、焊热加工的缺陷，为下一步热处理（淬火等）和加工做准备。

常用的退火方法有消除中碳钢铸件缺陷的完全退火，改善高碳钢切削加工性能的球化退火和去除大型铸锻件应力的去应力退火等。

（2）正火 正火是将钢加热到一定温度（碳钢一般加热至 800 ~ 930℃），经充分保温后出炉空冷的热处理方法。正火目的是细化组织、消除组织缺陷和内应力，为下一步热处理（淬火等）和加工做准备。

正火和退火通常作为预备热处理工序，安排在工件铸造或锻造之后，切削粗加工之前，用以消除前一工序所带来的某些缺陷，为以后的加工工序做好组织准备。

正火后可得到比退火时更高的强度和硬度，且生产率高、成本低，因此，正火也可作为一些使用性能要求不高的中碳钢零件的最终热处理。

（3）淬火与回火

1）淬火是将钢加热到一定温度（碳钢一般加热至 760 ~ 820℃），经充分保温后快速冷却（水或油中）的热处理方法。淬火目的是提高材料的硬度和耐磨性。但淬火钢的内应力大、脆性高，易变形和开裂，必须进行回火，并在回火后获得适度的强度和韧性。

2）回火是将淬火钢加热到一定温度，经充分保温后冷却至室温的热处理方法。回火目的是减小或消除工件在淬火时所形成的内应力，降低淬火钢的脆性，获得较好的综合力学性能。根据回火温度不同，常用的回火方法分为高温回火、中温回火和低温回火，见表 7-1。淬火后再加高温回火，通常称为调质处理，一般应用于有较高综合力学性能要求的重要结构零件，比如汽车车轴、机床主轴等。

3. 表面热处理

表面热处理是将钢的表面进行强化的热处理方法。表面热处理目的是使钢的表面层具有较高的硬度、耐磨性、耐蚀性和耐疲劳性，而心部有较高的塑性和韧性。表面热处理分为表面淬火和表面化学热处理两大类。表面淬火只改变表面组织而不改变化学成分；表面化学热处理同时改变表面化学成分和组织。

表 7-1　常用的回火方法

回火方法	回火温度 /℃	硬度 /HRC	力学性能特点	应用举例
低温回火	150 ~ 250	58 ~ 64	高硬度、高耐磨性	刃具、量具、冷冲模、滚动轴承
中温回火	350 ~ 450	35 ~ 50	高弹性和韧性	弹簧、热锻模具
高温回火	500 ~ 650	20 ~ 30	优良的综合力学性能	轴、齿轮、螺栓、连杆

（1）表面淬火　钢的表面淬火是通过快速加热，将钢件表面层迅速加热到淬火温度，然后快速冷却的热处理方法。表面淬火目的是获得高硬度、高耐磨性的表层，表面硬度可达 52 ~ 54HRC，而心部仍保持原有的良好韧性，常用于机床主轴、齿轮、发动机的曲轴等。表面淬火所采用的快速加热方法有电感应、火焰、电接触和激光等，目前应用最广的是电感应加热法。

（2）表面化学热处理　表面化学热处理是将钢件置于一定温度的活性介质中保温，使某些金属元素（碳、氮、铝、铬等）渗透零件表层，改变其化学成分和组织，以提高零件表面的硬度、耐磨性、耐热性和耐蚀性的热处理方法。化学热处理的种类很多，主要有渗碳、渗氮、碳氮共渗等，其中以渗碳应用最广。渗碳后的零件进行淬火和低温回火后，具有外硬内韧的性能，主要用于既受强烈摩擦又承受冲击或疲劳载荷的工件，比如汽车的变速齿轮、活塞销、凸轮等。

热处理是机械制造中非常重要的基础工艺，对提高机电产品的内在质量和使用寿命具有决定性的作用。随着科学技术的飞速发展，热处理技术的发展主要集中在两点：一是对常规热处理方法的工艺进行改进和在新能源、新工艺方面取得重大突破，达到节约能源，提高经济效益，减少或防止环境污染，获得更优异性能的工艺效果；二是计算机技术、机器人技术在热处理工艺的广泛应用，使热处理过程朝着自动化、柔性化方向发展。

第二节　热处理生产实例

一、对焊刀具的热处理

对焊刀具如图 7-5 所示，切削部分为高速钢，尾部为 45 钢或 40Cr 钢（也可用 T7 钢）。热处理时先在盐浴炉中对切削部分加热淬火。为防止盐浴对焊缝腐蚀，焊缝应露出盐液面相当于钻头直径的距离（切削部分很短的，焊缝可以少露出一些）。加热后在油或盐浴中冷却，然后回火三次。待切削部分合格后，再在盐浴中对尾部加热淬火，加热温度为 830 ~ 850℃。尾部为 40Cr 钢的采用油冷，45 钢的采用水 – 油双液淬火或碱浴淬火。尾部加热时，同样应使焊缝高出盐液面，水冷时应避免把水溅到焊缝上。尾部回火可在硝盐炉或电炉中进行，温度为 500℃左右，回火后硬度为 30 ~ 45HRC。

对于中间带有导向部分的对焊铰刀，如图 7-5b 所示，导向部分的硬度一般要求 ≥ 45HRC。对于这类工具，在用上述方法使尾部处理合格后，再对导向部分进行高频感应淬火，然后低温回火。也可以将导向部分与尾部同时在盐浴中加热淬火，然后同时进行低温回火，最后再对尾部进行高温回火。这种方法比较简便，但变形量比高频感应淬火时大。

对于导向部分在前端（即高速钢在中间，两端焊有碳素工具钢）的切削工具，导向部分和高速钢一起在高温盐浴中加热。由于导向部分产生过热而使晶粒显著长大，为了改善组织，提高力学性能，在高温盐浴中淬火后，应及时在中温盐浴中对导向部分进行正火。正火温度为 800 ~ 850℃。最后再根据图样要求，分别对导向部分和尾部进行淬火和回火。

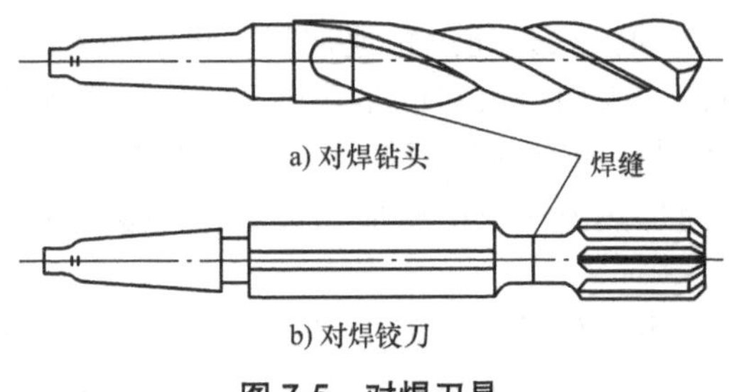

图 7-5　对焊刀具

二、锻模的热处理

锻模在较高温度下应具有高的强度、韧性和足够的耐磨性，且尺寸较大，形状较复杂，需要具有高的淬透性，以保证整个工作体积上的性能均匀。因此，锤锻模具通常用 5CrNiMo、5CrMnMo 等钢制造。

锻模的热处理通常包括整个模具的淬火、工作部分的回火和尾部的回火。

锻模常常是在工作型面加工好了之后进行热处理。因此，在淬火加热过程中，应特别注意防止氧化和脱碳。常用的方法是使锻模的型面朝下，放入预先铺满一层焙烧过的生铁屑与木炭的铁箱中，然后在锻模周围用耐火土封严，其加热装箱方式如图 7-6 所示。

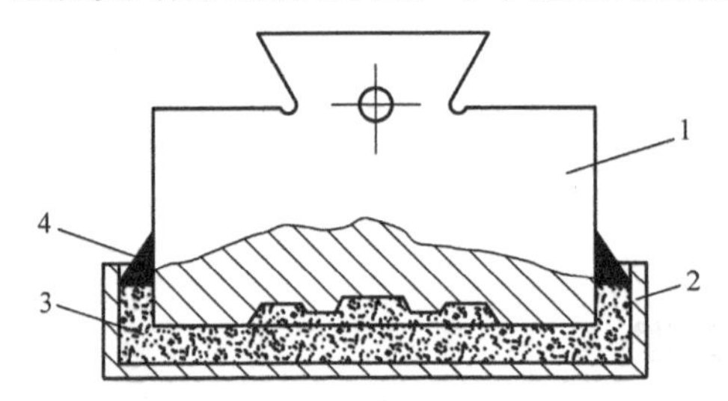

图 7-6　锻模的淬火加热装箱方式

1—锻模　2—铁箱　3—生铁屑（干燥的）+5% 木炭　4—耐火土

5CrNiMo 钢制锻模的淬火过程是将锻模放入加热至 600 ~ 650℃的炉中，停留一段时间，再随炉升温至淬火温度，在 850℃保温后，由炉中取出，于空气中预冷至 750 ~ 780℃，随后淬入低于 70℃的油中。当锻模在油中冷至 200 ~ 300℃后，取出于空气中冷却，待冷至 100 ~ 150℃时，立即进行回火。

回火是为了消除淬火时产生的内应力，获得均匀的索氏体组织，并达到所要求的力学性能。5CrNiMo 钢制锻模的回火温度一般为 480 ~ 520℃。大型锻模采用上限温度回火，回火后的硬度为 39 ~ 43HRC ；小型锻模采用下限温度回火，回火后的硬度为 44 ~ 49HRC。

对于锻模的尾部（燕尾处），为避免受冲击时发生裂纹或折断，要求具有较高的塑性和韧性。因此，在整个锻模回火之后，尚需把尾部放在燕尾回火炉上（700 ~ 720℃）进行补充回火，直到尾部呈现暗红色时为止。尾部回火时，工作部分只受到尾部传过来的热量的加热，温度一般不超过 250 ~ 350℃，故硬度不会降低。尾部回火后的硬度为 26 ~ 37HRC。

为了缩短热处理周期，可以采用在锻模淬火加热之后、淬入油中之前，在燕尾部分盖上一个用 1.5 ~ 2.5mm 厚的钢板焊成的盒盖，由盒盖两侧的孔中插入销钉，将盒盖支撑在锻模上，盒盖的内壁与锻模之间保持 25 ~ 40mm 的间隙，如图 7-7 所示，然后将锻模淬入油中。此时盒盖里边有空气和油的蒸气存在，淬火油难以渗入。由于锻模的燕尾部分不接触油，因此，这部分实际上不是淬火，而是正火。这样处理后，尾部硬度可以达到技术要求，并且不必进行补充回火。这种热处理方法不需要燕尾回火炉，并且可以使热处理周期缩短 30% 左右。

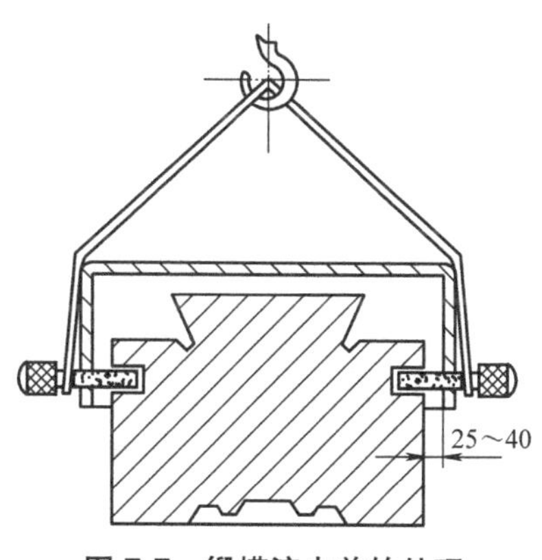

图 7-7　锻模淬火前的处理

生产实习思考题

1. 简述工程材料的分类。
2. 简述工程材料的力学性能和工艺性能。
3. 简述生产实习现场三种典型产品的材料。
4. 简述热处理对钢的性能有何影响。
5. 合金元素对淬火钢的回火转变有何影响？
6. 简述在实习现场所了解的曲轴热处理工艺过程。
7. 举例说明生产实习现场计算机技术在热处理工艺中的应用。
8. 简述生产实习现场的一条热处理生产线（布局、设备、工艺装备、工艺过程及产品特点等）。

第八章　铸　　造

第一节　概　　述

铸造是将液态金属浇入铸型型腔中，冷却凝固后获得毛坯或零件的成形方法。铸造在机械制造中占有重要的地位，广泛应用于工业生产的很多领域。采用铸造方法获得的金属制件称为铸件。

铸造属于液态成形，具有以下特点：

1）铸造的适应性强，几乎不受零件的形状、尺寸大小和生产批量的限制。

2）铸件的使用性能良好，特别是减振性能、耐磨性能、耐蚀性能和切削性能。

3）铸造具有良好的经济性，其所用原材料来源广泛，价格低廉，且可利用回收材料。

4）铸件的形状和尺寸与零件非常接近，加工余量小，可节省金属材料和加工工时，是实现少、无切削加工的重要途径之一。

但铸造生产也存在一些不足，比如铸造工序多、生产过程中工艺控制较困难导致铸件质量不稳定，废品率高，力学性能较差，且劳动强度大、生产环境条件差等。但随着铸造技术的迅速发展，新材料、新工艺、新技术和新设备的推广应用，铸件的质量和生产效率得到了很大提高，生产环境和劳动条件得到了显著改善。

铸造一般分为砂型铸造和特种铸造。目前，应用最广泛的铸造方法之一是砂型铸造。砂型铸造的一般生产过程如图 8-1 所示。根据零件图的形状和尺寸，设计制造模样和芯盒，制备型砂和芯砂，用模样制造砂型，用芯盒制造型芯，把烘干的型芯装入砂型并合型，熔炼合金并将金属液浇入铸型，凝固后落砂、清理，检验合格便获得铸件。

造型（芯）是砂型铸造最基本的工序。造型生产线是根据铸造工艺流程，将造型机、翻转机、下芯机、合型机、压铁机和落砂机等用铸型输送机或辊道等运输设备联系起来，并采用一定方法控制而组成的机械化、自动化造型生产体系，其可以极大地提高生产率。自动造型生产线如图 8-2 所示。自动造型机 4 制作好的下型用翻转机 8 翻转 180°，并于工位 7 处被放置到输送带 16 的平车 6 上，被运至合型机 9，平车 6 预先用特制刷 5 清理干净。自动造型机 12 上制作好的上型顺辊道 10 运至合型机 9，与下型装配在一起。合型后的铸型 14 沿输送带移至浇注工段 15 进行浇注。浇注后的铸型沿交叉的双水平形线冷却后再输送到工位 1、2。下芯的操作是在铸型从工位 7 移至合型机 9 的过程中完成的。浇注冷却后的上箱在工位 1 被专用机械卸下并被送到工位 13 落砂，带有型砂和铸件的下箱靠输送带 16 从工位 1 移至工位 2，并因此进入落砂机 3 中落砂。落砂后的铸件跌落到专用输送带送至清理工段，型砂由另一输送带送往砂处理工段。落砂后的下箱被送往自动造型机 4 处，上型则被送往自动造型机 12，模板更换靠小车 11 完成。

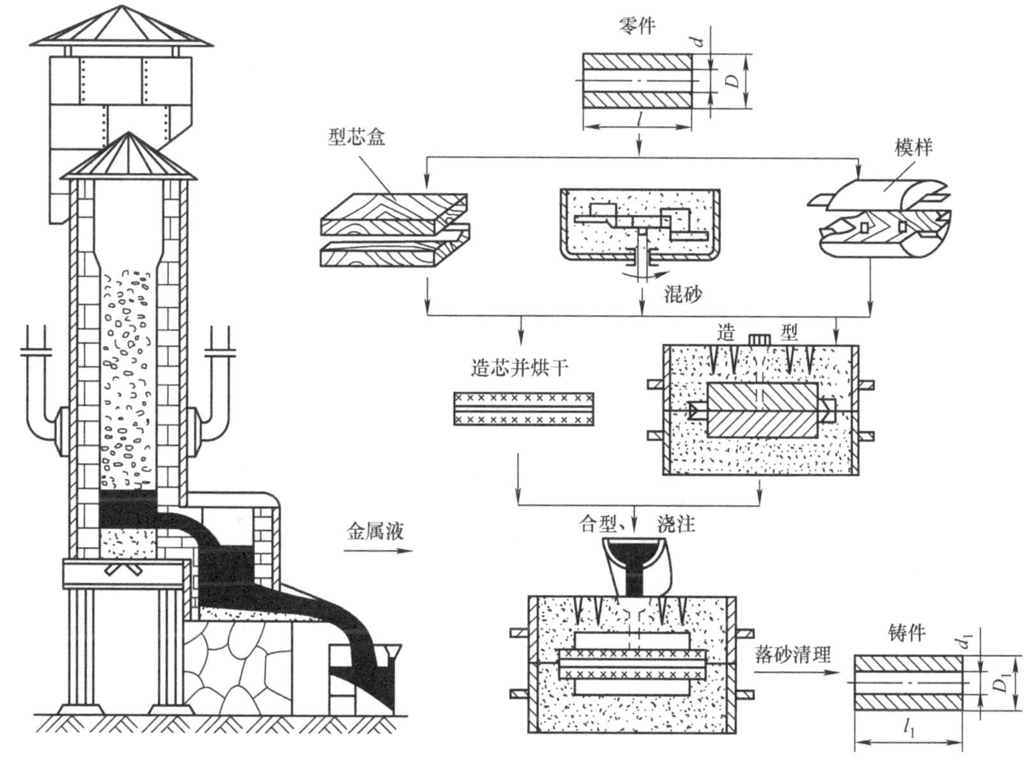

图 8-1 砂型铸造生产过程

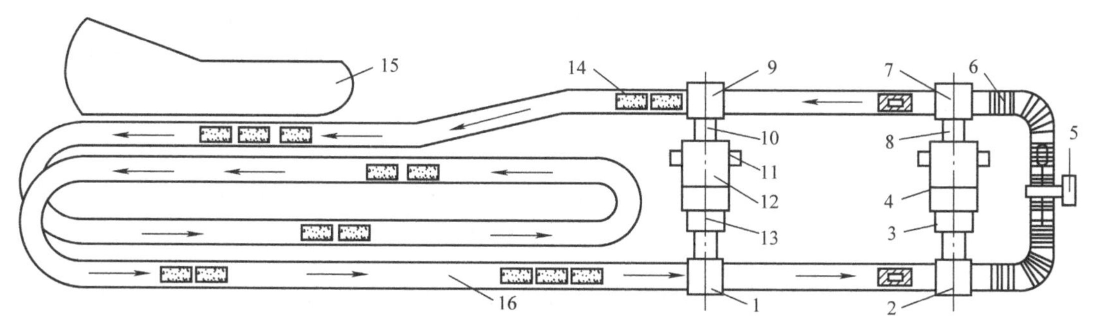

图 8-2 自动造型生产线

1、2、7、13—工位 3—落砂机 4、12—自动造型机 5—特制刷 6—平车 8—翻转机 9—合型机 10—辊道 11—小车 14—铸型 15—浇注工段 16—输送带

特种铸造是指与砂型铸造不同的其他铸造工艺。随着科学技术的发展和生产水平的提高，特种铸造得到了迅猛的发展，应用日益广泛，常用的特种铸造有熔模铸造、金属型铸造、压力铸造、低压铸造、离心铸造、陶瓷铸造、实型铸造、磁性铸造、差压铸造、连续铸造以及挤压铸造等。熔模铸造的生产流程如图 8-3 所示。特种铸造在提高铸件的精度、

表面质量及物理和力学性能，提高生产率，改善劳动条件和降低铸件成本，实现机械化和自动化生产等方面均有明显的优势。

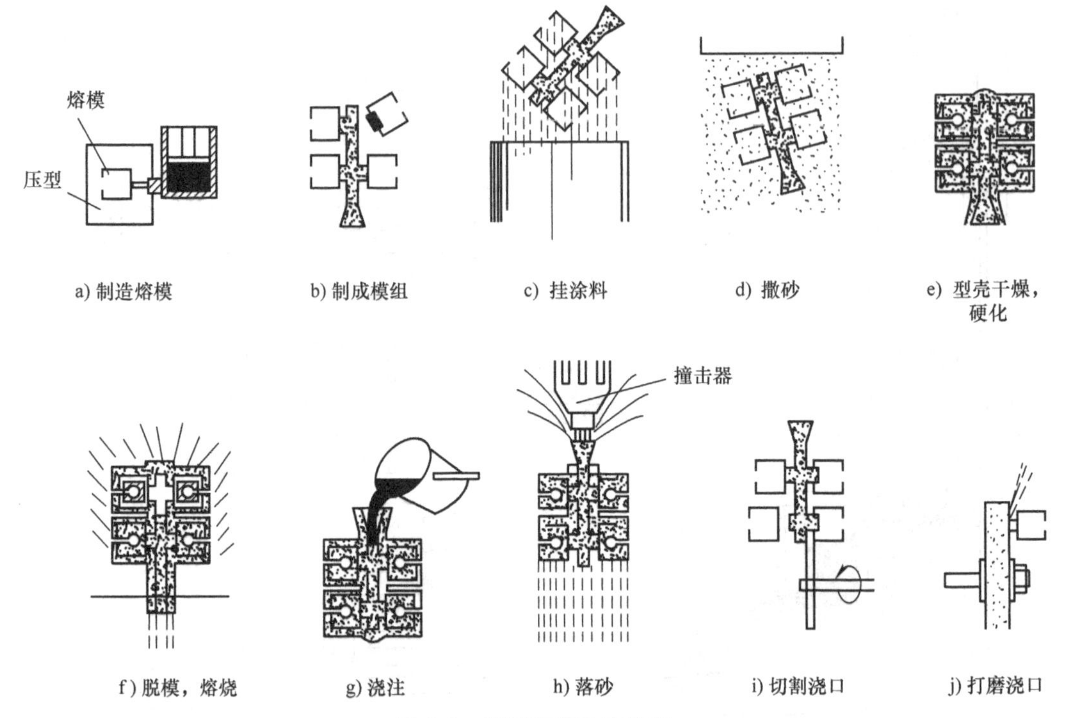

图 8-3 熔模铸造生产流程

铸造常用于制造形状复杂、承受静载荷及压应力的零件，比如箱体、床身、支架和机座等，其质量和产量以及精度等直接影响到机械产品的质量、产量和成本。

工业生产中常用的各种铸造方法均有其优缺点及适用范围，主要是依据铸件的形状、大小、质量要求、生产批量、合金的品种及现有的设备条件等具体情况，进行全面分析比较，选出合适的铸造方法。几种常用铸造方法的综合比较见表 8-1。

表 8-1 常用铸造方法的综合比较

比较项目	铸造方法				
	砂型铸造	熔模铸造	金属型铸造	压力铸造	低压铸造
铸件尺寸精度	IT14 ~ IT16	IT11 ~ IT14	IT12 ~ IT14	IT11 ~ IT13	IT12 ~ IT14
铸件表面粗糙度值 *Ra*/μm	粗糙	3.2 ~ 25	12.5 ~ 25	1.6 ~ 6.3	6.3 ~ 25
适用金属	任意	不限制，以铸钢为主	不限制，以有色金属合金为主	铝、锌、镁低熔点合金	以有色金属合金为主，也可用于黑色金属
适用铸件大小	不限制	小于 45kg，以小铸件为主	中、小铸件	一般小于 10kg，也可用于中型铸件	以中、小铸件为主

（续）

比较项目	铸造方法				
	砂型铸造	熔模铸造	金属型铸造	压力铸造	低压铸造
生产批量	不限制	不限制，以成批、大量生产为主	大批、大量	大批、大量	成批、大量
铸件内部质量	结晶粗	结晶粗	结晶细	表层结晶细内部多有孔洞	结晶细
铸件加工余量	大	小或不加工	小	小或不加工	较小
铸件最小壁厚 /mm	3.0	0.7	铝合金 2 ~ 3，灰铸铁 4.0	0.5 ~ 0.7	2.0
生产率（一般机械化程度）	低、中	低、中	中、高	最高	中

铸造生产在工业发达国家的国民经济中占有重要的地位。据统计，在机床、内燃机、重型机械和矿山机械中，铸件占整机重量的 70% ~ 90%，在拖拉机中占 50% ~ 70%，在农业机械中占 40% ~ 70%，在轧钢机中占 75% ~ 80%，在汽车中占 50% ~ 70%。在铸造生产中，铸铁件应用最广，约占铸件总产量的 70%。

铸造生产的现代化程度，反映了机械工业的先进程度，反映了清洁生产和节能生产的工艺水准。实现铸件的轻量化、薄壁化和优质化是铸造业发展的一种趋势。差压铸造、定向凝固和单晶及细晶铸造、半固态铸造、悬浮铸造、旋转振荡结晶法和扩散凝固铸造以及快速凝固技术等铸造新技术，使铸造生产向消耗更少能源、材料、劳动力和提高生产效率获得优质铸件的目标大大迈进了一大步。

第二节 铸造生产实例

一、灰铸铁气缸体的铸造

气缸体形状复杂、尺寸大、工作环境恶劣，有单位功率质量的设计要求，因此设计上在保证气缸体强度、刚度的前提下，力求减小铸件壁厚和重量。在尺寸精度、表面粗糙度、内腔表面质量、材料性能、材料的均匀性与尺寸稳定性等方面对气缸体铸件均有较高的要求。气缸体铸件质量的优劣直接影响发动机的性能，也反映出企业的技术水平和管理水平。为满足发动机的性能要求，目前灰铸铁气缸体的材质普遍选用 HT250。

1. 气缸体的基本结构

气缸体一般由气缸、曲轴箱内腔、水套内腔、挺杆室内腔、分电器孔、汽油泵孔、转子滤清器回油孔、进水孔、凸轮轴孔和油道等组成。气缸体内部一般铸有隔板和加强肋，用来增大刚度以支撑曲轴主轴承和凸轮轴轴承。

气缸体根据气缸数量可分为单缸和多缸，根据气缸排列方式可分为单列式（直列式）和双列式。单列式气缸体各缸排列成一列，双列式气缸体中心线夹角小于 180° 的称 V 形缸体，等于 180° 的则称为对置式。单列式和双列式气缸体如图 8-4 所示。

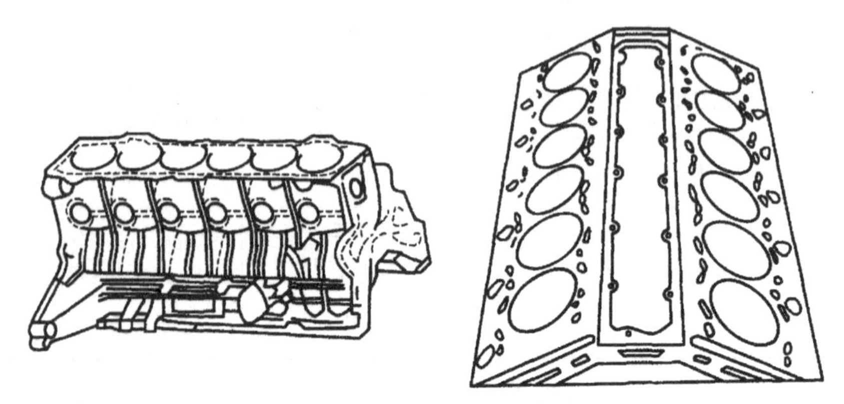

图 8-4 单列式和双列式气缸体

将气缸体按其曲轴轴线与缸体下表面的位置分类，如图 8-5 所示。其中曲轴轴线与气缸体下表面在同一平面上的称为一般式气缸体；为增大刚度，将气缸体下表面移至曲轴中心线以下的称为龙门式气缸体；为便于安装，用滚动主轴承支撑曲轴的缸体称为隧道式气缸体。

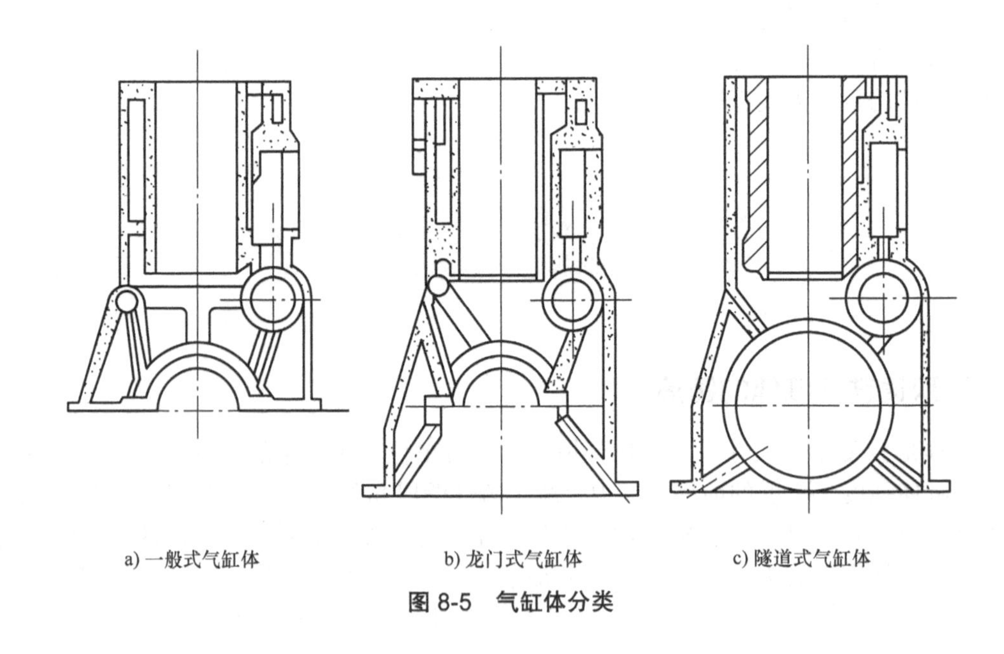

a) 一般式气缸体 b) 龙门式气缸体 c) 隧道式气缸体

图 8-5 气缸体分类

2. 分型面的选择

对于卧做卧浇工艺方式生产的一般气缸体，其分型面一般选择在缸孔中心线所在的平面上，且将气门室所在平面置于下型，以便于砂芯定位和铸型排气。一般气缸体分型面的选取如图 8-6 所示，但也有采取垂直分型或多面分型的方式来生产气缸体的。

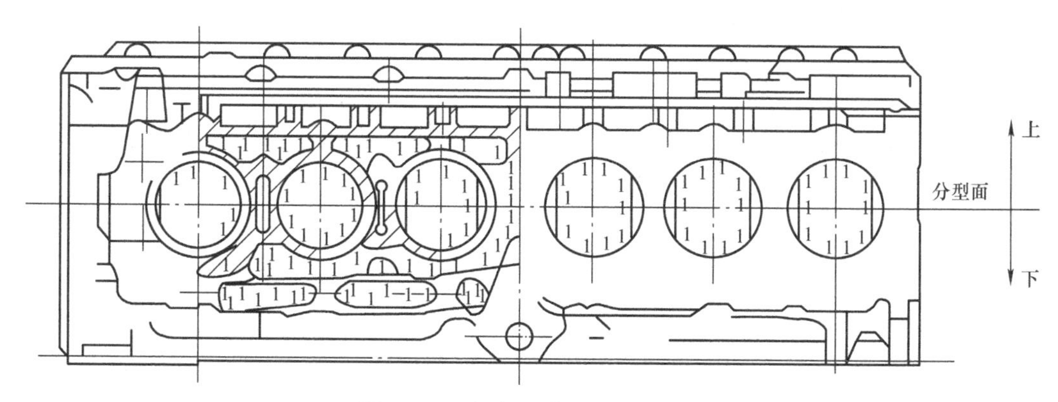

图 8-6 一般气缸体分型面的选取

3. 浇注位置的选择

气缸体浇注位置的优化选择原则是简化砂芯结构及模样、芯盒等工装的设计，确保生产效率高，以有效保证铸件质量及高的铸件合格率。

为了保证整个气缸体砂型、砂芯制作简便，下芯方便，适合于大流水作业，绝大多数气缸体选用卧做卧浇的工艺，且通常是凸轮室面（即气门室面）朝下。但也有选用立做（或卧做）立浇的生产方式，或顶盖面朝下或油底壳面向下的浇注位置。

4. 浇注系统

气缸体浇注系统要求充型平稳，利于排气、补缩，具有良好的挡渣能力。气缸体浇注系统的合理、正确性直接影响铸件合格率、工艺出品率的高低和铸件的表面质量。

目前普遍采用的卧做卧浇气缸体浇注系统，根据内浇道位置的不同，大致可分为以下几种形式，如图 8-7 所示。

（1）底注式　底注式进液位置通常选在下油底壳法兰上，如图 8-7a 所示。这种浇注系统应用较普遍，是气缸体浇注系统的传统方式。但这种方式使型内铁液温度存在上低下高的不良状态，而其铸件的气孔、冷隔、渗漏和偏芯等铸造缺陷相对偏多。

（2）顶注式　顶注式进液位置设在上型主轴承座处，接近于铸件的最上方，如图 8-7b 所示。顶注式浇注系统对克服一些常见的气孔、浇不足、渗漏等缺陷比较有利。

（3）中注式　中注式进液位置选在上、下型的主轴承座处，各用一排内浇道，如图 8-7c 所示。这种进液方式因具备良好的综合工艺，既充型平稳又有利于气缸体铸件克服常见的气孔、浇不足、冷隔等缺陷。此法最适宜于轻、微型气缸体，也适宜于中型气缸体。

（4）阶梯式　阶梯式第一层内浇道进液位置选在下型油底壳法兰上，第二层内浇道则选在上型主轴承座上，如图 8-7d 所示。对于这种阶梯式浇注系统形式，若在确定上、下层内浇道进液比例时以上层为主，则具有良好的综合工艺性。它既适宜于中、大型气缸体，也适宜于轻、微型气缸体。

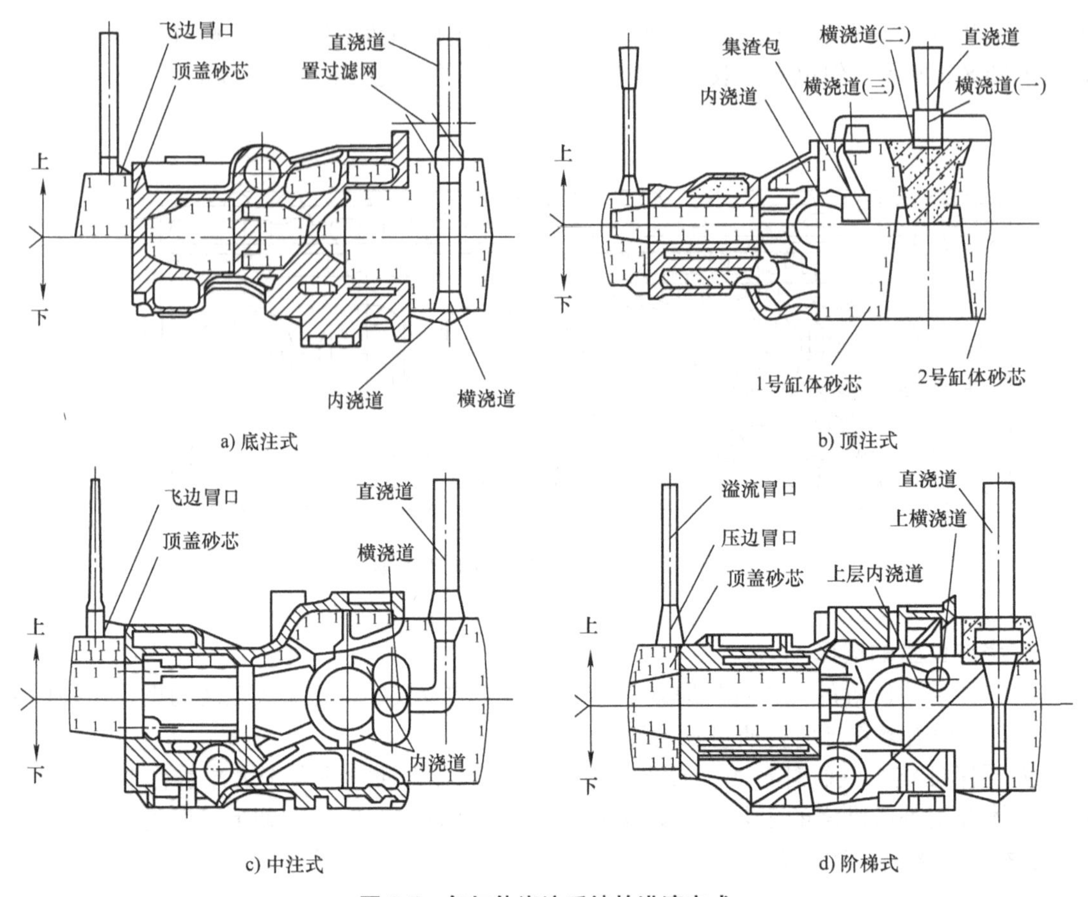

图 8-7　气缸体浇注系统的进液方式

5. 造型工艺

造型工艺是决定铸件质量的重要工序，直接反映了铸造工艺质量的水平。造型工艺及设备对气缸体尺寸影响很大，气缸体的造型工艺主要有高压造型工艺、气冲造型工艺、垂直挤压造型工艺等。

高压造型工艺是通过压缩空气，对型砂进行第一次预紧实，之后关闭压缩空气，在0.3ms 内打开排气阀，压缩空气在压力梯度下高速对型砂进行第二次预紧实，最后通过多触头进行挤压。为提高紧实率，在模板上开设多处排气塞。该工艺制成的铸型从分型面到型背均有很高的强度。为获得良好、均匀的铸型，在高压的基础上采用真空加砂、气流加砂和静压等辅助技术和设施。

气冲造型工艺是由气冲阀在 10ms 内快速打开，使压缩空气与铸型之间形成很大的压力梯度，通过压力波紧实型砂。该工艺可获得紧实度高的铸型，且砂型的强度自模板开始，随砂箱高度的增加而递减。气冲造型硬度比其他任何造型工艺都理想，符合铸造浇注工艺规律要求，其型腔表面硬度高，可以有效地提高铸件尺寸精度、降低表面粗糙度值。随着砂型离型腔表面距离的增加，其硬度下降，到型背时砂型硬度最低，通气效果亦最好，有利于高温铁液浇注时型腔、芯砂、型砂气体的顺利排出，减少铸件气孔的产生。同时它还具有能耗少的特点。

垂直挤压造型工艺具有较高的型砂紧实度、生产率和铸件尺寸精度等特点。

6. 制芯工艺

气缸体的砂芯形状复杂、细薄，且被高温铁液所包围，必须具有经受铁液的压力和冲刷而不变形、不被冲垮、不烧结，内部的气体能外逸等能力。

气缸体的制芯工艺主要有壳芯法、热芯盒法和冷芯盒法。

（1）壳芯法　壳芯法的壳芯砂一般用覆膜砂。壳芯工艺能制作出强度高的薄壳砂芯，还具有存放期长、用砂量少、重量小、易搬运、利于浇注时排气、生产率高、芯砂流动性好、芯盒的维护和保养工作量小等优点，被广泛使用。由于壳芯机倒砂靠重力作用，故全部为垂直分盒，吹砂方向与分盒、顶芯方向垂直。因无射嘴的不利影响，其修芯工作量和砂芯损坏明显减少，但壳芯制芯法因砂芯为空心，中间留有空气，不利于导热，使气缸体铸件在砂型中心部温度太高，易导致铸件力学性能的降低，增加了缩松和开裂的倾向；且浇注时易跑火，内部易灌进铁液。因此，从改善砂芯的导热和利于缸体中心部分的冷却考虑，缸筒、曲轴箱的芯最好能做成实心。

（2）热芯盒法　热芯盒法具有工艺过程简单、硬化周期短、成本低、生产率高等特点，而被很多企业采用。比如缸体中的一些小芯，通常采用热芯盒法。但由于芯盒需加热到 200～300℃，而加热的冷热易造成芯盒变形、胀盒，使射砂时易产生喷砂，影响砂芯尺寸精度和射制质量、操作环境，降低芯盒使用寿命和浪费能源。目前，在薄壁高强度气缸体的生产中，热芯盒的使用已趋于减少。

（3）冷芯盒法　冷芯盒法克服了热芯盒法的不足，具有不用加热、砂芯尺寸精度高、砂芯修理量小、制芯生产率高等优点，在气缸体的制芯工艺上具有广阔的发展前景。

7. 清理

为降低劳动强度、提高生产效率、改善作业环境，一般采用机械化清理专用线。对外侧面的披缝，可用砂轮机磨削；对内腔孔内披缝，采用冲、挤、压的方法进行去除。

抛丸清理并不影响铸件的尺寸，但决定了其表面粗糙度。为保证铸件良好的表面质量，抛丸粒度一般较细，为 0.1～1.0mm。

铸件尺寸精度是铸件质量的重要指标之一。提高气缸体尺寸精度、减小壁厚、减少重量是国内外的共同趋势。尺寸精度的提高是铸件薄壁化的基本前提，也是提高铸件铸造工艺水平及机械产品水平的关键之一。根据理论研究与生产实践证明，影响铸件尺寸精度的因素很多，涉及原材料、模具工装、设备、工艺、管理及人员素质的各个方面，几乎涉及铸件生产的所有环节。总体归纳主要有铸件的工艺设计与模样，浇冒口的处理方法，砂箱和工装设备，型砂原材料，造型机的种类和造型方法，原砂准备和型砂的混制，砂芯的准备、处理和金属成分，温度和浇注等。

二、球墨铸铁曲轴的铸造

球墨铸铁曲轴与传统的锻钢曲轴相比具有制造简便、成本低廉、吸振耐磨、对表面刻痕不敏感的优良特性，同时与轴承合金、铅青铜、钢背铝合金均有良好的匹配性。目前 QT600-3、QT700-2 牌号的球墨铸铁已广泛应用于中小型发动机曲轴的生产。

1. 浇注、冷却位置的选择

球墨铸铁曲轴的浇注、冷却位置常用竖浇竖冷、横浇竖冷和横浇横冷三种。

（1）竖浇竖冷　竖浇竖冷的冒口设在曲轴大端（法兰盘）的上方，处于最高位置，冒口内金属液的压力高，对铸件补缩有利，但难于在大批量生产的流水线上应用，且易导致铸件缺陷。目前，其主要有底注式、阶梯式和顶注式三种浇注方式，如图 8-8 所示。

1）底注式的内浇道开设在曲轴最下端，铁液在进入型腔前先经集渣包。这种浇注方式铁液充型平稳，自下而上逐渐充满，有利于型腔内的排气。但冒口内的液体金属温度低，不利于补缩，曲轴的热节处易产生缩松，如图 8-8a 所示。

2）阶梯式的浇注系统充型平稳，使曲轴上部温度稍高于下部，补缩不够显著，曲轴热节处仍有缩松，如图 8-8b 所示。

3）顶注式的铁液经冒口由上部注入，预热了冒口砂型，铸件上部温度明显地高于下部，有利于冒口的补缩效果。虽然解决了缩松问题，但铁液对型壁冲刷严重，造成飞溅，充型不平稳，铁液易于氧化，并带来渣孔、铁豆、冲砂等铸件缺陷，如图 8-8c 所示。

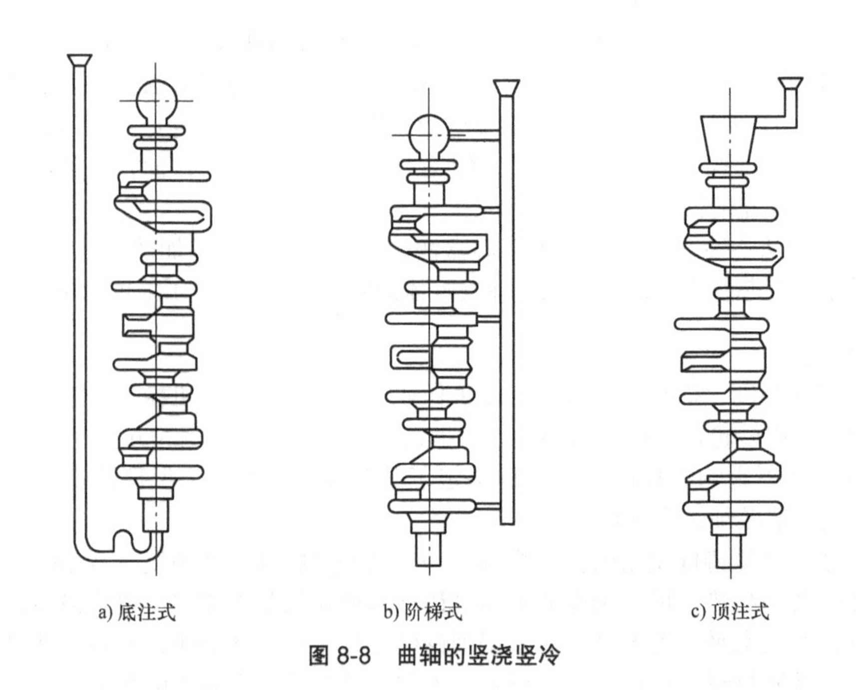

图 8-8　曲轴的竖浇竖冷

（2）横浇竖冷　横浇竖冷的浇注，充型平稳，铁液先经冒口进入型腔，提高了冒口内金属液的温度。浇注后，立即用湿型砂将漏斗形浇口杯堵塞，然后将铸型转 90° 竖冷，如图 8-9 所示。冒口在铸件最上方，可以充分发挥补缩作用，有利于获得健全的铸件。目前，大型球墨铸铁曲轴的生产仍然采用这种工艺。但横浇竖冷的操作繁重，生产率低，无法适应大批量流水生产的要求。

（3）横浇横冷　横浇横冷的铸型造型、浇注、冷却均呈水平状态，充型平稳，劳动条件好，生产率高，便于大批量生产的流水作业，如图 8-10 所示。但其冒口的补缩压力较竖冷小。大量生产实践表明，只要注意控制铁液成分和浇注温度，注意控制型砂和铸型硬度等工艺因素，收缩缺陷可以消除。

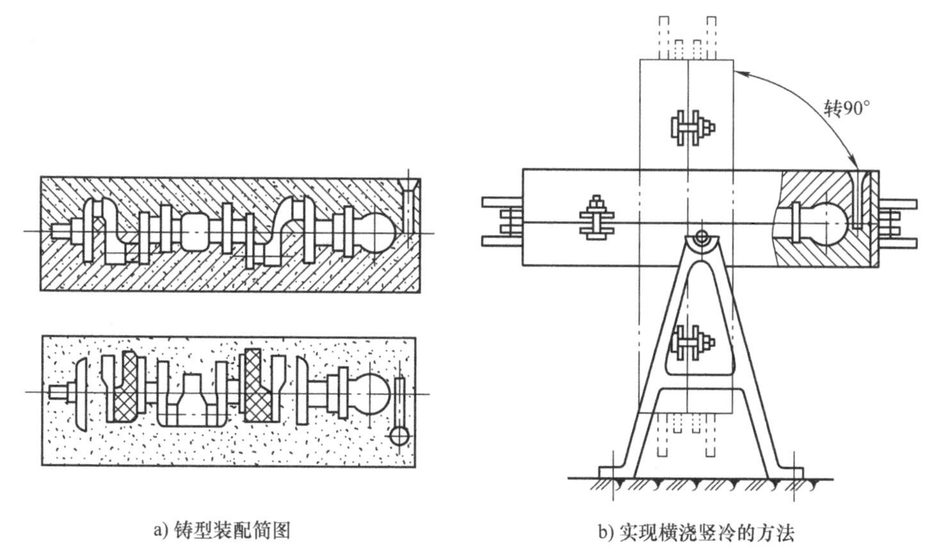

a) 铸型装配简图　　b) 实现横浇竖冷的方法

图 8-9 曲轴的横浇竖冷

2. 铸造工艺

曲轴铸型装配如图 8-10 所示。其铸造工艺采用一箱两支曲轴，分型面通过 1、6 连杆颈和主轴颈轴线，第 2、3、4、5 连杆颈分别由砂芯形成以便于起模。

造型设备典型的有空气气冲造型线、静压造型线、DISA 造型线和高压多触头造型线等，全线配备自动浇注机、自动下芯机和抓件机械手。全线采用计算机自动控制，液压传动或伺服电动机控制。

砂处理一般是旧砂经过破碎、磁选、筛分、冷却，加入新材料混合成合格的型砂。主要设备有混砂机、砂冷却器、筛砂机、磁选机及机械化运输装置。造型用原材料应符合企业的铸造原材料技术标准，原材料的验收入库、存放、检验和使用等应符合企业的管理制度，严格禁止混料。原材料中原砂、煤粉、膨润土或黏土等主要参数指标应该定期复检。球墨铸铁曲轴的铸型紧实度高，型砂应具有较高的湿压强度和透气性，水分尽量低。

造型应根据所选用的造型设备依据企业的工艺规程进行操作。一般上型砂型硬度应大于 90，下型硬度大于 90，侧边硬度大于 80，用 B 型砂型硬度计测量。

制芯选用低氮树脂砂，抗拉强度为 2.3 ~ 2.8MPa，有效存放时间为 3h。热芯盒混砂机可选叶片式混砂机。

浇注时铁液必须迅速充满浇口杯。浇注过程中不能断流，保证浇口杯始终充满铁液，先快后慢，收流要稳。浇注温度为 1420 ~ 1340℃。浇注前，用热电偶测温。一包铁液要在 12min 内浇注完毕，防止球化衰退。球化衰退抽检取样应取自浇注完末型后包内的剩余铁液。

曲轴在砂型内冷却 50min，温度在 600℃以下，方可进行落砂。

球墨铸铁曲轴的清理、检查流程图如图 8-11 所示。

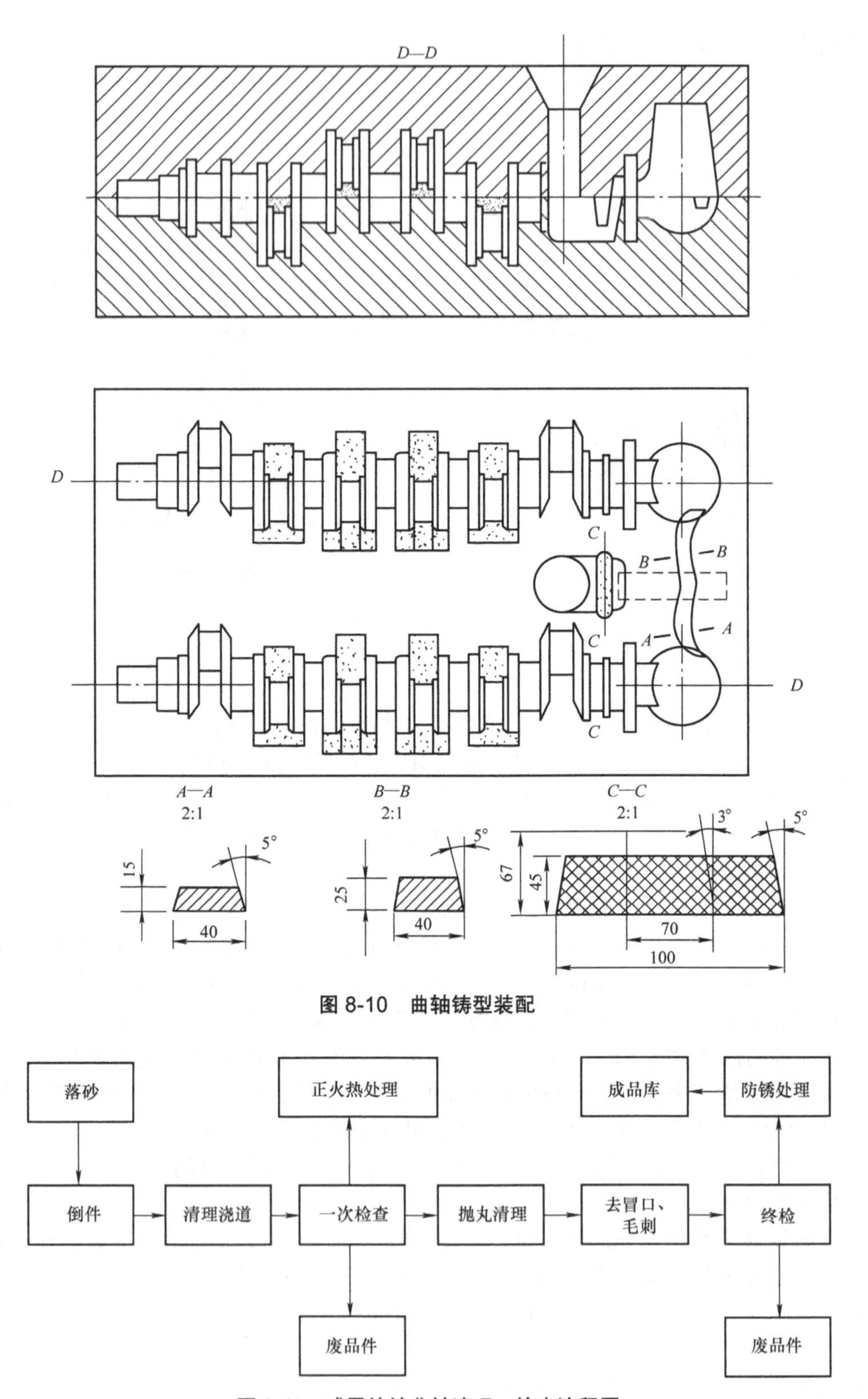

图 8-10 曲轴铸型装配

图 8-11 球墨铸铁曲轴清理、检查流程图

3. 精密铸造变速器拨叉（水玻璃工艺）的熔模铸造工艺流程

精密铸造变速器拨叉工艺流程图如图 8-12 所示。

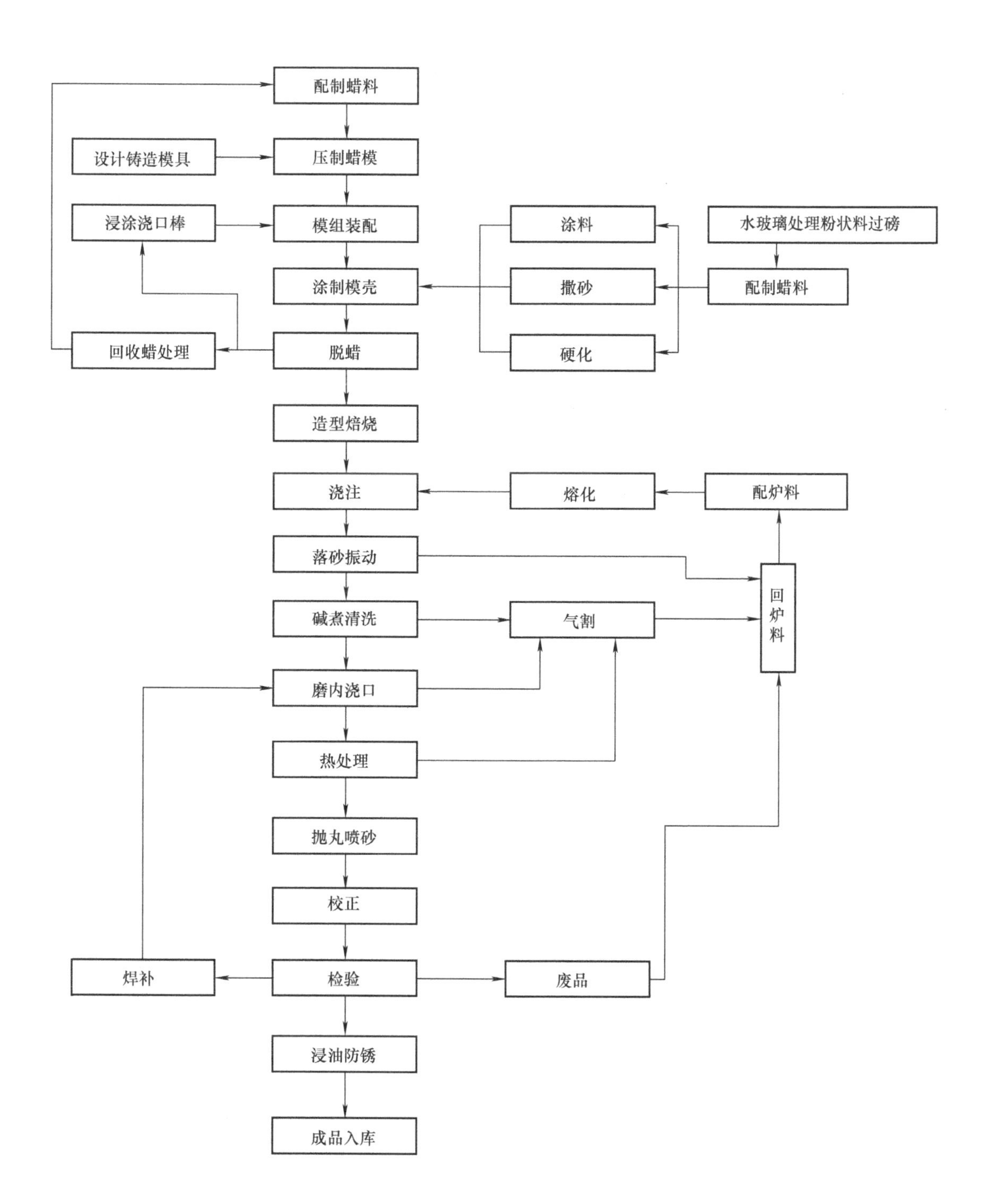

图 8-12 精密铸造变速器拨叉工艺流程图

生产实习思考题

1. 铸造生产得到广泛应用的原因是什么?

2. 举例说明机器造型在企业生产中是如何应用的。

3. 简述你在实习现场所了解的熔模铸造工艺过程。

4. 举例说明生产实习现场为提高铸件尺寸精度所采取的措施有哪些。

5. 举例说明生产实习现场应用了哪些先进铸造技术及工艺装备。

6. 简述生产实习现场的一条铸造生产线(布局、设备、工艺装备、工艺过程及产品特点等)。

第九章　锻造与冲压

第一节　概　述

一、锻造

1. 锻造定义

锻造是指在锻锤的冲击力或压力机的静压力的作用下，使加热的金属坯料产生局部或全部的塑性变形，获得一定形状、尺寸和力学性能的原材料、毛坯或零件的加工方法。以锻造加工方法获得的金属制件称为锻件。

与切削加工相比，在锻造成形过程中坯料的质量和体积基本不变，只是形状和尺寸发生变化。锻件的组织致密，力学性能显著提高，且具有较高的生产效率和较好的成形精度，因此锻件被广泛应用于承受重载或冲击载荷的重要零件和毛坯的制造，特别是在铁路、汽车、拖拉机、宇航、船舶、电器和日用品等工业部门。

锻造材料应具有良好的塑性，常用的锻造材料有钢、铜、铝及其合金等。

锻造用钢分为钢锭和钢坯。大中型锻件宜选用钢锭，小型锻件宜选用钢坯。钢坯是钢锭经轧制或锻造而成的圆形或方形棒料，一般用剪切、锯削或氧气切割等方法截取所需的坯料。

2. 锻造方法

锻造可分为自由锻、胎模锻和模锻。

（1）自由锻　自由锻是指用简单的通用工具或在锻造设备的上、下砧间直接使坯料自由塑性变形而获得锻件的加工方法。根据设备和操作方式的不同，自由锻造可分为手工自由锻和机器自由锻，机器自由锻又分为锤上自由锻和液压机上自由锻。自由锻使用的工具简单、操作灵活，但锻件的成形精度低，生产效率低，主要适用于单件小批量或单件、巨型锻件的生产。

（2）胎模锻　胎模锻是在自由锻设备上，使用简单的不固定模具（胎模）生产锻件的锻造方法。胎模按其结构可分为摔模、扣模、套筒模和合模等。摔模适用于锻造回转体轴类锻件；扣模适用于生产非回转体锻件的局部或整体成型，或为合模锻造坯；套筒模适用于生产回转体盘类锻件；合模适用于生产复杂的非回转体锻件。

（3）模锻　模锻是利用模具使坯料在模膛内成形而获得锻件的加工方法，它适用于成批或大量生产。模锻可分为锤上模锻和压力机上模锻。模锻与自由锻相比，能生产形状复杂的锻件，精度高、表面质量好、生产率高，易于实现自动化，适用于批量生产中小型毛坯（汽车的曲轴、连杆、齿轮等）和日用五金工具（锤子、扳手等）等。但模锻的设备投资大，生产准备周期长，尤其是锻模的设计制造周期长，成本高，工艺灵活性差。

常用锻造方法的比较见表 9-1。

表 9-1　常用锻造方法的比较

<table>
<tr><th colspan="2">锻造方法</th><th>使用设备</th><th>适用范围</th><th>生产率</th><th>锻件精度
表面质量</th><th>模具
特点</th><th>模具
寿命</th><th>劳动
条件</th><th>环境
影响</th></tr>
<tr><td colspan="2" rowspan="3">自由锻</td><td>空气锤</td><td>小型锻件，单件小批量生产</td><td rowspan="3">低</td><td rowspan="3">低</td><td rowspan="3">采用通用工具，无专用模具</td><td rowspan="3">-</td><td rowspan="3">差</td><td rowspan="3">振动、噪声大</td></tr>
<tr><td>蒸汽-空气锤</td><td>中型锻件，单件小批量生产</td></tr>
<tr><td>水压机</td><td>大型锻件，单件小批量生产</td></tr>
<tr><td rowspan="3">模锻</td><td>锤上模锻</td><td>蒸汽-空气锤
无砧座锤</td><td>中小型锻件，大批量生产，适合锻造各类型模锻件</td><td>高</td><td>中</td><td>锻模固定在锤头和砧座上，模膛复杂、造价高</td><td>中</td><td>差</td><td>振动、噪声大</td></tr>
<tr><td>曲柄压力机上模锻</td><td>热模锻
曲柄压力机</td><td>中小型锻件，大批量生产，不宜进行拔长和滚压工序</td><td>高</td><td>高</td><td>组合模，有导柱、导套和顶出装置</td><td>较高</td><td>好</td><td>振动、噪声较小</td></tr>
<tr><td>摩擦压力机上模锻</td><td>摩擦压力机</td><td>小型锻件，中批量生产，可进行精密模锻</td><td>较高</td><td>较高</td><td>一般为单膛锻模</td><td>中</td><td>好</td><td>振动、噪声较小</td></tr>
<tr><td colspan="2">胎模锻</td><td>空气锤
蒸汽-空气锤</td><td>中小型锻件，中小批量生产</td><td>较高</td><td>中</td><td>模具简单，且不固定在设备上，取换方便</td><td>较低</td><td>差</td><td>振动、噪声大</td></tr>
</table>

3. 锻造工艺

锻造生产的工艺过程为：下料→加热→锻造→冷却→热处理→清理→检验。

连续铸造连续轧制（连铸连轧）是把液态钢倒入连铸机中轧制出钢坯（称为连铸坯），然后不经冷却，在均热炉中保温一定时间后直接进入热连轧机组中轧制成型的钢铁轧制工艺。这种工艺巧妙地把铸造和轧制两种工艺结合起来，相比于传统的先铸造出钢坯后经加热炉加热再进行轧制的过程具有简化工艺，改善劳动条件，增加金属收得率，节约能源，提高连铸坯质量，便于实现机械化和自动化的优点。

随着科学技术的发展，锻造发展了各种特殊的成形锻件的方法，称为特种锻造，它主要适用于高速发展的工业对锻件生产的要求，使锻件更多地直接成为零件，实现少、无切削加工及生产过程的机械化和自动化。特种锻造常用的有精密模锻、粉末锻造、电镦、辊轧、旋转锻造、摆动辗压、多向模锻和超塑性锻造等。

二、冲压

1. 冲压定义

冲压（板料冲压）是利用冲模和冲压设备对金属板料进行分离或变形，从而获得所需形状和尺寸的毛坯或零件的加工方法。冲压一般是在冷态下进行的，故又称冷冲压。当板料厚度大于 8 ~1 0mm 时，才采用热冲压。

冲压具有以下特点：

1）材料利用率高，可加工成型薄壁、形状复杂的零件。

2）冲压件具有较高的尺寸精度和较低的表面粗糙度，互换性能好，可直接装配使用。

3）产品质量轻，有较高的强度和刚度。

4）生产效率高，操作简单，工艺过程易实现机械化和自动化。

但冲模结构复杂，设计制造费用高，适用于大批量生产。对于小批量、多品种生产时可采用简易冲模，同时引进冲压加工中心等新型设备。

冲压使用的坯料是低碳钢、铜合金、镁合金及塑性良好的合金钢，经轧制的板料、成卷的条料及带料，其厚度一般不超过 10mm 。

冲压生产的常用设备是压力机和剪床。压力机是用来实现冲压工序的，是冲压生产的基本设备。剪床是将板料切成一定宽度的条料，是冲压生产的备料设备。

冲压广泛应用于制造金属成品的工业部门，尤其在汽车、机电、航空、军工、电子、仪表和日用品等工业中，占有极其重要的地位。

2. 冲压工艺

冲压生产的工艺过程如下：

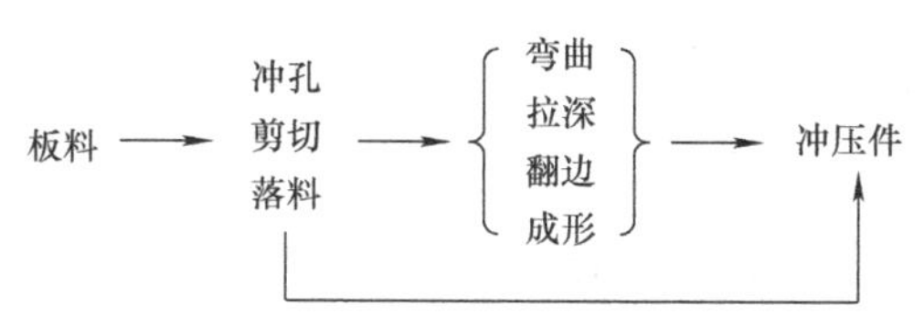

锻造和冲压的新工艺发展方向主要是发展省力成形工艺和提高成形的柔度及精度。省力成形工艺是通过改善成形工序的应力状态或减少接触面积，或在特高温、低应变速率下完成加工的方法。属于这类成形工艺的有超塑性成形、液态模锻、旋压、辊锻和摆动辗压等。提高成形的柔度及精度是锻压生产在市场中具有竞争力的重要因素，提高成形的柔度主要是从设备的运动功能（多向多动压力机、快换模系统、数控系统）和成形方法（无模成形、单模成形、点模成形）着手实现的。提高成形的精度主要采用等温锻造来实现精锻。

第二节 锻造与冲压生产实例

一、连接叉锻件在热模锻压力机上的模锻

连接叉锻件属长轴类锻件，叉部截面面积与杆部截面面积有显著差别。若在锤上模锻，需拔长、滚挤制坯。由于热模锻压力机不便于这类制坯操作，故用局部镦粗方法来代替。连接叉锻件在热模锻压力机上模锻，其工步及其锻模如图 9-1 所示。第Ⅰ工步，将加热好的毛坯竖起放入锻模镦粗型槽 1 进行镦粗，使之接近于计算毛坯直径图外形尺寸；第Ⅱ工步，毛坯水平放置在预锻模 2 中进行预锻，使叉部初步成形；第Ⅲ工步，在终锻模 3 中进行终锻。

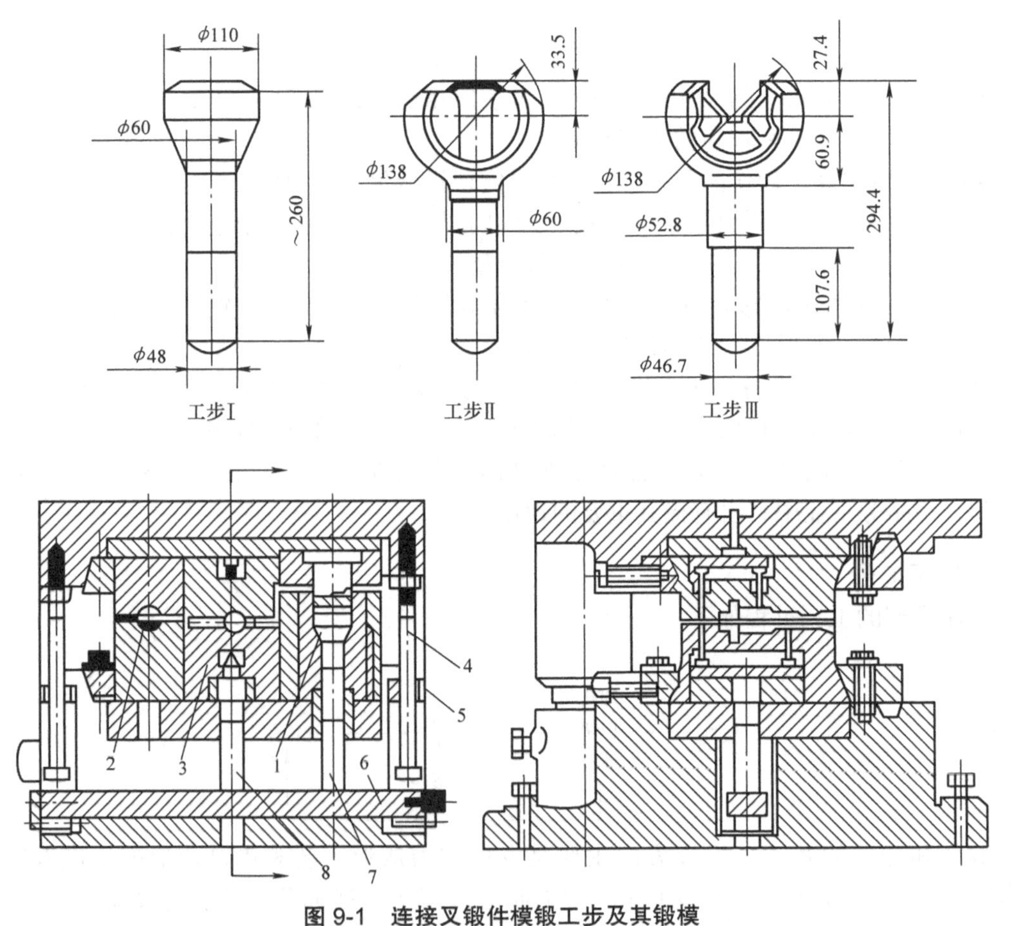

图 9-1 连接叉锻件模锻工步及其锻模

1—粗型槽 2—预锻模 3—终锻模 4—拉杆 5—托架 6—横梁 7、8—顶杆

连接叉锻模的主要特点是镦粗和终锻采用了特殊下顶件装置，即由连接于上模座的拉杆 4，通过托架 5 带动横梁 6 托起顶杆 7 和 8，将工件从下型槽顶出。终锻模的上顶出器，仍依靠锻压机上顶杆的推压作用实现顶件。

二、轿车左、右侧围外板的冲压工艺

轿车左、右侧围外板冲压工艺见表 9-2。

表 9-2 轿车左、右侧围外板冲压工艺

工序	工艺说明	设备	简图
4	修边冲孔	单动压力机 10000kN	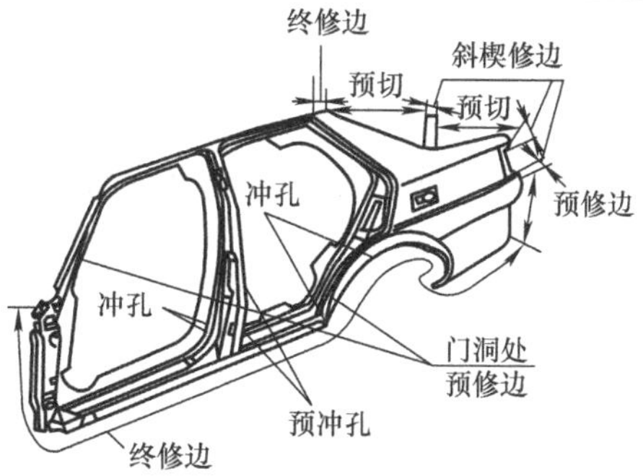 终修边 斜楔修边 预切 预切 冲孔 预修边 冲孔 门洞处 预修边 预冲孔 终修边
5	翻边整形冲孔	单动压力机 10000kN	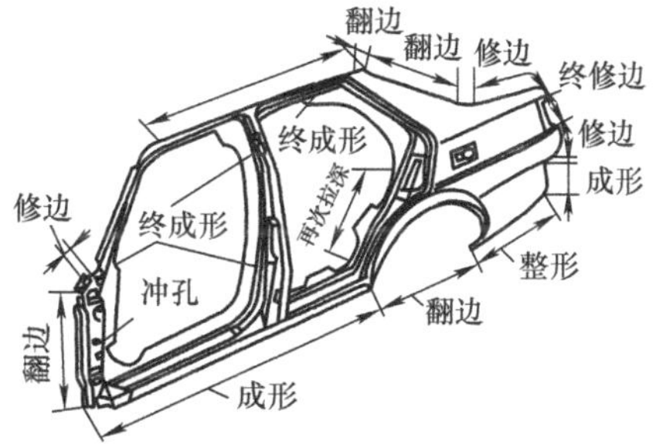 翻边 翻边 修边 终修边 终成形 修边 修边 成形 终成形 再次拉深 冲孔 整形 翻边 翻边 成形
6	翻边整形冲孔	单动压力机 10000kN	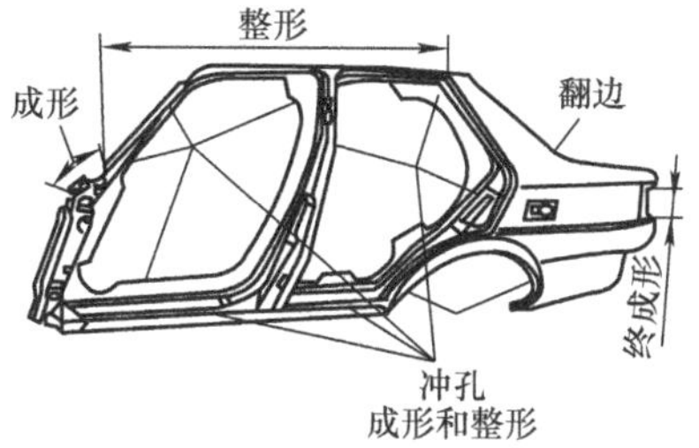 整形 成形 翻边 终成形 冲孔 成形和整形
7	修边冲孔	单动压力机 10000kN	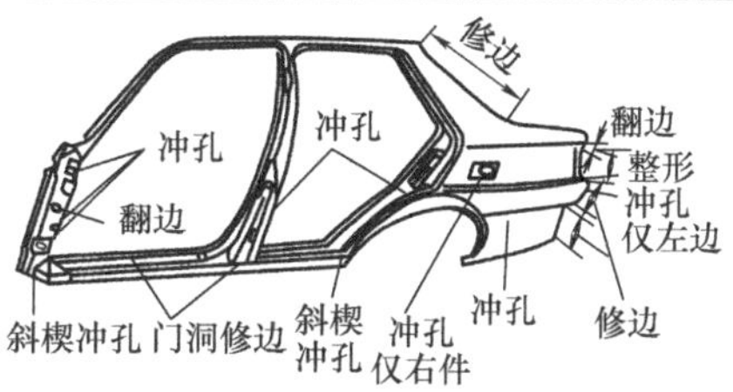 修边 冲孔 冲孔 翻边 整形 冲孔 仅左边 翻边 斜楔冲孔 门洞修边 斜楔冲孔 冲孔 仅右件 冲孔 修边
8	修边冲孔整形	单动压力机 10000kN	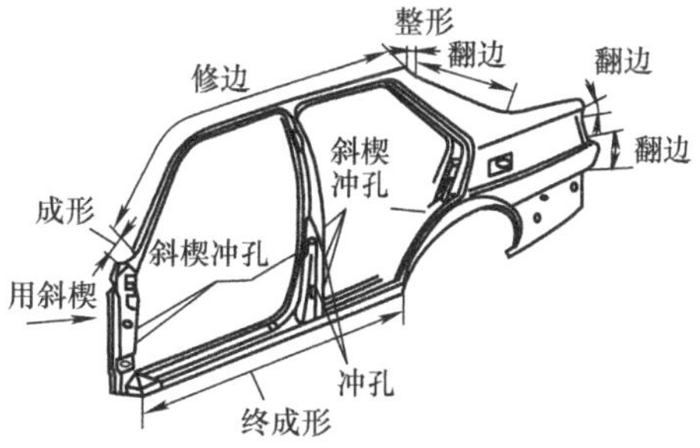 整形 翻边 翻边 修边 翻边 斜楔冲孔 成形 斜楔冲孔 用斜楔 冲孔 终成形

生产实习思考题

1. 与铸造相比，锻造生产有何特点？锻件为何比铸件有较高的力学性能？

2. 简述在生产实习现场所了解的锻造设备、锻造方法以及其所生产的锻件。

3. 简述生产实习现场的一条模锻生产线（布局、设备、锻模类型、工艺装备、工艺过程及产品特点等）。

4. 冲压生产有何特点？应用范围如何？

5. 简述生产实习现场的一条冲压生产线（布局、设备、工艺装备、工艺过程及产品特点等）。

第十章 焊　接

第一节 概　述

焊接是指通过局部加热或加压，或同时加热加压，使两块分离的金属借助于金属内部原子的结合力而形成永久性连接的加工方法。它是用来制造各种金属构件和机械零件的重要加工方法之一。焊接的对象称为焊件，用焊接方法将焊件连接起来所得到的金属结构称为焊接结构。

焊接方法具有以下特点：

1）节省材料与工时。金属结构制造时，用焊接代替铆接，一般可节省金属材料 15% ~ 20%。制造运输设备时，用焊接代替铆接可减轻自重，提高运输效率。

2）能化大为小，拼小成大。在制造大型结构或复杂的机器零部件时，可通过化大为小、化复杂为简单的方法准备坯料，用逐次装配焊接的方法拼小成大。

3）可实现不同材料间的连接成型。比如铜 – 铝连接，高速钢 – 碳钢连接，碳钢 – 合金钢连接。

4）可生产要求密封性的构件。比如焊接锅炉、高压容器、储油罐和船体等重量轻、密封性好、工作时不渗漏的空心构件。

焊接方法按其焊接过程的特点可分为熔化焊、压力焊及钎焊三大类。常用焊接方法的综合比较见表 10-1。

表 10-1　常用焊接方法的综合比较

<table>
<tr><th>焊接方法</th><th colspan="2">主要特点</th><th>应用范围</th></tr>
<tr><td>气焊</td><td colspan="2">利用可燃气体与氧混合燃烧的火焰，加热焊件。设备简单，移动方便。但加热区较宽，焊接变形较大，生产率低</td><td>适用于各种黑色金属和有色金属的焊接，特别是薄件、管件全位置焊接</td></tr>
<tr><td>焊条电焊弧</td><td rowspan="3">利用电弧热熔化焊件和焊接</td><td>设备简单，操作灵活方便，适应性强</td><td>适用于各种钢和某些有色金属的焊接，尤其适宜短小弯曲焊缝的焊接</td></tr>
<tr><td>埋弧焊</td><td>焊接过程稳定，焊缝美观漂亮，质量好，生产率高</td><td>适用于碳钢、低合金钢等材料的中厚板平焊</td></tr>
<tr><td>CO_2 气体保护焊</td><td>明弧无渣，焊缝致密，变形小，易于实现全位置焊接，生产效率较高，焊接质量较好</td><td>适用于碳钢、低合金钢的焊接</td></tr>
</table>

（续）

焊接方法	主要特点		应用范围
氩弧焊	利用电弧热熔化焊件和焊接	除具有 CO_2 气体保护焊的特点外，还具有电弧稳定、无飞溅、焊接质量好的特点，但成本较高	适用于合金钢、不锈钢、铝、铜、钛等金属的焊接
电渣焊	利用电流通过熔渣产生的热来熔化金属，晶粒易粗大，焊后要热处理		适用于碳钢、低合金钢厚壁结构以及厚大铸钢件、锻件的拼接
等离子弧焊	等离子弧温度高，热量集中，焊缝成形好，但焊接成本比氩弧焊还高		适用于碳钢、低合金钢厚壁结构，钛、铜、镍等材料的焊接。微束等离子弧焊可焊金属箔及细丝
电子束焊	利用高能量密度的电子束轰击焊件产生热能加热焊件。焊缝深而窄、变形小，焊接成本比等离子弧焊高		适用于活性金属与难熔金属的焊接，也可焊接某些非金属材料
激光焊	利用经聚集后具有高能量密度的激光束熔化金属。焊接精度高，焊接变形小，成本高		适用于钨、钼、钽等难熔金属及异种金属材料的焊接，特别适用于焊接导线、微薄材料、微电子元器件
电阻焊	利用电流通过焊件产生的电阻热加热焊件，并在压力下焊接。不加填充金属，机械化、自动化程度高，生产效率高		适用于钢、铝、铜等材料的焊接，但点焊、缝焊、凸焊只能焊接薄板结构件；闪光对焊、电阻对焊只能焊棒料或型材等结构件
摩擦焊	利用焊件端面互相摩擦产生的热能，施加一定压力而形成焊接接头，生产效率高，易于机械化、自动化		适用于铝、铜、钢及异种金属圆截面工件的焊接
钎焊	利用熔点比母材低的钎料作为填充金属，将零件和钎料加热到钎料熔化，液态钎料润湿母材，填充接头间隙、并与母材相互溶解和扩散而连接焊件。工件加热温度低、变形小、尺寸精确，可焊异种接头，并一次可焊多条接缝组成复杂结构		烙铁钎焊适用于钎接导线电路板及进行一般薄板的焊接；火焰钎焊适用于钢、硬质合金、铸铁、铜及其合金、铝及其合金的焊接；炉中钎焊、浸渍钎焊适用于结构复杂的焊接件及多焊缝的焊件

焊接是材料成形的一种重要工艺方法，在现代国民经济生产中占有重要地位。焊接结构件广泛地应用于机车车辆、铁路桥梁、机器制造、汽车、拖拉机、船舶、飞机、核电站以及尖端科学技术等领域。

焊接技术的新工艺发展主要体现在焊接热源的研究开发、焊接生产效率的提高和焊接机器人的应用等方面。焊接机器人在现代焊接生产中的大量应用，是焊接自动化的革命性进步，它突破了焊接刚性自动化的传统方式，开拓了一种柔性自动化的新方式，实现了小批量产品焊接自动化，为焊接柔性生产线提供了技术基础。

第二节　焊接生产实例

一、低压储气罐的焊接

图 10-1a 所示为低压储气罐设计图，其壁厚为 8mm，压力为 1.0MPa，温度为常温，介

质为压缩空气，大批量生产。

低压储气罐的结构为筒节、封头焊合成的筒体，储气罐由筒体及4个法兰管座焊合而成，图10-1b所示为低压储气罐装配焊接图。根据技术参数，考虑到封头拉深、筒节卷圆、焊接工艺及成本，筒节、封头及法兰选用普通碳素结构钢（Q235A），短管选用优质碳素结构钢（10钢）。

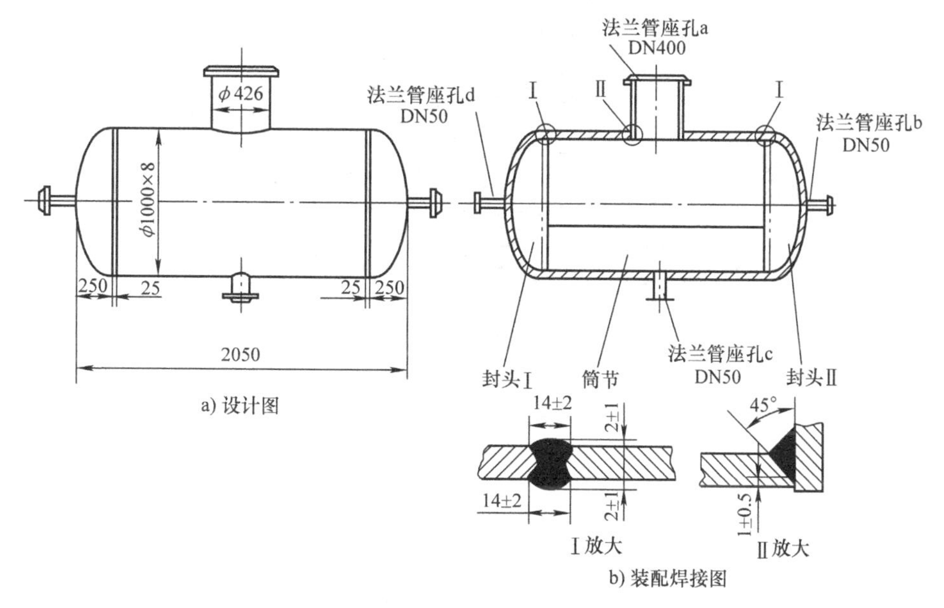

图10-1 低压储气罐设计装配示意

筒节的纵焊缝和筒节与封头相连处的两条环焊缝均采用对接I形坡口双面焊，法兰与短管焊合采用不开坡口角焊缝，法兰管座与筒体焊合采用开坡口角焊缝。

采用焊条电弧焊方法焊接各条角焊缝，焊条选用E4303（J422），选用弧焊变压器。采用埋弧焊方法焊接环焊缝，以保证质量，提高生产效率，焊丝选用H08A，配合焊剂HJ431。

低压储气罐主要工艺流程如图10-2所示。

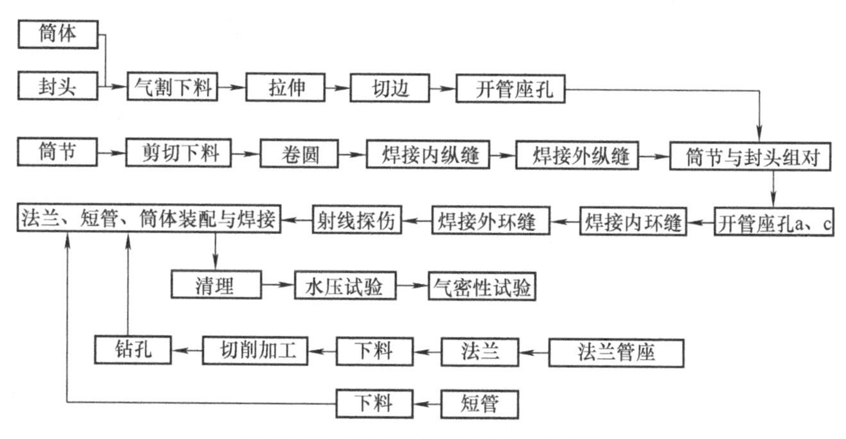

图10-2 低压储气罐主要工艺流程

二、驾驶室的焊接

图 10-3 所示为某型号的驾驶室，其装配和焊接用逐步增长的方法来实现。

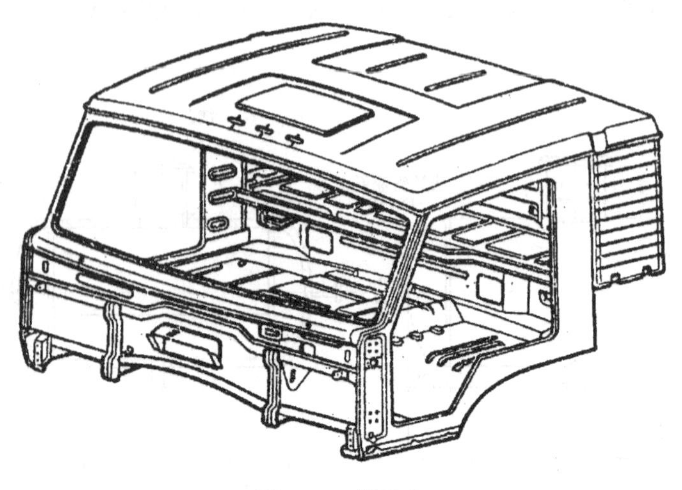

图 10-3 驾驶室

由于装配工序的难度大于焊接工序，所以驾驶室的装配工序在两条平行的机械化线 I 和 II 上进行，而焊接工序在一条自动线IV上进行，如图 10-4 所示。

在每条装配线的起点，两名操作工从悬挂式传送带上取下驾驶室的底板和前身，并把它们放到多极焊机 1 的刚性夹具中，按工艺孔固定，用气动夹具压紧。焊后，步进传送带依次将装配好的组合件送往装配台 2、3、4、5 安装侧壁框架、后框架和顶盖板。在每一个这样的工位上，升降工作台把组合件从传送带上取下，按工艺孔固定，然后在组合件上安放例行装配单元并定位。

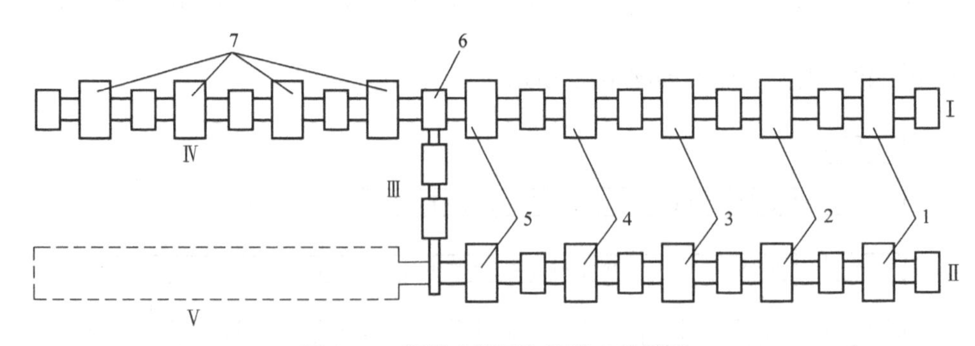

图 10-4 驾驶室装配和焊接工段简图

横向传送带III把平行的装配线联系起来，装配好的驾驶室交替从 I 线或从 II 线送到焊接线IV传送带的装卸工位 6 上。为了对上述驾驶室装配和焊接生产线的焊接工段IV加以补充，还装备有配置 14 台机器人的工段 V。这些机器人在自动循环中完成驾驶室的电阻焊。

由于驾驶室的焊接生产线有 4 台多电极电阻焊机 7，而且自动工作，所以其工作可靠性与每个工位上将被焊边缘送往焊机电极下的准确度直接有关。由于驾驶室定位的有限准确度，其元件的制造误差以及把它们装配成立体组合件所引起的总偏差非常大，所以需要对它们进行补偿。对上述生产线来说，这样的补偿可以用自动定位的浮动型焊枪来实现，如图 10-5 所示。如果它们对设计位置的偏差不超出弹簧 3 的压缩极限，自动定位由焊枪壳体 2 围绕轴 1 旋转的可能性来保证，它能把限位板 4 送到被焊边缘并靠紧。

驾驶室焊接生产线的工艺流程是把以定位焊装配好的驾驶室送往第一台焊机，这里借助于升降装置把驾驶室固定在工作位置，如图 10-6 所示。把用弹簧 3 和铰链 2 固定在横梁 1、6、8 上的焊枪 4 送到被焊边缘直到挡板 5。焊后，把驾驶室放到步进传送带上并转入下一个工位。

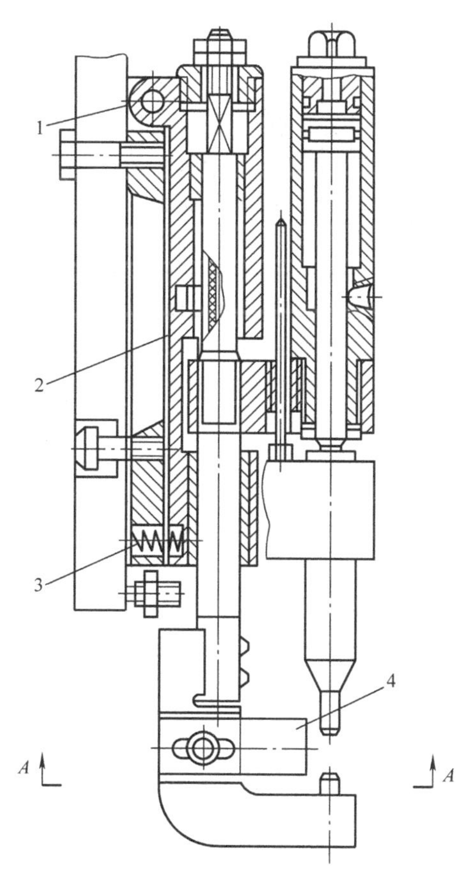

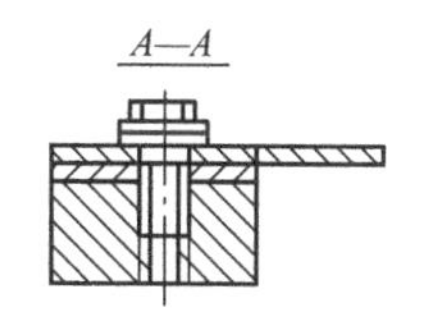

图 10-5 浮动型焊枪

1—轴 2—焊枪壳体 3—弹簧 4—限位板

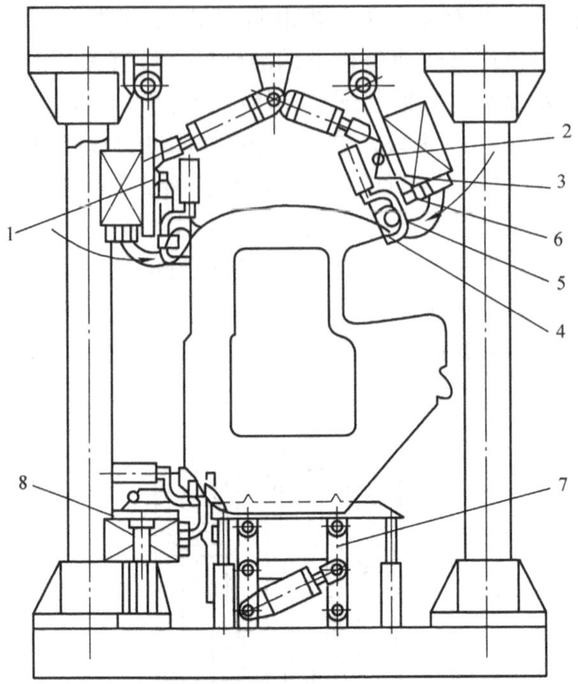

图 10-6　驾驶室在多电极焊机上焊接

1、6、8—横梁　2—铰链　3—弹簧　4—焊枪　5—挡板　7—电焊机

生产实习思考题

1. 简述焊接生产的特点及应用范围。

2. 简述生产实习现场所了解的焊接设备、焊接方法以及其所生产的焊件。

3. 举例说明生产实习现场应用了哪些先进焊接技术及工艺装备。

4. 简述生产实习现场的一条焊接生产线（布局、设备、工艺装备、工艺过程及焊件等）。

第四篇　智能制造技术实习

第十一章　智能制造技术概论

第一节　智能制造技术发展的意义与趋势

一、智能制造技术发展的意义

以数字技术、智能技术为基础，在互联网、物联网、云计算和大数据的支持下，制造模式、商业模式、产业形态将发生重大变化。

（1）个性化的批量定制生产将成为趋势　通过互联网，制造企业与客户、市场的联系更为密切，用户可以通过创新设计平台将个性化需求及时传送给制造商，或直接参与产品的设计，而柔性制造系统可以高效、经济地满足用户的需求。

（2）智能化生产系统快速发展　数字化、智能技术使数字化制造装备快速发展，大幅度提升了生产系统的功能、性能与自动化程度，技术的集成进一步形成数字化车间和数字化工厂，使生产系统的柔性自动化程度不断提高，并向具有信息感知、优化决策、执行控制等功能特征的智能化生产系统方向发展。

（3）创新了制造工艺　数字化、智能技术催生了加工原理的重大创新，工艺数据的积累、加工过程的仿真与优化、数字化控制、状态信息实时检测与自适应控制等数字化、智能技术的全面应用，优化了制造工艺。极大地提高了制造的精度和效率，大幅度提升了制造工艺水平。

（4）进入全球化制造阶段　制造资源的优化配置已经突破了企业、社会、国家的界限，正在全球范围内寻求优化配置，物流、资金流、信息流在全球经济一体化及信息网络的支持下流动，已进入全球制造时代。

（5）制造业的产业链优化重构　信息网络和物流系统，使得研发、设计、生产、销售和服务活动可被分解、外包、众包，企业只需专注于自己核心业务的提高，企业竞争力的强弱已不在于拥有资源和核心技术，而是整合社会化、国际化资源的能力。

（6）服务型制造将渐成主流业态　制造业发展的主动权已由生产者向消费者转移，“客户是上帝”的经营理念已成为制造商的普适信念。经济活动已由制造为中心日渐转变为创新与服务为中心，产品经济正在向服务经济过渡，制造业也正在由生产型制造向服务型制造转变。在泛在信息环境下的制造服务业以技术、知识和公共服务为主。融入了信息技术、智能技术的创新设计和服务是服务型制造的核心。

智能制造技术已成为世界制造业发展的客观趋势，世界上主要工业发达国家正在大力推广和应用，发展智能制造符合我国制造业发展的内在要求，是重塑我国制造业新优势，实现转型升级的必然选择。

二、智能制造技术的发展趋势

（1）制造全系统、全过程应用建模与仿真技术　建模与仿真技术是制造业不可或缺的工具与手段。基于建模的工程、基于建模的制造、基于建模的维护作为单一数据源的数字化企业系统建模中的 3 个主要组成部分，涵盖从产品设计、制造到服务的产品全生命周期业务，从虚拟的工程设计到现实的制造工厂直至产品的上市流通，建模与仿真技术始终服务于产品生命周期的每个阶段，为制造系统的智能化及高效研究与运行提供了使能技术。

（2）重视使用机器人和柔性化生产　自动生产线和机器人的使用可以积极应对劳动力短缺和用工成本上涨问题，同时利用机器人高精度操作，可以提高产品品质和作业安全，以工业机器人为代表的自动化制造装备在生产过程中的应用日趋广泛。

（3）物联网和务联网在制造业中作用日益突出　通过物联网、服务计算、云计算等信息技术与制造技术融合，构成制造务联网，实现软硬件制造资源和能力的全系统、全生命周期、全方位透彻的感知、互联、决策、控制、执行和服务化，使得从入场物流配送到生产、销售、出厂物流和服务，实现泛在的人、机、物、信息的集成、共享、协同与优化的云制造。

（4）普遍关注供应链动态管理、整合与优化　供应链管理更多地应用物联网、互联网、人工智能、大数据等新一代信息技术，更倾向于使用可视化的手段来显示数据，采用移动化的手段来访问数据，更加重视人机系统的协调性，实现人性化的技术和管理系统。企业通过供应链的全过程管理、信息集中化管理、系统动态化管理实现整个供应链的可持续发展，缩短满足客户订单的时间，提高价值链协同效率，提升生产效率，使全球范围的供应链管理更具效率。

（5）增材制造技术发展迅速　增材制造技术（3D 打印技术）是综合材料、制造信息技术的多学科复合型技术，以数字模型文件为基础，运用粉末状的沉积、黏合材料，采用分层加工或叠加成形的方式逐层增加材料来生成三维实体，突出的特点是无须机械加工或模具，就能直接从计算机数据库中生成任意形状的物体，从而缩短研制周期，提高生产效率和降低生产成本。增材制造技术与云制造技术的融合将是实现个性化、社会化制造的有效制造模式与手段。

智能制造技术的发展趋势是：信息网络技术加强智能制造的深度，网络化生产方式扩大智能制造的宽度，基础性标准化再造推动智能制造的系统化，物联网等新理念系统性改造智能制造的全局面貌。

第二节　智能制造技术内涵与特征

一、智能制造技术的内涵

智能制造一般指综合集成信息技术、先进制造技术和智能自动化技术，通过配合新能源、新材料、新工艺，在制造企业的各个环节（比如经营决策、采购、产品设计、生产计划、制造、装配、质量保证、市场销售和售后服务等）融合应用，实现企业研发、制造、服务和管理全过程的精确感知、自动控制、自主分析和综合决策，能动态适应制造环境的变化，具有高度感知化、物联化和智能化特征的一种新型制造模式，从而实现有效缩短产品研制周期，降低运营成本，提高生产效率，提升产品质量和降低资源能源消耗等目标。

虚拟网络和实体生产的相互渗透是智能制造的本质。一方面，信息网络将彻底改变制造业的生产组织方式，大大提高制造效率；另一方面，生产制造将作为互联网的延伸和重要结点，扩大网络经济的范围和效应。以网络互联为支撑，以智能工厂为载体，构成了制造业的最新形态，即智能制造。从软硬件结合的角度看，智能制造是一个“虚拟网络 + 实体物理”的制造系统。

智能制造主要包括智能制造技术与智能制造系统两大关键组成要素和智能设计、智能生产、智能产品、智能管理与服务四大环节。智能制造的具体内容主要包括制造装备的智能化、设计过程的智能化、加工工艺的优化、管理的信息化和服务的敏捷化 / 远程化。

智能制造技术是制造技术与数字技术、智能技术及新一代信息技术的融合，是面向产品全生命周期的智能设计、智能加工、智能监测与控制、智能管理、智能运维与智能服务等专门技术及其集成，实现了大数据、人工智能、3D 打印、物联网、仿真等新型技术与制造技术的深度融合，具有学习、组织、自我思考等功能，能够对生产过程中产生的问题进行自我分析、自我推理、自我处理，同时对智能化制造运行中产生的信息进行存储，对自身知识库不断积累、完善、共享和发展。

智能制造系统是指应用智能制造技术，达成全面或部分智能化的制造过程或组织，按其规模与功能可分为智能机床、智能加工单元、智能生产线、智能车间、智能工厂和智能制造联盟等层级。智能制造系统就是要通过集成知识工程、智能软件系统、机器人技术和智能控制等来对制造技术与专家知识进行模拟，最终实现物理世界和虚拟世界的衔接与融合，使得智能机器在没有人干预的情况下进行生产。智能制造系统相较于传统制造系统更具智能化的自治能力、容错功能、感知能力和系统集成能力。

智能制造要求设备之间、人与设备之间、企业之间、企业与客户之间实现无缝网络链接，实时动态调整，进行资源的智能优化配置。它以智能技术和系统为支撑点，以智能工厂为载体，以智能产品和服务为落脚点，大幅度提高生产效率、生产能力。

二、智能制造技术的特征

智能制造的特点在于实时智能感知、智能优化决策、智能动态执行等方面，在制造全球化、产品个性化、“互联网+制造”的大背景下，智能制造体现出如下特征：

（1）数据的实时感知　智能制造需要大量的数据支持，通过利用高效、标准的方法进行信息采集、自动识别，并将信息传输到分析决策系统。

（2）优化决策　通过面向产品全生命周期的海量异构信息的挖掘提炼、计算分析、推理预测，形成优化制造过程的决策指令。

（3）动态执行　根据决策指令，通过执行系统控制制造过程的状态，实现稳定、安全运行和动态调整。

（4）自律能力　“智能机器”具备搜集与理解环境和自身的信息，并进行分析判断和规划自身行为的能力。而具备自律能力的“智能机器”是智能制造不可或缺的条件。

（5）资源的智能优化配置　信息网络具有开放性、信息共享性，由信息技术与制造技术融合产生的智能化、网络化的生产制造可跨地区、跨地域进行资源配置，突破了原有的本地化生产边界。

（6）产品高度智能化、个性化　智能制造产品通过内置传感器、控制器、存储器等技术，具有自我监测、记录、反馈和远程控制功能。

（7）人机一体化　突出人在制造系统中的核心地位，同时在智能机器的配合下更好地发挥出人的潜能，使人机之间表现出一种平等共事、相互“理解”、相互协作的关系，使两者在不同的层次上各显其能，相辅相成。因此，在智能制造系统中，高素质、高智能的人将发挥更好的作用，机器智能和人类智能将真正地集成，相互配合、相得益彰。

（8）自组织与超柔性　智能制造系统中的各组成单元能够依据工作任务的需要自行组成一种最佳的组织结构，这种柔性不仅表现在运行方式上，还表现在结构形式上，所以称其为超柔性。

新一代信息技术极大地推动了新兴制造模式的发展，其中具有代表性的先进制造模式包括：以社会化媒体/Web2.0为支撑平台的社会化企业，以云计算为使能技术的云制造，以物联网为支撑的制造物联，以泛在计算为基础的泛在制造，以信息物理系统为核心的工业4.0下的智能制造，以大数据为驱动力的预测制造乃至主动制造等。

第三节　智能制造技术体系与应用

一、智能制造技术体系

智能制造技术体系主要包括制造智能、智能装备、制造系统、智能服务和智能工厂等，如图11-1所示。

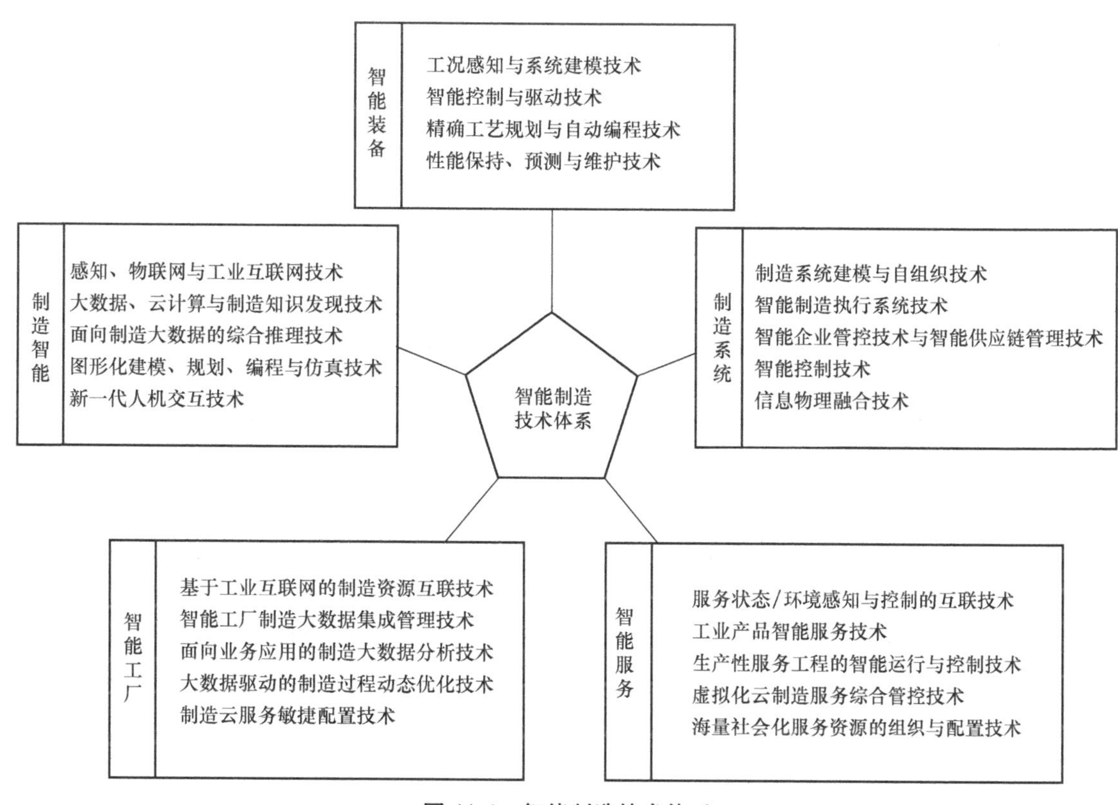

图 11-1　智能制造技术体系

1. 制造智能

制造智能主要是智能感知与测控网络技术、知识工程技术、计算智能技术、大数据处理与分析技术、智能控制技术、智能协同技术、人机交互技术等。工业互联网、大数据和云计算技术为制造智能的实现提供了一个动态交互、协同操作、异构集成的分布计算平台。智能感知、工业互联网与人机交互是智能制造的基石；大数据和知识是智能制造的核心；推理是智能制造的灵魂，是系统智慧的直接体现。

制造智能的关键技术主要有：①感知、物联网与工业互联网技术；②大数据、云计算与制造知识发现技术；③面向制造大数据的综合推理技术；④图形化建模、规划、编程与仿真技术；⑤新一代人机交互技术。

2. 智能装备

智能装备的关键技术主要有：①工况感知与系统建模技术；②智能控制与驱动技术；③精确工艺规划与自动编程技术；④性能保持、预测与维护技术。

3. 制造系统

制造系统是一种由智能机器和人类专家共同组成的人机一体化智能系统，它在制造过程中能进行分析、推理、判断、构思和决策等智能活动。通过人与智能机器的合作共事，扩大、延伸和部分取代人类专家在制造过程中的脑力劳动。制造系统主要有大批量定制智能制造系统、精密 / 超精密电子制造系统、绿色智能连续制造关键技术与系统、无人化智台制造系统。

制造系统的关键技术主要有：①制造系统建模与自组织技术；②智能制造执行系统技术；③智能企业管控技术与智能供应链管理技术；④智能控制技术；⑤信息物理融合技术。

4. 智能服务

智能服务主要是产品服务和生产性服务。产品服务指制造企业对产品售前、售中及售后的安装调试、维护、维修、回收、再制造和客户关系的服务，强调产品与服务相结合；生产性服务指与企业生产相关的技术服务、信息服务、物流服务、管理咨询、商务服务、金融保险服务、人力资源与人才培训服务等，为企业非核心业务提供外包服务。智能服务采用智能技术、新兴信息技术（物联网、社交网络、云计算和大数据技术等）提高服务状态 / 环境感知，以及服务规划、决策和控制水平，提升服务质量，扩展服务内容，促进现代制造服务业这一新的产业业态的不断发展和壮大。

智能服务发展主要表现为重大装备远程可视化智能服务平台、生产性服务智能运控平台、智能云制造服务平台、面向中小企业的公有云制造服务平台、社群化制造服务平台等具有较大市场的需求。

智能服务的关键技术主要有：①服务状态 / 环境感知与控制的互联技术；②工业产品智能服务技术；③生产性服务过程的智能运行与控制技术；④虚拟化云制造服务综合管控技术；⑤海量社会化服务资源的组织与配置技术。

5. 智能工厂

智能工厂是将智能设备与信息技术在工厂层级完美融合，涵盖企业的生产、质量、物流等环节，是智能制造的典型代表，主要解决工厂、车间和生产线以及产品的设计到制造实现的转化过程。智能工厂发展模式主要有复杂产品研发制造一体化智能工厂、精密产品生产管控智能工厂、包装生产机器人智能工厂、家电产品个性化定制智能工厂等。

智能工厂的关键技术主要有：①基于工业互联网的制造资源互联技术；②智能工厂制造大数据集成管理技术；③面向业务应用的制造大数据分析技术；④大数据驱动的制造过程动态优化技术；⑤制造云服务敏捷配置技术。

智能制造是开始走向个性化定制的新时代，进行网络化和智能化的柔性和协同生产，将出现按需定制的制造模式变革。生产制造系统将具备高度柔性化、个性化以及快速响应市场等特性，将出现消费需求智能感知的制造模式变革，对制造业的生态和业态产生深刻的影响。

二、智能制造技术应用

1. 智能研发

智能研发需要多学科协同配合；需要深入应用仿真技术，建立虚拟数字化样机，实现多学科仿真，通过仿真减少实物试验；需要贯彻标准化、系列化、模块化的思想，以支持大批量客户定制或产品个性化定制；需要将仿真技术与试验管理结合起来，以提高仿真结果的置信度。

2. 智能产品

智能产品通常包括机械、电气和嵌入式软件，具有记忆、感知、计算和传输功能。典型的智能产品目前主要有智能手机、智能可穿戴设备、无人机、智能汽车、智能家电和智能售货机等，智能装备也是一种智能产品。

3. 智能装备

智能装备具有检测功能，可以实现在机检测，从而补偿加工误差，提高加工精度，还可以对热变形进行补偿。智能装备的特点是可将专家的知识和经验融入感知、决策、执行等制造活动中，可赋予产品制造在线学习和知识进化能力。制造装备经历了机械装备到数控装备，目前正在逐步发展为智能装备。典型的智能装备有工业机器人、数控机床、3D 打印装备和智能控制系统等。

4. 智能产线

智能产线在生产和装配过程中，能够通过传感器或射频识别（RFID）自动进行数据采集，并通过电子看板显示实时的生产状态；能够通过机器视觉和多种传感器金相质量检测，自动剔除不合格品，并对采集的质量数据进行统计过程控制（SPC）分析，找出质量问题的成因；支持多种相似产品的混线生产和装配，灵活调整工艺，适应小批量、多品种的生产模式；具有柔性，如果生产线上有设备出现故障，能够调整到其他设备生产；针对人工操作的工位，能够给予智能的提示。

6. 智能车间

车间的智能化，需要对生产状况、设备状态、能源消耗、生产质量和物料消耗等信息进行实时采集和分析，进行高效排产和合理排班，显著提高设备综合效率（OEE）。因此，无论什么制造行业，制造执行系统（MES）成为企业的必然选择。

7. 智能管理

智能管理主要体现在移动应用、云计算和电子商务的结合。制造企业核心的运营管理系统还包括人力资本管理（HCM）、客户关系管理（CRM）、企业资产管理（EAM）、能源管理系统（EMS）、供应商关系管理（SRM）、企业门户（EP）和业务流程管理（BPM）等。近年来主数据管理（MDM）也在大型企业开始部署应用。实现智能管理和智能决策，最重要的条件是基础数据准确和主要信息系统无缝集成。

8. 智能服务

基于传感器和物联网，可以感知产品的状态，从而进行预防性维修、维护，及时帮助客户更换备品、备件，甚至可以通过了解产品运行的状态，给客户带来商业机会，同时可以采集产品运营的大数据，辅助企业进行市场营销的决策。此外，企业通过开发面向客户服务的 APP，也是一种智能服务的手段，可以针对企业购买的产品提供有针对性的服务，从而锁定用户，开展服务营销。

9. 智能工厂

智能工厂的生产过程应实现自动化、透明化、可视化和精益化，同时，产品检测、质量检验和分析、生产物流也应当与生产过程实现闭环集成。一个工厂的多个车间之间要实现信息共享、准时配送、协同作业。智能工厂必须依赖无缝集成的信息系统支撑，主要包括产品生命周期管理（PLM）、企业资源计划（ERP）、客户关系管理（CRM）、软件配置管理（SCM）和能源管理系统（MES）五大核心系统。

10. 智能物流与供应链

制造企业和物流企业的物流中心、智能分拣系统、堆垛机器人、自动辊道系统的应用日趋普及。仓储管理系统（WMS）运输管理系统（TMS）也受到制造企业和物流企业的普遍关注，自动化立体仓库、无人引导小车（AGV）、智能吊挂系统得到了广泛的应用。

在物联网、云计算、大数据等新一代互联网基础设施的支持下，制造业产品、生产流程管理、研发设计、企业管理乃至用户关系将出现智能化趋势，互联网重构了产业生态链及价值链，生产组织方式、要素配置方式、产品形态和商业服务模式都发生变革，已成为撬动智能制造的重要力量，将推动“中国制造”向“中国智造”转型。

生产实习思考题

1. 什么是智能制造？智能制造的发展趋势是什么？
2. 智能制造的特征是什么？
3. 简述智能制造的技术体系。
4. 简述在生产实习现场所了解的智能制造技术的应用。

第十二章　制造过程的智能制造技术

第一节　概　　述

随着科技发展和多品种小批量定制化生产的要求，为确保制造过程可靠高效地运行，必须利用监测系统对其运行过程进行实时监测，并进行有效控制，因此，智能监测与智能控制越来越受到人们的重视，并得到实际应用。

监测与控制系统质量的好坏，直接关系到制造过程能否正常运行，因而监测已成为现代制造过程中最为重要的环节之一。随着人工智能和计算机技术的发展，已经将自动控制和人工智能以及系统科学中的系统工程、系统学、运筹学和信息论结合起来，建立了适用于复杂系统的监测与控制理论与技术。

在制造过程现代化的过程中，已到了涌现以计算机为核心的监测与控制相结合的实用智能系统阶段，如图 12-1 所示。伴随着它们的发展，信号传感技术、数据处理技术及危机控制技术正在飞速发展。

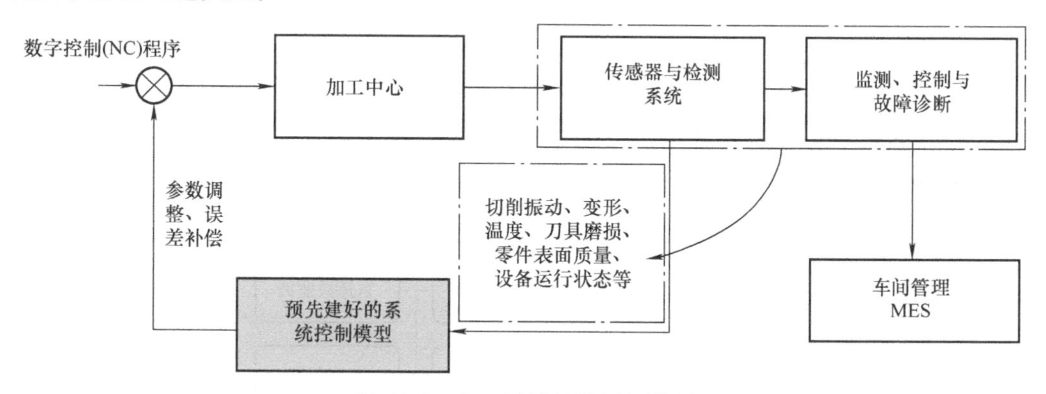

图 12-1　加工过程的监测与控制

第二节　智能监测技术

制造过程中的状态监测主要是为了保障自动化加工设备的安全和加工质量，实现高效低成本加工，将来自制造系统的多传感器在空间或时间上的冗余或互补信息通过一定的准则进行组合，挖掘更深层次、有效的状态信息，最终实现对制造过程的一些关键参数进行有效的测量和评估。

制造过程中的监测技术研究起源于 20 世纪 50 年代，随着计算机技术的应用，尤其是智能技术的出现，更是为监测技术的研究提供了许多理论方法，同时，也推动了传感器技术、模式识别技术、信号处理技术和智能技术的发展。

传统的监测技术利用传感器将被测量转换为易于观测的信息（通常为电信号），通过显示装置给出待测量的量化信息。其特点是被测量与测试系统的输出有确定的函数关系，一般为单值对应，信息的转换和处理多采用硬件，传感器对环境变化引起的参量变化适应性不强，多参量、多维等新型测量要求不易满足。智能监测主要包含测量、检验、信息处理、判断决策和故障诊断等多种内容，是模仿人类智能，将计算机技术、信息技术和人工智能等相结合而发展的监测技术，具有测量过程软件化，测量速度快、精度高、灵活性高、智能化、功能强等特点，含智能反馈和控制子系统，能实现多参数检测和数据融合。

一、加工监测的主要方面

制造加工过程中的监测是实现生产自动化的重要基础，对提高加工质量、保证加工设备安全可靠运行具有重要意义。加工监测包含的主要方面如图 12-2 所示。具体到刀具磨损监测，其实际上是一个模式识别过程。一个刀具监测系统由研究对象（具体某类型加工过程）、传感器信号采集、信号处理、特征提取及选择、模式识别等模块组成，如图 12-3 所示。

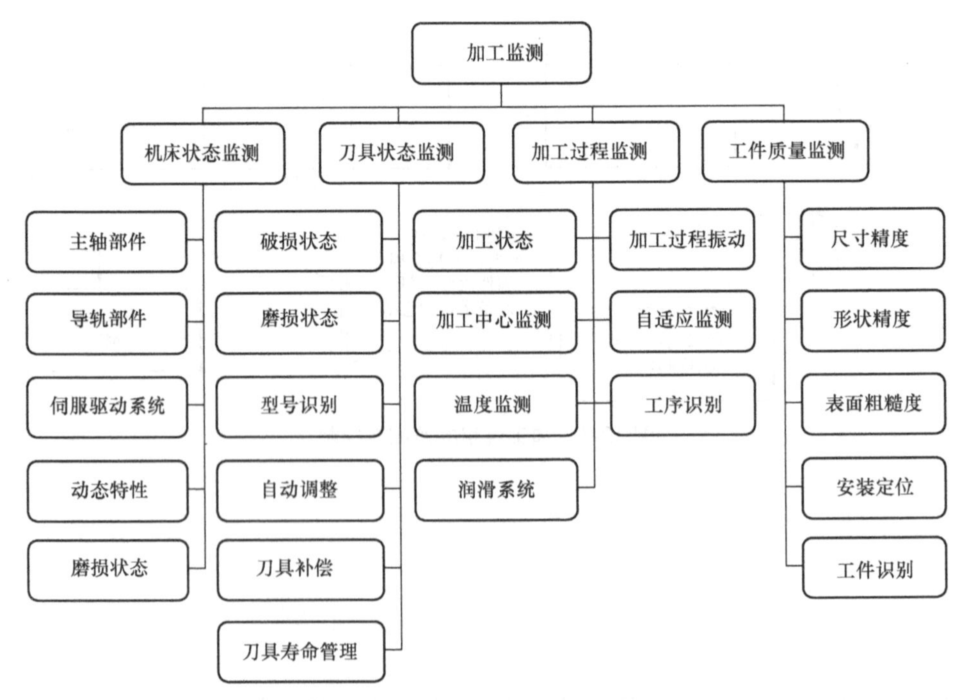

图 12-2 加工监测包含的主要方面

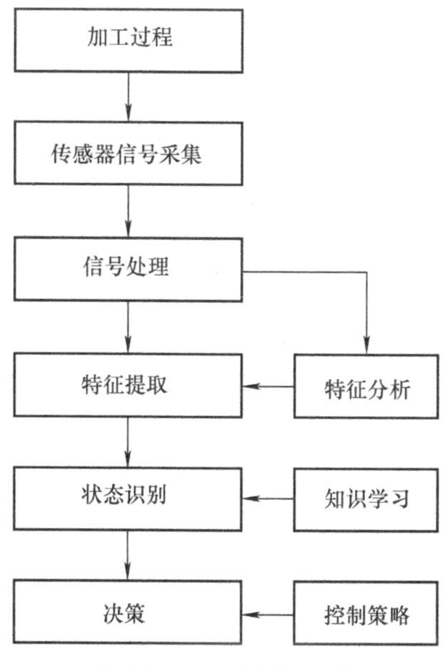

图 12-3　刀具监测系统

监测系统的传感器模块包括传感器的选择与安装、信号的预处理（放大、滤波等）和信号采集；信号处理模块通过时域、频域或者时频域信号分析技术对传感器信号进行处理，分析出与刀具磨损密切相关的特征；特征提取和选择模块包括信号特征的计算，利用合适的数学方法选择能够反映刀具状态变化的敏感特征；模式识别模块主要通过建立信号特征和刀具磨损之间的数学模型，实现对刀具状态的分类或刀具磨损量的精确计算。

多传感器融合在信息的可靠性、多维性、冗余性以及容错能力等方面表现出明显优势。刀具监测系统多采用并联式融合机构，在融合方法上多采用模糊模式识别、聚类分析、人工神经网络等方法。特征融合在刀具磨损监测技术中应用最为广泛，其实质是把特征分类为有意义的组合模式识别过程，比如采用神经网络进行特征融合。决策融合属于最高层次的融合，其输出是联合决策结果，能够有效反映对象各个侧面的不同类型信息。

二、智能监测系统

1. 智能监测系统的组成

制造过程状态监测时许多信号无法确定其系统模型，此时采用传统的建模方法无法获得准确的结果，必须引入人工智能技术，采用黑箱处理方法，即忽略复杂的过程分析，仅对系统的输入和输出进行观测，建立其等价模型。为提高加工状态监测的准确性、可靠性、灵敏度和实时性，无论是传感器技术、信号处理方法，还是决策手段，都必须向着智能化方向发展，使监测系统具有信息集成、自校正、自学习、自决策、自适应以及自诊断等功能。

智能监测系统有被测信息流与内部控制信息流两个信息流，其工作原理如图 12-4 所示。智能监测系统的结构由硬件和软件两大部分组成。智能监测系统的硬件包括主机（计算机、工控机）和分机（以单片机为核心，带有标准接口的仪器），如图 12-5 所示。分机根据主机命令，实现传感器测量采样、初级数据处理以及数据传送，主机负责系统的工作协调，输出对分机的命令，对分机传送的测量数据进行分析处理，输出智能监测系统的测量、控制和故障检测结果，供显示、打印、绘图和通信使用。智能监测系统的软件包括应用软件和系统软件，如图 12-6 所示。应用软件与被测对象直接有关，贯穿整个测试过程，由智能监测系统研究人员根据系统的功能和技术要求编写，它包括测试程序、控制程序、数据处理程序、系统界面生成程序等。系统软件是计算机实现其运行的软件，软件是实现、完善和提高智能检测系统功能的重要手段。软件设计人员应充分考虑应用软件在编制、修改、调试、运行和升级方面的方便，为智能监测系统的后续升级、换代设计做好准备。近年来发展较快的虚拟仪器技术为智能检测系统的软件化设计提供了诸多方便。

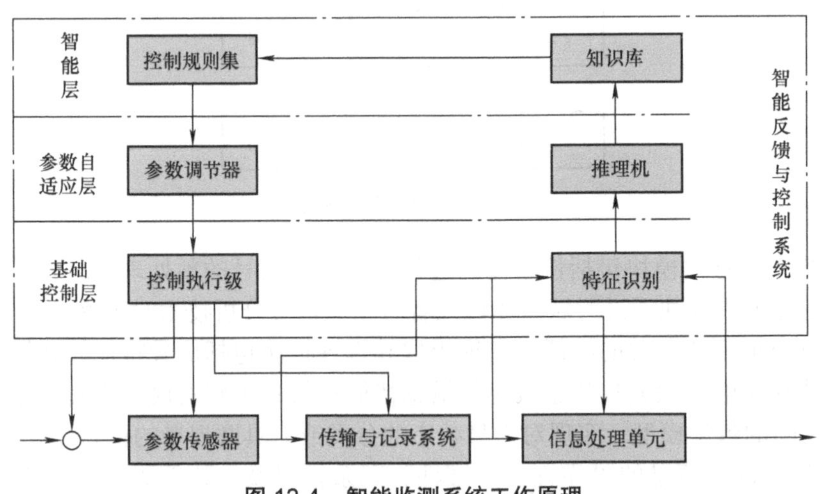

图 12-4 智能监测系统工作原理

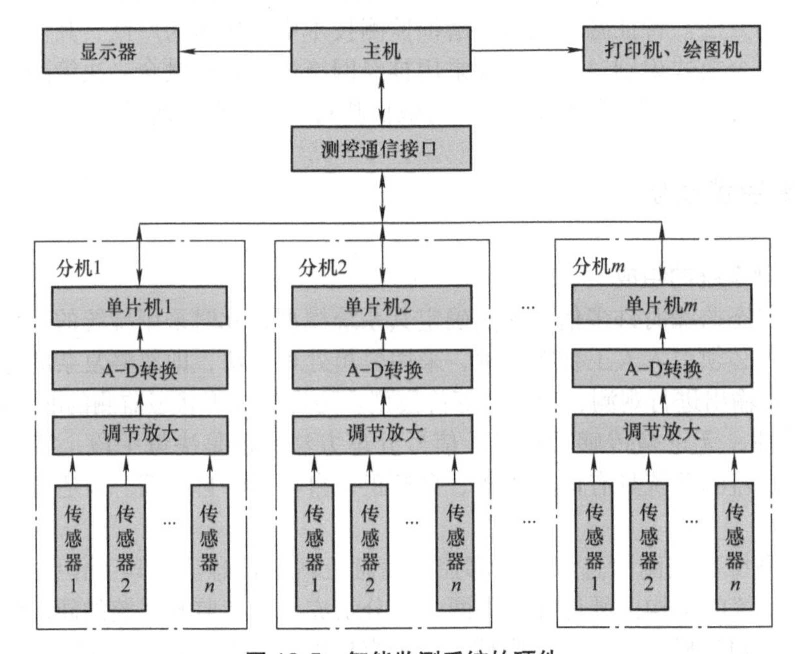

图 12-5 智能监测系统的硬件

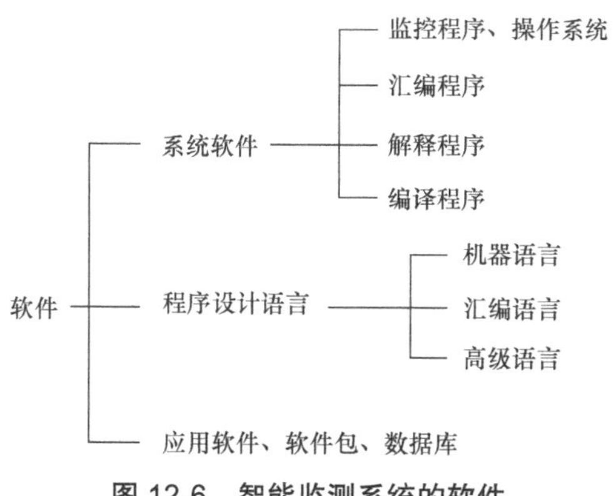

图 12-6　智能监测系统的软件

2. 智能监测系统的分类

智能监测系统的分类，目前没有统一的标准，可以根据被测对象分类，也可以根据智能监测系统所采用的标准接口总线分类。

（1）按被测对象分类　按被测对象的不同，可将智能监测系统分为在线实时智能监测系统和离线智能监测系统。在线实时智能监测系统主要用于生产与试验现场，比如粮食烘干系统的水分监测控制，热力参数运行的测量控制，病人的医疗诊断，武器的性能测试等；离线智能监测系统主要用来对非运行状态的对象进行监测，比如集成电路参数检测，仪器产品质量检验，地形勘探系统等。

（2）按采用的标准接口总线分类　根据所采用的标准接口总线系统的不同，智能监测系统可以分为计算机通用总线系统、IEC-625 系统、CSMAC 系统、HP-IL 系统、RS232C 系统、CAN 系统、I2C 系统等。随着新的接口与总线系统的诞生，必将有新类型的智能监测系统问世。

近年来，人工智能技术发展迅速，将相关技术引入加工监测中，增强其自学习、自适应的能力，提高加工状态监测的可靠性和适应性，这也为状态监测系统的研究提供了新的可能与取得突破的契机。可用于监测应用的人工智能技术主要包括人工神经网络、专家系统、模糊逻辑模式识别等，同时遗传算法、群组处理技术等也有应用。

三、智能监测技术的发展

1）加工过程监测更适合于精密加工和自适应控制的要求。

2）由单一信号的监测向多传感器、多信号的监测发展，充分利用多传感器的功能来消除外界干扰，避免漏报、误报情况。

3）智能技术与加工过程监测结合更加紧密；充分利用智能技术的优点，突出监测的智能性和柔性；提高监测系统的可靠性和实用性。

4）微型化、智能化、多功能化和网络化将是智能仪器的主要发展方向，研制具有数据采集、存储、分析、处理、控制、推理、决策、传输和管理等多项功能于一体的智能仪器，研制体积小、功耗低、功能强，能够嵌入生产设备、智能生产线，便于灵活配置，具有操作自动化、自测试、自学习、自诊断、数据自处理和自发送等功能的智能仪器，完全实现监测过程的智能化，并积极推进在数字化生产线改造、智能单元及智能车间的应用。

第三节　智能控制技术

智能控制是能够在复杂变化的环境下根据不完整和不确定的信息，模拟人的思维方式，使复杂系统自主达到高层综合目标的控制方法。它是一种将智能理论应用于控制领域的模型描述、系统分析、控制设计与实现的控制方法，是一种具有智能行为与特征的控制方法。

智能控制的思想出现于20世纪60年代，比如自学习和自适应方法被开发出来，用于解决控制系统的随机特性问题和模型未知问题。早期的智能控制系统采用比较初级的智能方法，比如模式识别和学习方法等，而且发展速度十分缓慢。1975年，英国的马丹尼成功地将模糊逻辑与模糊关系应用于工业控制系统，提出了能处理模糊不确定性、模拟人的操作经验的模糊控制方法。20世纪80年代，基于人工智能（AI）的规则表示推理技术（尤其是专家系统）、基于规则的专家控制系统得到迅速发展。随着20世纪80年代中期人工神经网络研究的再度兴起，控制领域研究者们提出并迅速发展了充分利用人工神经网络良好的非线性逼近特性、自学习特性和容错特性的神经网络控制方法。

近十年来随着智能控制方法和技术的发展，智能控制迅速走向各种专业领域，应用于各类复杂被控对象的控制问题，比如工业过程控制系统、机器人系统、现代生产制造系统和交通控制系统等。

一、智能控制系统

智能控制系统根据所承担的任务、被控对象与控制系统结构的复杂性以及智能的作用，可以分为直接智能控制系统、监督学习智能控制系统、递阶智能控制系统和多智能体控制系统等四种主要形式。

1. 直接智能控制系统

在直接智能控制系统中，智能控制器通过对系统的输出或状态变量的监测反馈，基于智能理论和智能控制方法求解相应的控制律／控制量，向系统提供控制信号，并直接对被控对象产生作用，如图12-7所示。

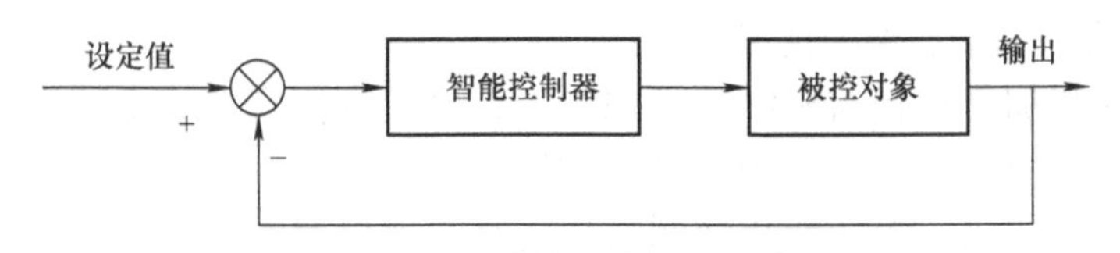

图12-7　直接智能控制系统

直接智能控制系统的智能控制器可采用不同的智能监测方法，形成各式智能控制器及智能控制系统，比如模糊控制器、专家控制器、神经网络控制器和仿人智能控制器等。这些不同的直接智能控制方法，主要从不同的侧面、不同的角度模拟人的各种智能属性，比如人认识及语言表达上的模糊性、专家的经验推理与逻辑推理、大脑神经网络的感知与决策等。这些智能控制方法可以针对实际控制问题，独立承担任务，也可以由几种方法和机制结合在一起集成混合控制，比如在模糊控制、专家控制中融入学习控制、神经网络控制的系统结构与策略来完成任务。

2. 监督学习智能控制系统

监督学习智能控制系统是对直接控制器具有监督和自适应功能的系统。监督学习智能控制系统中，直接控制器或监督学习环节是基于智能理论和方法设计与实现的控制系统，即为监督学习智能控制系统，也称为间接智能控制系统，主要适用于复杂的被控系统和环境，即具有多工况、多工作点、动力学特性变化、环境变化和故障多等复杂因素。

根据智能理论的作用层级，监督学习智能控制系统可分为常规控制器的监督学习智能控制系统和智能控制器的监督学习智能控制系统。

常规控制器的监督学习智能控制系统的监督学习级为基于智能理论与方法，承担监控、自适应与自学习，或故障诊断与控制系统重构任务的智能控制器，比如模糊 PID 控制等，如图 12-8 所示。智能控制器的监督学习智能控制系统的监督学习级可以为基于常规优化与控制方法的监控与自学习、自适应系统，也可以为智能系统，比如自适应模糊控制、模糊神经网络控制，如图 12-9 所示。

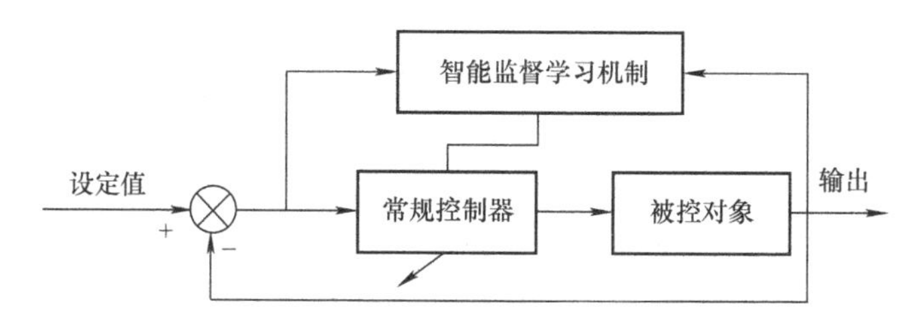

图 12-8 常规控制器的监督学习智能控制系统

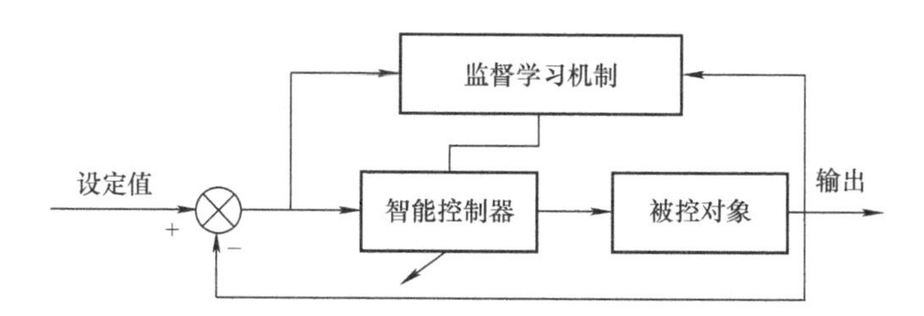

图 12-9 智能控制器的监督学习智能控制系统

3. 递阶智能控制系统

递阶智能控制是在自适应控制和自组织控制等监督学习控制系统的基础上，由萨里迪斯提出的智能控制理论。递阶智能控制系统主要由三个智能控制级组成，按智能控制的高低分为组织级、协调级、执行级，并且这三级遵循“伴随智能递降、精确性递增”原则，如图 12-10 所示。递阶智能控制系统的三级控制结构，非常适合于以智能机器人系统、工业生产系统、智能交通系统为代表的大型、复杂被控对象系统的综合自动化与控制，能实现工业生产系统的组织管理、计划调度、分解与协调、生产过程监控以及工艺与设备控制的管、监、控一体的综合自动化。

图 12-10 中，f_E 为自执行级至协调级的在线反馈；f_C 为自协调级至组织级的离线反馈信号；C 为定性的用户输入指令集（任务命令），在许多情况下它为自然语言；U 为经解释器解释用户指令后的任务指令集。系统的输出是通过一组控制被控对象的驱动装置的指令来实现的。一旦收到用户指令，系统就基于用户指令、被控系统的结构和机理、对系统及其环境的感知信息开始运行。感知系统与环境的传感器提供工作空间环境和每个子系统状况的监控信息，对于机器人系统，子系统状况主要有位置、速度和加速度等。智能控制系统融合这些信息，并做出最佳决策。

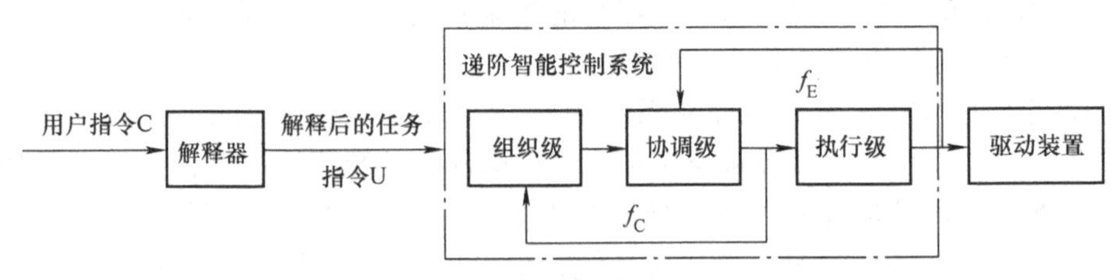

图 12-10 递阶智能控制系统

（1）组织级 组织级代表系统的主导思想，并通过人 - 机接口和用户进行交互，理解并解析用户的命令，输出达到目标的动作规划，执行最高决策的控制功能，监测并指导协调级和执行级的所有行为，其智能程度最高。由于组织级需要很好地理解并解释用户的任务，其动作规划的解空间大，因此主要由 AI 起控制作用。组织级的主体为规划与决策的专家系统，处理高层信息用于机器推理、机器规划、机器决策，如图 12-11 所示。

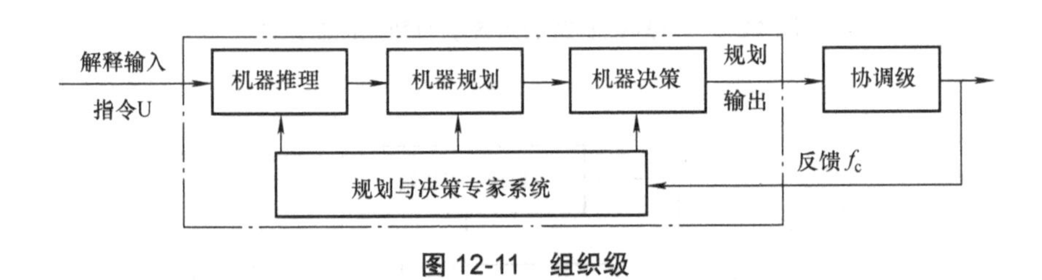

图 12-11 组织级

（2）协调级 协调级是上（组织级）下（执行级）级间的接口，主要进行任务分解与协调，它由 AI 和运筹学共同起作用。协调级由协调与调度优化的专家系统和多个协调器组成，如图 12-12 所示。每个协调器根据各子系统的各种因素的特定关系执行协调，比如多机械手、足的运动协调、力的协调、视觉协调等。协调与调度优化的专家系统处理整个系统的调度与协调的优化。

（3）执行级 执行级是智能控制系统的最低层级，直接控制与驱动硬件设备完成指定的动作。由于底层设备的动力学复杂程度低、刚度好，由传统控制方法辅之直接智能控制方法可以实现对相关过程和装置的直接控制，因此执行级的控制具有很高的精度，但其智能程度较低。

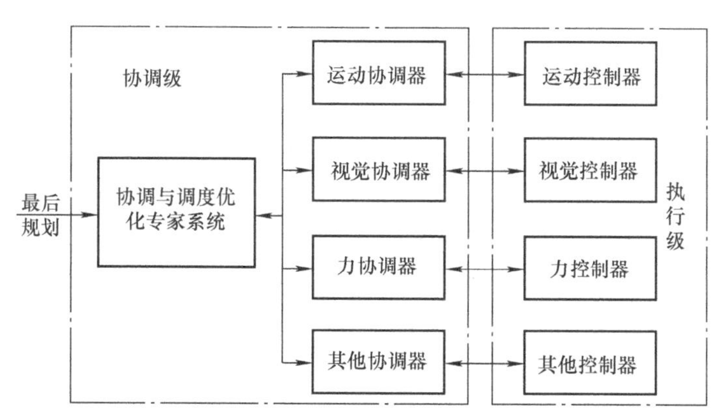

图 12-12　协调级和执行级

4. 多智能体控制系统

智能体是指可以独立通过其传感器感知环境，并通过其自身努力改变环境的智能系统，比如生物个体、智能机器人、智能控制器等。多智能体系统是具有相互合作、协调与协商等作用的多个不同智能体组成的系统。比如多机器人系统，是由多个不同目的、不同任务的智能机器人所组成的，它们共同合作，完成复杂任务。目前，在工业控制领域广泛采用的集散控制系统由分散的、具有一定自主性的单个控制系统，通过一定的共享、通信、协调机制共同实现系统的整体控制与优化，是典型的多智能体系统。

与传统的采用多层和集中结构的智能控制系统结构相比，采用多智能体技术建立的分布式控制结构的系统有着明显的优点，比如模块化好、知识库分散、容错性强、冗余度高、集成能力强和可扩展性强等。因此，采用多智能体系统的体系结构及技术正在成为多机器人系统、多机系统发展的必然趋势。

二、智能控制的应用

1. 智能机器人规划与控制

机器人在获得一个指定的任务之后，首先根据对环境的感知，做出满足该任务要求的运动规划；然后，由控制来执行规划，该控制足以使机器人适当地完成所期望的运动。目前，该领域已从单机器人的规划与控制发展到多机器人的规划、协调与控制。

2. 生产过程的智能控制

工业领域许多连续生产线，比如化工、轧钢、材料加工和造纸等，其生产过程需要监测和控制，以保证高性能和高可靠性。对于基于严格数学模型的传统控制方法无法应对的某些复杂被控对象，目前已成功地应用了有效的智能控制策略，如炼铁高炉的人工神经网络（ANN）模型及优化控制、旋转水泥窑的模糊控制、加热炉的模糊 PID 控制与仿人智能控制、智能 pH 值过程控制、工业锅炉递阶智能控制等。工业锅炉递阶智能控制如图 12-13 所示，其控制模式包括专家控制、多模式控制和自校正 PID 控制。

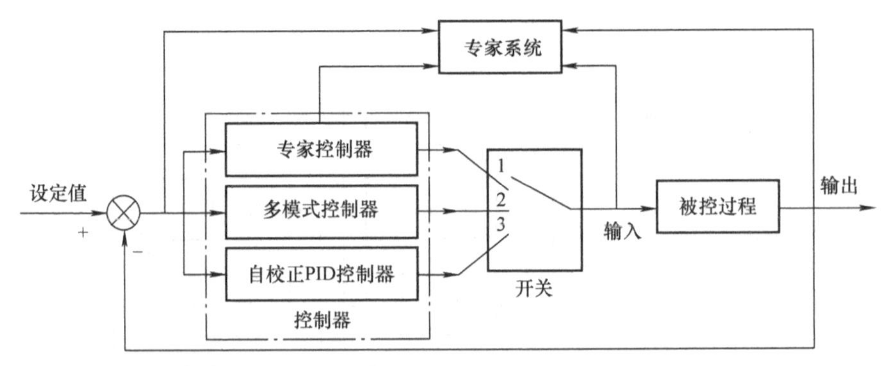

图 12-13　工业锅炉递阶智能控制

3. 制造系统的智能控制

在多品种、小批量的生产过程中，制造过程、制造工艺与工序及调度变得极为复杂，其解空间也非常大。此外，制造系统为离散事件动态系统，其系统进程多以加工事件开始或完成来记录，并采用符号逻辑操作和变迁来描述。因此，模型的复杂性、环境的不确定性以及系统软硬件的复杂性，需要设计和实现有效的集成控制系统。

智能控制能很好地结合传统控制方法与符号逻辑为基础的离散事件动态系统的控制问题，进行制造系统的管、监、控的综合自动化。基于递阶智能控制的思想提出的制造系统的智能控制如图 12-14 所示。

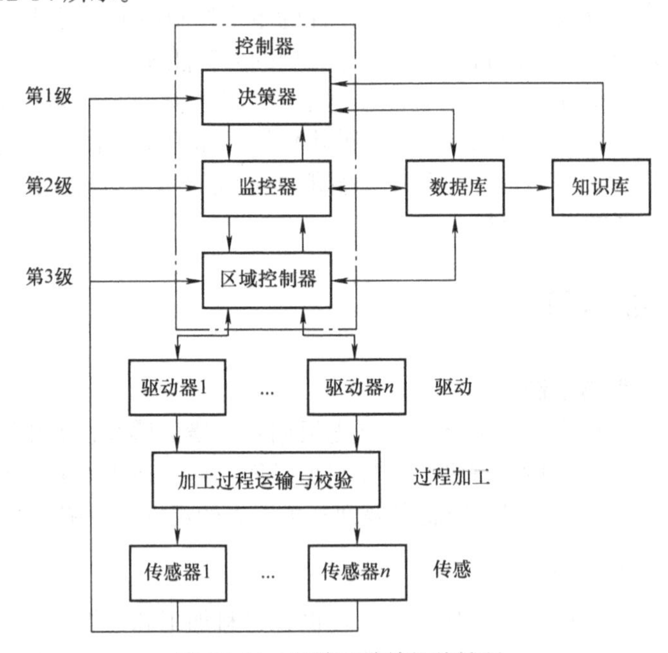

图 12-14　制造系统的智能控制

4. 智能交通系统与无人驾驶

智能交通系统是把卫星技术、信息技术、通信技术、控制技术和计算机技术结合在一起的运输（交通）自动引导、调度和控制系统。它包括机场、车站客流疏导系统，城市交通智能调度系统，高速公路智能调度系统，运营车辆调度管理系统，机动车自动控制系统等。智能交通系统通过人、车、路的和谐、密切配合，提高交通运输效率，缓解交通阻塞，提高路网通过能力，减少交通事故，降低能源消耗，减轻环境污染。目前，智能控制已被应用于交通工程与载运工具的驾驶，高速公路、铁路与航空运输的管理监控，城市交通信号控制，飞机、轮船与汽车的自动驾驶等。

5. 智能仪器

随着微电子技术、计算机技术、AI 技术和计算机通信技术的迅速发展，自动化仪器正朝着智能化、系统化、模块化和机电一体化的方向发展，计算机或微处理机在仪器中广泛应用，已成为仪器的核心组成部件之一，能够实现信息的记忆、判断、处理和执行，以及测控过程的操作、监测和诊断，被称为智能仪器。

智能仪器具有多功能、高性能、自动操作、对外接口、“硬件软化”、自动测试与自动诊断等功能，比如一种由连接器、用户接口、比较器和专家系统组成的系统，与心电图测试仪一起构成的心电图分析咨询系统，就已获得成功应用。

生产实习思考题

1. 实例简述制造加工过程中监测的主要方面。
2. 何谓智能监测？智能监测的主要理论有哪些？
3. 论述在生产实习现场所了解的智能监测系统。
4. 简述智能控制系统的主要形式及其应用的领域。
5. 智能控制的主要理论有哪些？
6. 论述在生产实习现场所了解的智能控制系统。

第十三章　智能制造装备

第一节　概　　述

随着新一代信息通信技术的快速发展及与先进制造技术的不断深度融合，全球兴起了以智能制造为代表的新一轮产业变革，以数字化、网络化、智能化为核心特征的智能制造模式正成为产业发展和变革的主要趋势，引发了新一轮制造业革命，并重构全球制造业竞争新格局，已成为世界各国抢占新一轮制造业竞争制高点的主攻方向。

制造装备是装备制造业的基础，作为为国民经济发展和国防建设提供技术装备的基础产业，是各行业产业升级、技术进步的重要保障，是国家综合实力和技术水平的集中体现。发展高端制造装备对带动制造业结构优化升级、提升制造业核心竞争力具有重要的战略意义。智能制造装备是加快发展高端装备制造业的有力工具，其作用不仅体现在对航空航天、轨道交通、海洋工程等高端装备的支撑上，也体现在对其他制造装备通过配备传感与智能控制系统、机器人等技术实现产业的提升。因此，智能制造装备是传统产业升级改造，实现生产过程智能化、自动化、精密化、绿色化的基本工具，是培育和发展战略性新兴产业的重要支撑，是未来先进制造技术发展的必然趋势。

智能制造装备是具有自感知、自学习、自决策、自执行和自适应等功能的制造装备，是制造装备的核心和前沿。它将传感器及智能诊断和决策软件集成到装备中，使制造工艺适应制造环境和制造过程的变化达到优化。智能制造装备是先进制造技术、信息技术和智能技术在装备上的集成和融合，体现了先进性和智能性两大特征，体现了制造业的智能化、数字化和网络化的发展要求。因此，智能制造装备产业的水平已经成为当今衡量一个国家工业化水平的重要标志。

智能制造装备的主要技术特征如下。

1）对装备运行状态和环境进行实时感知、处理和分析。

2）根据装备运行状态变化，自主实时规划、控制和决策；装备本身具备工艺优化的智能化、知识化功能，采用软件和网络工具实现制造工艺的智能设计和实时规划。

3）对故障进行自诊断、自修复。

4）对自身性能劣化进行主动分析和维护。

5）参与网络集成和网络协同。

第二节 高档数控机床

机床作为当前机械加工产业的主要设备，其技术发展已经成为制造业的发展标志。数控机床和基础制造装备是装备制造业的工作母机，一个国家的机床行业技术水平和质量是衡量其装备制造业发展水平的重要标志。

机床经历了三个阶段的发展。第一阶段是电气化，19 世纪 30 年代电动机的发明使加工装备实现了驱动的电气化；第二阶段是数字化，20 世纪中叶实现了计算机技术和加工装备良好结合的数控机床和装备，通过数控程序可以实现机床的自动化操作和加工，但编程人员难以应付切削数据库、机床刀具特性及千变万化的工件材料、结构和加工过程失去稳定带来的加工精度和效率等问题，导致目前很多数控机床的能力发挥仅在设计性能的 10% 左右；第三阶段是智能化，针对目前数控机床存在的技术问题，最近几年陆续出现了智能机床，它在数控机床的基础上集成了若干智能控制软件和模块，实现了工艺的自动优化，装备的加工质量和效率显著提升。

信息技术的发展及其与传统机床的融合，使机床朝着数字化、集成化和智能化的方向发展。数字化制造装备、数字化生产线、数字化工厂的应用空间将越来越大，采用智能技术来实现多信息融合下的重构优化的智能决策、过程适应控制、误差补偿智能控制、复杂曲面加工运动轨迹优化控制、故障自诊断和智能维护以及信息集成等功能，将大大提升成形和加工精度，提高制造效率。

一、高档数控机床

高档数控机床是指具有高速、精密、智能、复合、多轴联动和网络通信等功能的数字化数控机床系统，国际上甚至把五轴联动数控机床等高档机床技术作为一个国家工业化的重要标志。

高档数控机床是在传统数控机床的基础上，集多种高端技术于一体，应用于复杂的曲面和自动化加工，在航空航天、船舶、机械制造、高精密仪器、军工、医疗器械产业等领域有着非常重要的核心作用。

1. 数控技术的发展

目前，数控技术正在发生根本性变革，由专用型封闭式开环控制模式向通用型开放式实时动态全闭环控制模式发展。在集成化的基础上，数控系统实现了超薄型、超小型化；在智能化的基础上，综合了计算机、多媒体、模糊控制、神经网络等多学科技术，使数控系统实现了高速、高精与高效控制，加工过程中可以自动修正、调节与补偿各项参数，实现了在线诊断和智能化故障处理；在网络化的基础上，CAD/CAM 与数控系统集成为一体，机床联网，实现了中央集中控制的群控加工。

目前，数控技术的发展趋势主要为以下几个方面。

（1）性能发展方面

1）高速、高精与高效化。采用了高速中央处理器（CPU）芯片、精简指令集（RISC）芯片、多 CPU 控制系统以及带有高分辨率绝对式检测元件的交流数字伺服系统，同时采取改善机床动态、静态特性等有效措施，大大提高机床的加工速度、精度与效率。

2）柔性化。数控系统采用模块化设计，功能覆盖面大，可裁剪性强，便于满足不同用户的需求，能提升数控系统本身的柔性；同一群控系统能依据不同生产流程的要求，使物料流和信息流自动进行动态调整，最大限度地发挥群控系统的效能，提升群控系统的柔性。

3）工艺复合性和多轴化。以减少工序、辅助时间为主要目标的复合加工，正朝着多轴、多系列控制功能方向发展，通过自动换刀、旋转主轴头或转台等各种措施，完成多工序、多表面的复合加工。

4）实时智能化。数控系统中配备编程专家系统、故障诊断专家系统、参数自动设定和刀具自动管理及补偿等自适应调节系统，在高速加工时的综合运动控制中引入提前预测和预算功能、动态前反馈功能，在压力、温度、位置、速度控制等方面采用模糊控制，使数控系统的控制性能大大提高，达到最佳控制的目的。

（2）功能发展方面

1）用户界面图形化。通过窗口和菜单进行操作，实现蓝图编程和快速编程、三维彩色立体动态图形显示、图形模拟、图形动态跟踪和仿真、不同方向的视图和局部显示比例缩放功能。

2）科学计算可视化。可用于高效处理数据和解释数据，使信息交流不再局限于用文字和语言表达，而可以直接使用图形、图像、动画等可视信息，这对缩短产品设计周期、提高产品质量、降低产品成本具有重要意义。在数控技术领域，可视化技术可用于CAD/CAM，比如自动编程设计、参数自动设定、刀具补偿和刀具管理数据的动态处理和显示，以及加工过程的可视化仿真演示等。

3）插补和补偿方式多样化。多种插补方式，比如直线插补、圆弧插补、圆柱插补、空间椭圆曲面插补、螺纹插补、极坐标插补、非均匀有理B样条（NURBS）插补、样条插补（A、B、C样条）、多项式插补等；多种补偿功能，比如间隙补偿、垂直度补偿、象限误差补偿、螺距和测量系统误差补偿、与速度相关的前反馈补偿、温度补偿、带平滑接近和退出以及相反点计算的刀具半径补偿等。

4）内装高性能可编程序控制器（PLC）。数控系统内装高性能PLC控制模块，可直接用梯形图或高级语言编程，具有直观的在线调试和在线帮助功能。编程工具中包含用于车床、铣床的标准PLC用户程序实例，用户可在标准PLC用户程序基础上进行编辑修改，从而方便地建立自己的应用程序。

5）多媒体技术应用化。应用多媒体技术可以做到信息处理综合化、智能化，在实时监控系统和生产现场设备的故障诊断、生产过程参数监测等方面发挥重大的应用价值。

（3）体系结构的发展方面

1）集成化。采用高度集成化CPU、RICS芯片和大规模可编程集成电路，比如现场可编程逻辑门阵列（FPGA）、可擦除可编程逻辑器件（EPLD）、复杂可编程逻辑器件（CPLD）以及专用集成电路（ASIC）芯片，可提高数控系统的集成度和软硬件运行速度，应用平板显示技术，可提高显示器（FPD）性能，应用先进封装和互联技术，将半导体和表面安装技术融为一体，通过提高集成电路密度、减少互联长度和数量来降低产品价格，改进性能，减小组件尺寸，提高系统的可靠性。

2）模块化。硬件模块化实现数控系统的集成化和标准化，根据不同的功能需求，将基本模块，比如 CPU、存储器、位置伺服、PLC、输入输出接口、通信等模块，做成标准的系列化产品，通过模块方式进行功能裁剪和模块数量的增减，构成不同档次的数控系统。

3）网络化。机床联网可进行远程控制和无人化操作，通过机床联网，可在任意一台机床上对其他机床进行编程、设定、操作、运行，不同机床的画面可同时显示在每一台机床的屏幕上。

4）通用型开放式闭环控制模式。采用通用计算机组成总线式、模块化、开放式、嵌入式体系结构，便于裁剪、扩展和升级，可组成不同档次、不同类型、不同集成程度的数控系统。同时，将计算机实时智能技术、网络技术、多媒体技术、CAD/ CAM、伺服控制、自适应控制、动态数据管理及动态刀具补偿、动态仿真等高新技术融于一体，构成严密的制造过程闭环控制体系，实现集成化、智能化、网络化。

2. 高档数控机床的发展

美国、德国和日本是目前在数控机床的科研、设计、制造和应用上，技术先进、经验丰富的国家。美国的哈斯自动化公司是全球最大的数控机床制造商之一，致力于打造精确度更高、重复性更好、经久耐用，而且价格合理的机床产品。德国数控机床在传统设计制造技术和先进工艺基础上，不断采用先进电子信息技术，自行创新开发，其主机配套件，机、电、液、气、光、刀具、测量、数控系统等各种功能部件在质量、性能上居世界前列，比如德国瓦德里希科堡公司的大型龙门加工中心至今代表世界最高水平。日本也大力发展数控机床，学习德国的机床部件配套，学习美国的数控技术和数控系统的开发研究，取得了很大成效，比如马扎克数控机床。

经过持久研发和创新，美国、德国和日本等国已基本掌握了数控系统的领先技术，目前，在数控技术研究应用领域主要有以发那科（FANUC）、西门子（SIEMENS）为代表的专业数控系统厂商，和以马扎克（MAZAK）、德玛吉（DMG）为代表自主开发数控系统的大型机床制造商。

目前，数控机床及系统的发展日新月异，作为智能制造领域的重要装备，除实现数控机床的智能化、网络化、柔性化外，高速化、高精度化、复合化、开放化、并联驱动化、绿色化等也已成为高档数控机床未来重点发展的技术方向。

二、智能机床

20 世纪 90 年代起提出的智能机床，目前还没有一致认可的定义，一般认为智能机床应具备感知功能、决策功能、控制功能和通信功能等基本功能。

美国国家标准技术研究所下属的制造工程实验室的定义较具代表性，认为智能机床应具有如下功能。

（1）能够感知其自身的状态和加工能力并进行自我标定　这些信息将以标准协议的形式存储在不同的数据库中，以便机床内部的信息流动、更新和供操作者查询，这主要用于预测机床在不同的状态下所能达到的加工精度。

（2）能够监视和优化自身的加工行为　它能够发现误差并补偿误差（自校准、自诊断、自修复和自调整），使机床在最佳加工状态下完成加工。同时，它所具有的智能组件能够预测出即将出现的故障，以提示机床需要维护和进行远程诊断。

（3）能够对所加工工件的质量进行评估　它可以根据在加工过程中获得的数据或在线测量的数据估计出最终产品的精度。

（4）具有自学习的能力　它能够根据加工中和加工后获得的数据（比如从测量机上获得的数据）更新机床的应用模型。

日本在自动化领域的研究一向比较超前和领先，在智能加工、智能机床方面也不例外。其中,MAZAK对智能机床的定义是：机床能对自己进行监控，可自行分析众多与机床、加工状态、环境有关的信息及其他因素，然后自行采取应对措施保证最优化的加工。换句话说，智能机床应可以发出信息和自行进行思考，达到自行适应柔性和高效生产系统的要求。

瑞士米克朗公司首次推出智能机床的概念，即智能机床是通过各种功能模块（软件和硬件）来实现的。首先，必须通过这些模块建立人与机床互动的通信系统，将大量的加工相关信息提供给操作人员；其次，必须向操作人员提供多种工具使其能优化加工过程，显著改善加工效能；第三，必须能检查机床状态并能独立地优化铣削工艺，提高工艺可靠性和工件加工质量。智能机床模块有高级工艺控制模块、操作者辅助模块、主轴保护模块、智能热控制模块、移动通信模块和工艺链管理模块。

智能机床的出现，为未来装备制造业实现生产自动化创造了条件。智能机床通过自动抑制振动、减少热变形、防止干涉、自动调节润滑油量、减少噪声等，可提高加工精度和加工效率。对于进一步发展机床制造系统来说，单个机床自动化水平提高后，可以大大减少人在管理机床方面的工作量。

智能机床使人能有更多的精力和时间来解决机床以外的复杂问题，进一步发展智能机床和智能系统。数控系统的开发创新，对于机床智能化起到了极其重大的作用。它能够收容大量信息，对各种信息进行储存、分析、处理、判断、调节、优化和控制。智能机床还具有其他重要功能，比如工夹具数据库，对话型编程，刀具路径检验，工序加工时间分析，开工时间状况解析，实际加工负荷监视，加工导航、调节、优化，以及适应控制。

第三节　工业机器人

工业机器人是面向工业领域的多关节机械手或多自由度的机器装置。它能自动执行工作，是靠自身动力和控制能力来实现各种功能的一种机器。它可以接受人类指挥，也可以按照预先编排的程序运行，现代工业机器人还可以根据人工智能技术制定的原则纲领行动。

一、工业机器人

1. 工业机器人的组成

工业机器人一般由执行系统、控制系统、驱动系统和检测装置等组成，如图 13-1 所示。

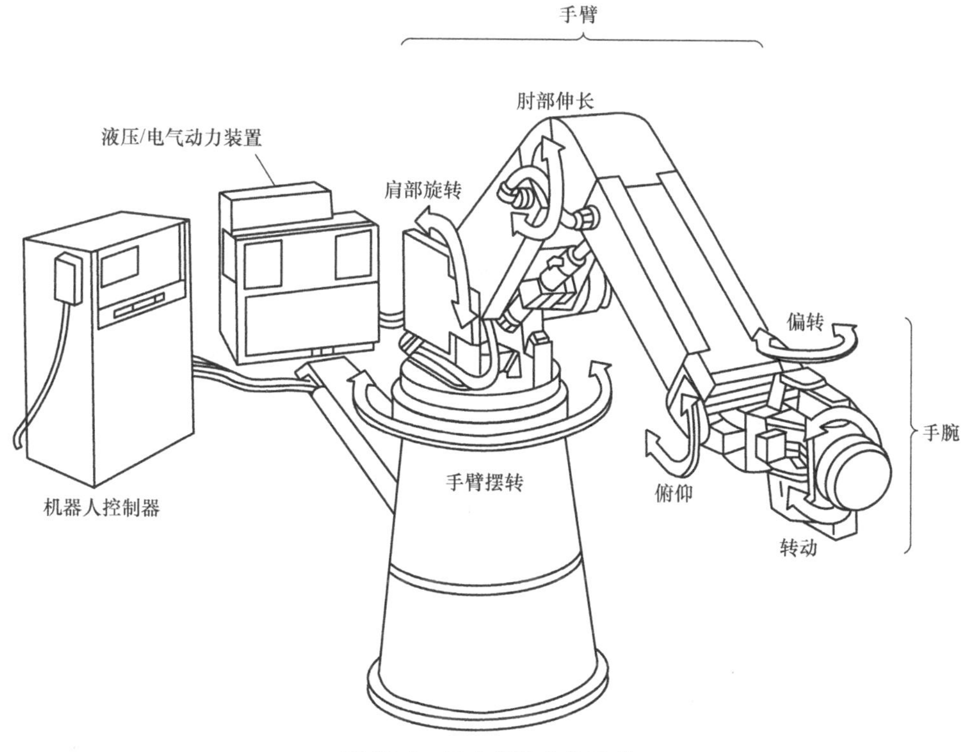

图 13-1　工业机器人的组成

（1）执行系统　执行系统是一种具有与人手相似的动作功能，可在空间抓放物体或执行其他操作的机械装置，通常包括末端执行器、手臂、手腕和机座。

1）末端执行器。末端执行器（或称手部）是机器人直接执行工作的装置，安装在其手腕或手臂的机械接口上，根据用途可分为机械夹紧、真空抽吸、液压夹紧、磁力吸附、专用工具和多指灵巧手等。图 13-2 所示为多指灵巧手。

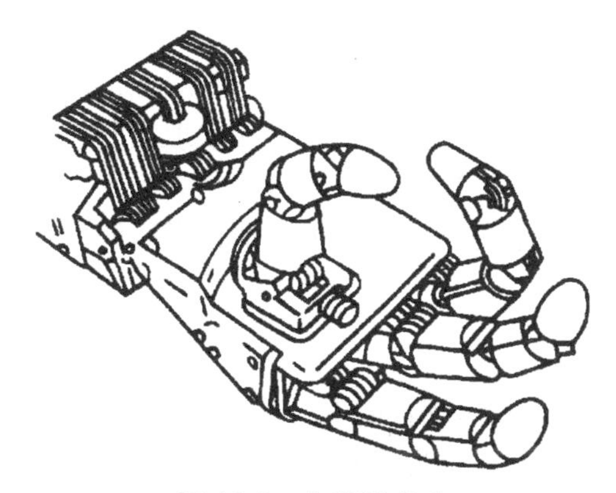

图 13-2　多指灵巧手

2）手腕。手腕是连接手臂与末端执行器的部件，用以调整或改变末端执行器的方位和姿态。

3）手臂。手臂是支撑手腕和末端执行器的部件。它由动力关节和连杆组成，用来改变末端执行器的空间位置。

4）机座。机座是工业机器人的基础部件，并承受相应的载荷。机座分为固定式和移动式两类。

（2）控制系统　控制系统用来控制工业机器人按规定要求动作，并记忆给予的指令信息（作业顺序、运动路径、运动速度等）。其可分为开环控制系统和闭环控制系统。

大多数工业机器人采用计算机控制，分为决策级、策略级和执行级三级。决策级用于识别环境、建立模型，将作业任务分解为基本动作序列；策略级用于将基本动作变为关节坐标协调变化的规律，分配给各关节的伺服系统；执行级用于给出各关节伺服系统的具体指令。

（3）驱动系统　驱动系统按照控制系统发出的控制指令进行放大处理，驱动执行系统的传动装置。其常用的有电气、液压、气动和机械等四种方式。

（4）检测装置　检测装置是通过配置的传感器（位置、力、触觉和视觉等）检测机器人的运动位置和工作状态，并及时反馈给控制系统，以便执行系统按给定的要求和指定的精度作业。

2. 工业机器人的特点

（1）可编程　生产自动化的进一步发展是柔性自动化。工业机器人可随其工作环境变化的需要进行再编程，因此它在小批量多品种具有均衡高效率的柔性制造过程中能发挥很好的功用，是柔性制造系统的重要组成部分。

（2）拟人化　工业机器人的机械结构有类似人的行走、腰转、大臂、小臂、手腕、手爪等部分。此外，智能化工业机器人还有许多类似人类的“生物传感器”，比如皮肤型接触传感器、力传感器、负载传感器、视觉传感器和声觉传感器等。传感器提高了工业机器人对周围环境的自适应能力。

（3）通用性　除了专用工业机器人外，一般工业机器人在执行不同的作业任务时具有较好的通用性。比如，更换工业机器人手部末端操作器（手爪、工具等）便可执行不同的作业任务。

（4）机电一体化　第三代智能机器人不仅具有获取外部环境信息的各种传感器，而且还具有记忆能力、语言理解能力、图像识别能力和推理判断能力等人工智能，这些都是微电子技术的应用，特别是与计算机技术的应用密切相关。因此，机器人技术的发展必将带动其他技术的发展。机器人技术的发展和应用水平也可以验证一个国家科学技术和工业技术的发展水平。

3. 工业机器人的类型

工业机器人大多数有 3 ~ 6 个运动自由度，其中腕部通常有 1 ~ 3 个运动自由度。

工业机器人按臂部的运动形式分为四种，如图 13-3 所示。直角坐标型的臂部可沿 3 个直角坐标轴移动，这种机器人位置精度最高，控制无耦合、简单，避障性好，但结构较庞大，动作范围小，灵活性差，如图 13-3a 所示；圆柱坐标型的臂部可做升降、回转和伸缩动作，这种机器人位置精度较高，控制简单，避障性好，但结构较庞大，如图 13-3b 所示；球坐标型的臂部能回转、俯仰和伸缩，这种机器人占地面积小，结构紧凑，位置精度尚可，但避障性差，有平衡问题，如图 13-3c 所示；关节坐标型的臂部有多个转动关节，这种机器人工作范围大，动作灵活，避障性好，但位置精度较低，有平衡问题，控制耦合比较复杂，目前应用越来越多，如图 13-3d 所示。

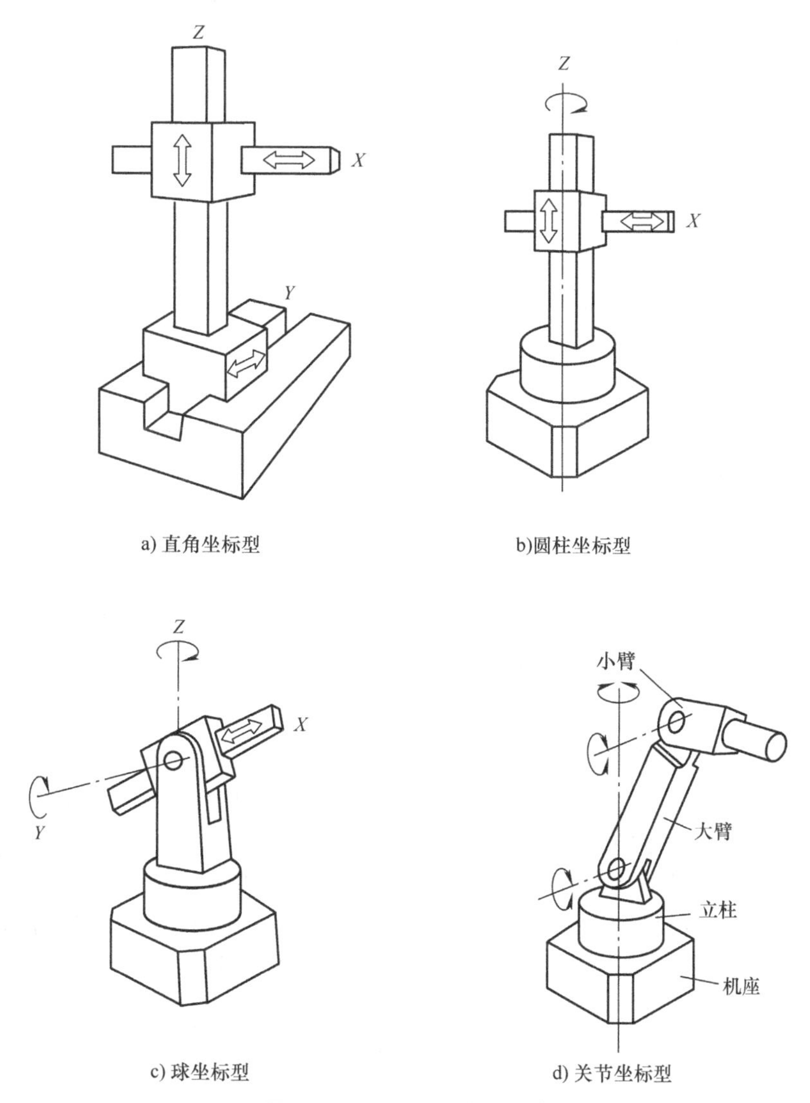

图 13-3 工业机器人的分类

工业机器人按执行机构运动的控制功能，可分为点位型和连续轨迹型。点位型只控制执行机构由一点到另一点的准确定位，适用于机床上下料、点焊和一般搬运、装卸等作业；连续轨迹型可控制执行机构按给定轨迹运动，适用于连续焊接和涂装等作业。

工业机器人按程序输入方式分为编程输入型和示教输入型两类。编程输入型是将计算机上已编好的作业程序文件，通过 RS232 串口或者以太网等通信方式传送到机器人控制柜。

示教输入型的示教方法有两种：一是由操作者用手动控制器（示教操纵盒），将指令信号传给驱动系统，使执行机构按要求的动作顺序和运动轨迹操演一遍；二是由操作者直接领动执行机构，按要求的动作顺序和运动轨迹操演一遍。在示教的同时，工作程序的信息即自动存入程序存储器中。当机器人自动工作时，控制系统从程序存储器中检出相应信息，将指令信号传给驱动机构，使执行机构再现示教的各种动作。示教输入程序的工业机器人称为示教再现型工业机器人。

具有触觉、力觉或简单视觉的工业机器人，能在较为复杂的环境下工作，如果具有识别功能或更进一步增加自适应、自学习功能，即成为智能型工业机器人。它能按照人给的“宏指令”自选或自编程序去适应环境，并自动完成更为复杂的工作。

4. 工业机器人的发展方向

目前，工业机器人技术正朝着具有行走能力、多种感知能力、较强的对作业环境的自适应能力的方向发展，并呈现了如下特征。

1）提高工作速度和运动精度，减少自身重量和占地面积。

2）加快机器人部件的标准化和模块化，将各种功能（回转、伸缩、俯仰和摆动等）机械模块、控制模块、检测模块组合成结构和用途不同的机器人。

3）采用新型结构（微动机构、多关节手臂、类人手指和新型行走机构等）以适应各种作业需要。

4）研制各种传感检测装置（视觉、触觉、听觉和测距传感器等）来获取有关工作对象和外部环境的信息，使其具有模式识别的能力。

5）利用人工智能的推理和决策技术，使机器人具有问题求解、动作规划等功能。

工业机器人的发展具体体现在以下几个方面：

1）技术先进。工业机器人集精密化、柔性化、智能化和软件应用开发等先进制造技术于一体，通过对过程实施检测、控制、优化、调度、管理和决策，实现增加产量、提高质量、降低成本、减少资源消耗和环境污染，是工业自动化水平的最高体现。

2）技术升级。工业机器人与自动化成套装备具备精细制造、精细加工以及柔性生产等技术特点，是继动力机械、计算机之后，出现的全面延伸人的体力和智力的新一代生产工具，是实现生产数字化、自动化、网络化以及智能化的重要手段。

3）应用领域广泛。工业机器人与自动化成套装备是生产过程的关键设备，可用于制造、安装、检测和物流等生产环节，并广泛应用于汽车整车及汽车零部件、工程机械、轨道交通、低压电器、电力、集成电路（IC）装备、军工、烟草、金融、医药、冶金及印刷出版等众多行业，应用领域非常广泛。

4）技术综合性强。工业机器人与自动化成套技术，集中并融合了多项学科，涉及多项技术领域，包括工业机器人控制技术、机器人动力学及仿真、机器人构建有限元分析、激光加工技术、模块化程序设计、智能测量、建模加工一体化、工厂自动化以及精细物流等先进制造技术，技术综合性强。

随着虚拟现实技术、人工神经网络技术、遗传算法、仿生技术、多传感器集成技术及纳米技术的崛起，智能工业机器人将成为未来的技术制高点和经济增长点。智能化技术可以提高机器人的工作能力和使用性能。智能化技术的发展将推动机器人技术的进步，并且会将机器人产品拓展到更多行业，形成完备的系统，未来智能化水平将标志着机器人的水平。

二、工业机器人的生产应用

工业机器人最初的应用场景主要是对人体有危险或者有危害的操作环境，比如加热炉中的零件取放，有毒材料的处理以及在核能、海洋和太空探索等方面。

工业机器人能替代越来越昂贵的劳动力，同时能提升工作效率和产品品质。富士康机器人可以承接生产线精密零件的组装任务，更可替代人工在喷涂、焊接、装配等不良工作环境中工作，并可与数控超精密机床等工作母机结合模具加工生产，提高生产效率，替代部分非技术工人。

工业机器人可以降低废品率和产品成本，提高机床的利用率，降低工人误操作带来的零件质量问题等，同时也有一系列的效益，比如减少人工用量，减少机床损耗，加快技术创新速度，提高企业竞争力等。工业机器人具有执行各种任务，特别是高危任务的能力，平均故障间隔期达 60000h 以上，比传统的自动化工艺更加先进。

目前，工业机器人已越来越多地应用于机械制造、汽车工业、金属加工、电子工业、塑料成型等行业，比如零件的搬运和装卸，喷漆，点焊和弧焊，装配，飞机机翼上钻孔，去毛刺和抛光等机械加工操作，检验，激光切割，擦玻璃，高压线作业，服装裁剪，制衣，管道作业等。

1. 移动机器人（AGV）

移动机器人（AGV）是工业机器人的一种类型，它由计算机控制，具有移动、自动导航、多传感器控制、网络交互等功能，可广泛应用于机械、电子、纺织、卷烟、医疗、食品和造纸等行业的柔性搬运、传输等功能；也可用于自动化立体仓库、柔性加工系统、柔性装配系统（以 AGV 作为活动装配平台）；同时，可在车站、机场、邮局的物品分拣中作为运输工具。

国际物流技术发展的新趋势之一，是用现代物流技术配合、支撑、改造和提升传统生产线，实现点对点自动存取的高架箱储、作业和搬运相结合，实现精细化、柔性化、信息化，缩短物流流程，降低物料损耗，减少占地面积，降低建设投资等的高新技术和装备，而移动机器人是其中的核心技术和设备。

2. 焊接机器人

焊接机器人是机器人的主要用途之一，其具有性能稳定、工作空间大、运动速度快和负荷能力强等特点，焊接质量明显优于人工焊接，大大提高了焊接作业的生产率。按焊接作业的不同分为点焊机器人和弧焊机器人。

（1）点焊机器人　传统的点焊机虽然可以减轻人的劳动强度，焊接质量也较好，但夹具和焊枪位置不能随零件的改变而变化。点焊机器人可通过重新编程来调整空间点位，也可通过示教形式获得新的空间点位，来满足不同零件的需要，特别适宜于小批量、多品种的生产环境。点焊机器人主要用于汽车整车的焊接工作，生产过程由各大汽车主机厂负责完成。国际工业机器人企业凭借与各大汽车企业的长期合作关系，向各大型汽车生产企业提供各类点焊机器人单元产品，并以焊接机器人与整车生产线配套形式进入中国，在该领域占据市场主导地位。

随着汽车工业的发展，焊接生产线要求焊钳一体化，重量越来越大，165kg 级点焊机器人是当前汽车焊接中最常用的一种机器人。2008 年 9 月，哈尔滨工业大学机器人研究所研制完成国内首台 165kg 级点焊机器人，并成功应用于奇瑞汽车焊接车间；2009 年 9 月，经过优化和性能提升的第二台点焊机器人完成并顺利通过验收，该点焊机器人整体技术指标已经达到国外同类机器人水平。

（2）弧焊机器人　弧焊机器人主要应用于各类汽车零部件的焊接生产。弧焊作业由于其焊缝多为空间曲线，采用连续轨迹控制的机器人可代替部分人工焊接。图 13-4 所示为一个典型的弧焊机器人。在该领域，国际大型工业机器人生产企业主要以向成套装备供应商提供单元产品为主。

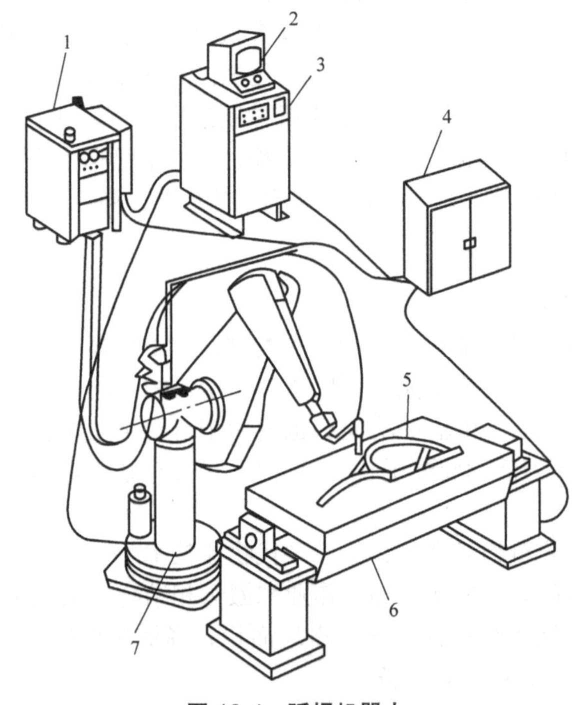

图 13-4　弧焊机器人

1—焊接电源　2—显示器　3—机器人控制装置　4—夹具控制装置　5—工件　6—焊接夹具　7—机器人

弧焊机器人的关键技术包括以下几点：

1）弧焊机器人系统优化集成技术。弧焊机器人采用交流伺服驱动技术以及高精度、高刚性的 RV 减速器和谐波减速器，具有良好的低速稳定性和高速动态响应，并可实现免维护功能。

2）协调控制技术。控制多机器人及变位机协调运动，既能保持焊枪和工件的相对姿态以满足焊接工艺的要求，又能避免焊枪和工件的碰撞。

3）精确焊缝轨迹跟踪技术。结合激光传感器和视觉传感器离线工作方式的优点，采用激光传感器实现焊接过程中的焊缝跟踪，提升焊接机器人对复杂工件进行焊接的柔性和适应性，结合视觉传感器离线观察获得焊缝跟踪的残余偏差，基于偏差统计获得补偿数据并进行机器人运动轨迹的修正，在各种工况下都能获得最佳的焊接质量。

3. 装配机器人

装配机器人可以实现对复杂产品的自动装配。目前，装配机器人的定位精度已达到 0.01 ~ 0.05mm。采用具有触觉反馈的柔性手腕的装配机器人，可装配间隙为 0.01mm、深度达 30mm 的轴和孔，即使轴心位置仅几毫米的偏差，也能进行自动补偿，准确装入零件，作业时间可控制在 4s 之内。图 13-5 所示为采用装配机器人装配小型电动机轴承与端盖。装配机器人动作顺序为：抓住滑槽上供给的端盖；把端盖移到装配线上；解除机械联锁，使顺序性机构起作用；靠触觉动作，探索插入方向，使端盖下降；配合作业完成后，解除顺序性机构作用，恢复机械联锁；移动到滑槽上，重复以上动作。

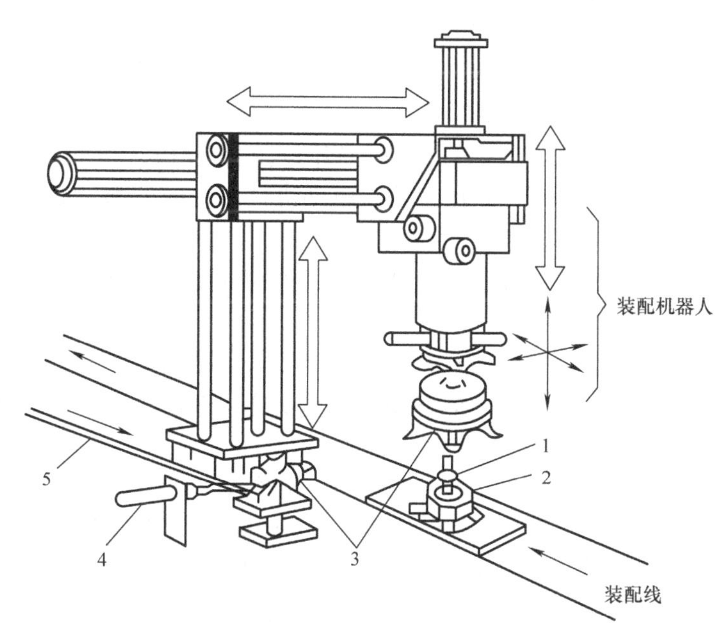

图 13-5　装配机器人装配小型电动机轴承与端盖

1—滚珠轴承　2—定子　3—端盖　4—定位液压缸　5—滑槽

4. 激光加工机器人

激光加工机器人是将机器人技术应用于激光加工中，通过高精度工业机器人实现更加柔性的激光加工作业。该系统通过示教盒进行在线操作，也可通过离线方式进行编程。该系统通过对加工工件的自动检测，产生加工件的模型，继而生成加工曲线，也可以利用 CAD 数据直接加工，可用于工件的表面处理、打孔、焊接和模具修复等。

激光加工机器人的关键技术包括以下几点：

（1）激光加工机器人结构优化设计技术　采用大范围框架式本体结构，在增大作业范围的同时，保证机器人精度。

（2）机器人系统的误差补偿技术　针对一体化加工机器人工作空间大、精度高等要求，并结合其结构特点，采取非模型方法与基于模型方法相结合的混合机器人补偿方法，完成了几何参数误差和非几何参数误差的补偿。

（3）高精度机器人检测技术　将三坐标测量技术和机器人技术相结合，实现了机器人高精度在线测量。

（4）激光加工机器人专用语言实现技术　根据激光加工及机器人作业特点，完成激光加工机器人专用语言。

（5）网络通信和离线编程技术　具有串口、CAN等网络通信功能，实现对机器人生产线的监控和管理，并实现上位机对机器人的离线编程控制。

5. 真空机器人

真空机器人是一种在真空环境下工作的机器人，主要应用于半导体工业中，实现晶圆在真空腔室内的传输。直驱型真空机器人技术属于原始创新技术。

真空机器人的关键技术包括以下几点：

（1）真空机器人新构型设计技术　通过结构分析和优化设计，避开国际专利，设计新构型满足真空机器人对刚度和伸缩比的要求。

（2）大间隙真空直驱电动机技术　涉及大间隙真空直驱电动机和高洁净直驱电动机，开展电动机理论分析、结构设计、制作工艺、电动机材料表面处理、低速大转矩控制和小型多轴驱动器等方面。

（3）真空环境下的多轴精密轴系的设计　采用轴在轴中的设计方法，减小轴之间的不同心以及惯量不对称的问题。

（4）动态轨迹修正技术　通过传感器信息和机器人运动信息的融合，检测出晶圆与手指之间、基准位置之间的偏移，通过动态修正运动轨迹，保证机器人准确地将晶圆从真空腔室中的一个工位传送到另一个工位。

（5）符合半导体制程设备安全准则（SEMI）标准的真空机器人语言　根据真空机器人搬运要求、机器人作业特点及SEMI标准，完成真空机器人专用语言。

（6）可靠性系统工程技术　在IC制造中，设备故障会带来巨大的损失。根据半导体设备对平均无故障周期（MCBF）的高要求，对各个部件的可靠性进行测试、评价和控制，提高机械手各个部件的可靠性，从而保证机械手满足IC制造的高要求。

6. 洁净机器人

洁净机器人是一种在洁净环境中使用的工业机器人。随着生产技术水平不断提高，其对生产环境的要求也日益苛刻，很多现代工业产品生产都要求在洁净环境进行，洁净机器人是洁净环境下生产需要的关键设备。

洁净机器人的关键技术包括以下几点：

（1）洁净润滑技术　通过采用负压抑尘结构和非挥发性润滑脂，实现对环境无颗粒污染，满足洁净要求。

（2）高速平稳控制技术　通过轨迹优化和提高关节伺服性能，实现洁净搬运的平稳性。

（3）控制器的小型化技术　通过控制器小型化技术减小洁净机器人的占用空间，降低洁净室建造和运营成本。

（4）晶圆检测技术 使用光学传感器，能够通过机器人扫描，获得卡匣中晶圆有无缺片、倾斜等信息。

第四节 智能生产线

生产线是按对象原则组织起来，完成产品工艺过程的一种生产组织形式。随着产品制造精度、质量稳定性和生产柔性变化的要求不断提高，制造生产线正在向着自动化、数字化和智能化的方向发展。自动化生产线是通过机器代替人参与劳动过程来实现的；数字化生产线主要解决制造数据的精确表达和数字量传递，实现生产过程的精确控制和流程的可追溯；智能化生产线解决机器代替或辅助人类进行生产决策，实现生产过程的预测、自主控制和优化。

一、智能生产线

产品制造过程涉及物料、能源、软硬件设备和人员，以及相关的设计方法、加工工艺、生产调度、系统维护和管理规范等。生产线配备的工艺装备与生产的工艺要求相关，通常有加工设备、测量设备、仓储和物料运送设备，以及各种辅助设备和工具。自动化生产线需配备机床上下料装置、传送装置和储料装置以及相关控制系统。在人工智能技术的支持下，通过提升信息系统与物理制造过程的交互程度，形成智能化生产线系统，实现工艺和生产过程持续优化。信息实时采集和全面监控的柔性化可配置，是制造业未来发展趋势。

智能生产线将先进工艺技术、先进管理理念融合到生产过程，实现基于知识的工艺和生产过程全面优化，基于模型的产品全过程数字化制造以及基于信息流、物流集成的智能化生产管控，以提高车间 / 生产线运行效率，提升产品质量稳定性。

与传统生产线相比，智能生产线的特点主要体现在感知、互联和智能三个方面。感知是指对生产过程中涉及的产品、工具、设备和人员互联互通，实现数据的整合与交换；智能是指在大数据和人工智能的支持下，实现制造全流程的状态预知和优化。建设智能生产线需实现工艺的智能化设计、生产过程的智能化管理、物料的智能化储运、加工设备的智能化监控等。

智能生产线一般由三层架构组成，如图 13-6 所示。制造数据准备层主要是实现基于仿真优化和制造反馈的工艺设计和持续优化，主要针对制造过程的工艺、工装和检验等环节进行规划并形成制造执行指令；优化与执行层主要是实现生产线生产管控，包括排产优化、生产过程的集成控制、在线测量与质量管理以及物料的储运管理；网络与自动化层主要是实现生产线自动化和智能化设备的运行控制、互联互通以及制造信息的感知和采集；基础平台的核心是提供基础数据的一致性管理，各层级系统间数据集成及设备自动化集成；使能技术是指支撑智能生产线建设和智能化运行的基础技术；工业物联网技术是构建智能生产线网络化运行环境的关键，基于该技术构建的工业物联网实现产品、设备、工具的互联互通，并提供网络化的信息感知和采集，并进行实时监控；大数据技术用于对制造过程产生的海量制造数据的提取、归纳、分析，形成一套知识发现机制，指导制造工艺和生产过程的持续优化；智能分析技术基于工艺知识、管控规则分析，监控来自工艺、生产和设备层级的问题，进行预测、诊断和优化决策。实施智能生产线，需要解决生产线规划、工艺优化、生产线智能管控、装备智能化和生产线的智能维护保障等关键技术。

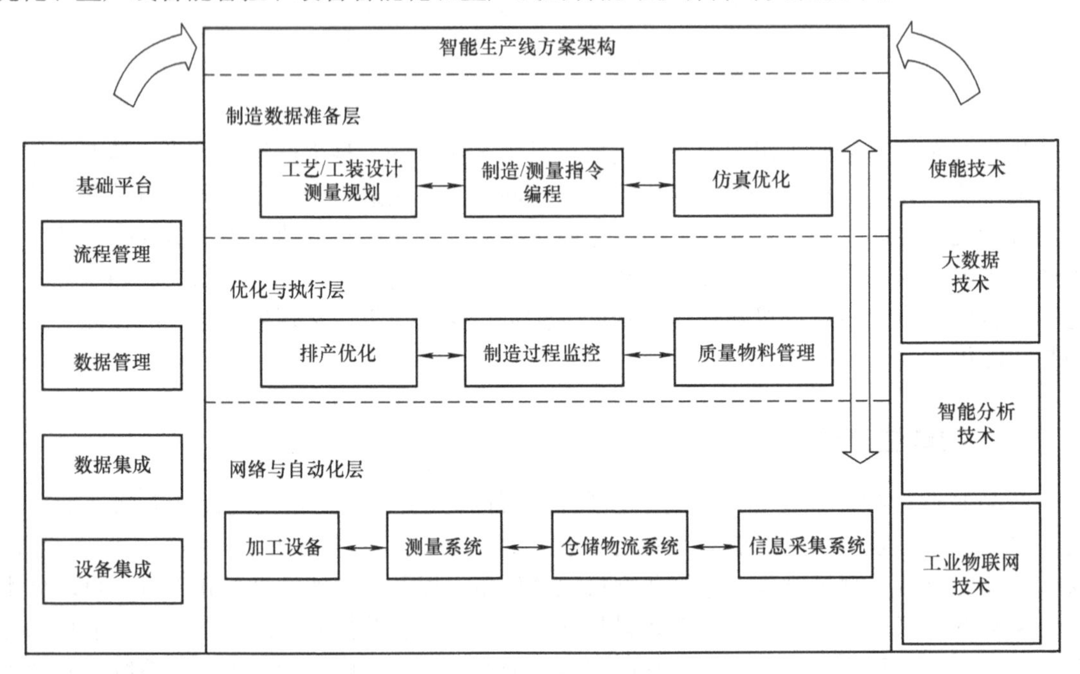

图 13-6　智能生产线

二、智能工厂

智能工厂将智能设备与信息技术在工厂层级完美融合，涵盖企业的生产、质量、物流等环节，主要解决工厂、车间、生产线以及产品的设计到制造的转换过程。智能工厂将设计规划从经验和手工方式转化为计算机辅助数字仿真与优化的精确可靠的规划设计：在管理层由 EPR 系统实现企业层面针对质量管理、生产绩效、依从性、产品总谱和生命周期管理等提供业务分析报告；在控制层由 MES 系统实现对生产状态的实时掌控，快速处理制造过程中物料短缺、设备故障、人员缺勤等各种异常情形；在执行层面由工业机器人、数控机床和其他智能制造装备系统完成自动化生产流程。数字化智能工厂能够减少试生产和工艺规划时间，缩短生产准备期，提高规划质量，优化生产线的配置，降低设备人员投入，实现制造过程智能化与绿色化。

智能工厂与传统的数字化工厂或自动化工厂相比，具备集成化的制造系统、主动化的服务系统、智能决策与管理系统、企业虚拟制造平台和智能制造车间等关键组成部分。

智能制造车间及生产线用于完成产品制造，其中智能制造单元制造装备提供实际的加工能力，各智能制造单元间的协作与管控由智能管控及驱动系统实现。智能制造车间如图 13-7 所示。

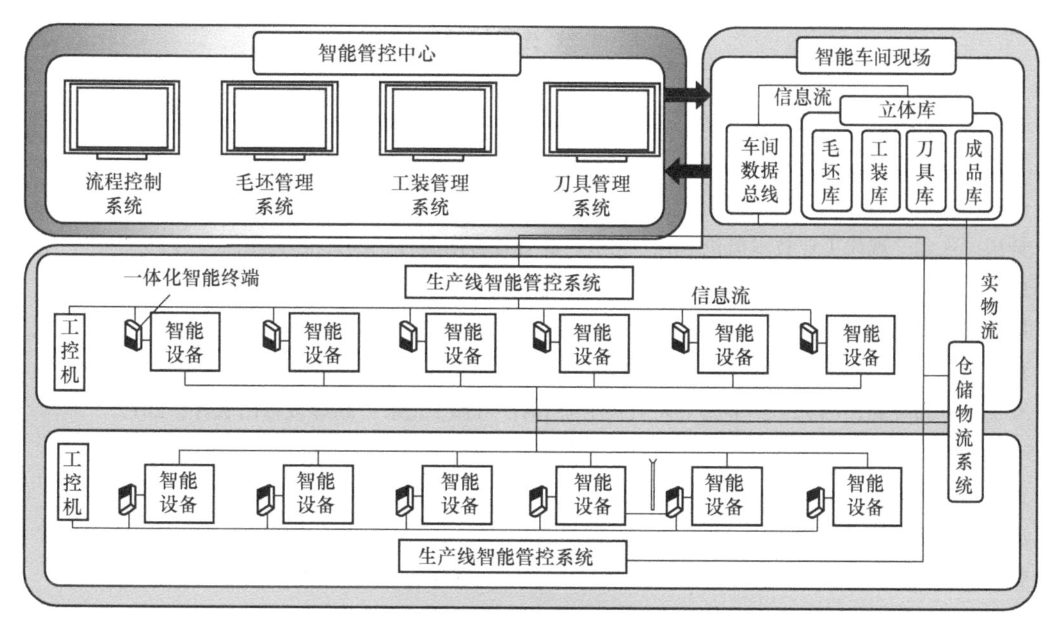

图 13-7 智能制造车间

生产实习思考题

1. 简述智能制造装备的主要技术特征。
2. 现代数控技术的发展趋势是什么？高档数控机床与传统数控机床的区别是什么？
3. 简述你在生产实习现场所了解的高档数控机床的应用情况。
4. 智能机床应具备的基本功能是什么？智能机床有哪些模块？
5. 工业机器人由哪几部分组成？比较它与数控机床组成的区别。
6. 工业机器人的类型有哪几类？各种类型的特点如何？
7. 工业机器人未来技术的发展方向是什么？
8. 简述你在生产实习现场所了解的工业机器人的应用情况。
9. 与传统生产线相比，智能生产线的主要特点是什么？
10. 简述目前智能工厂的主要组成部分。
11. 论述你在生产实习现场所了解的智能生产线。

参考文献

[1] 孙学强．机械制造基础 [M]．3 版．北京：机械工业出版社，2020.

[2] 宋昭祥，胡忠举．现代制造工程技术实践 [M]．4 版 . 北京：机械工业出版社，2019.

[3] 蔡安江，张丽，等．机械工程生产实习 [M]．北京：机械工业出版社，2004.

[4] 舒庆，张元．现代工业技术概论 [M]．北京：高等教育出版社，2012.

[5] 蔡安江，岳江，丁福志，等．工程训练 [M]．北京：电子工业出版社，2018.

[6] 周凯，刘成颖．现代制造系统 [M]．北京：清华大学出版社，2005.

[7] 蔡安江，于洋，牛秋林，等．机械制造技术基础 [M]．武汉：华中科技大学出版社，2019.

[8] 邓文英，郭晓鹏，邢忠文．金属工艺学：上册 [M]．6 版 . 北京：高等教育出版社，2017.

[9] 李魁盛，马顺龙，王怀林，等．典型铸件工艺设计实例 [M]．北京：机械工业出版社，2008.

[10] 关雄飞，李宏林．机械制造基础 [M]．北京：机械工业出版社，2019.

[11] 成虹．冲压工艺与模具设计 [M]．北京：机械工业出版社，2017.

[12] 蔡安江，张丽，王红岩，等．工业生产技术 [M]．北京：机械工业出版社，2010.

[13] 周骥平，林岗．机械制造自动化技术 [M]．4 版 . 北京：机械工业出版社，2019.

[14] 余英良．数控加工编程及操作 [M]．北京：高等教育出版社，2007.

[15] 宁汝新，赵汝嘉．CAD/CAM 技术 [M]．2 版 . 北京：机械工业出版社，2011.

[16] 孙康宁，张景德．工程材料与机械制造基础 [M]．3 版 . 北京：高等教育出版社，2019.

[17] 郑修本 . 机械制造工艺学 [M]．3 版．北京：机械工业出版社，2017.

[18] 肖继德，陈宁平 . 机械夹具设计 [M]．2 版．北京：机械工业出版社，2011.

[19] 陈云，杜齐明，董万福，等．现代金属切削刀具实用技术 [M]. 北京：化学工业出版社，2008.

[20] 毛世民 . 金属切削刀具 [M]．北京：机械工业出版社，2020.

[21] 李宗义，黄建明．先进制造技术 [M]．2 版 . 北京：机械工业出版社，2016.

[22] 严隽薇．现代集成制造系统概论——理念、方法、技术、设计与实施 [M]．北京：清华大学出版社，2004.

[23] 王爱玲．数控机床操作技术 [M]．2 版 . 北京：机械工业出版社，2013.

[24] 李玉青．特种加工技术 [M]．北京：机械工业出版社，2016.

[25] 王红军．生产过程信息技术 [M]．北京：机械工业出版社，2006.

[26] 武友德，彭雁，钟成明．模具数控加工技术 [M]．2 版 . 北京：机械工业出版社，2016.

[27] 许香穗，蔡建国 . 成组技术 [M]．2 版 . 北京：机械工业出版社，2003.

[28] 王立平．智能制造装备及系统 [M]．北京：清华大学出版社，2020.

[29] 刘敏，严隽薇．智能制造：理念、系统与建模方法 [M]．北京：清华大学出版社，2019.

[30] 邓朝晖，万林林，邓辉，等．智能制造技术基础 [M]．2 版 . 武汉：华中科技大学出版社，2021.

[31] 国家制造强国建设战略咨询委员会，中国工程院战略咨询中心．智能制造 [M]．北京：电子工业出版社，2016.

[32] 中国机械工程学会．中国机械工程技术路线图 [M]．2 版 . 北京：中国科学技术出版社，2016.

[33] 卢秉恒，林忠钦，张俊，等．智能制造装备产业培育与发展研究报告 [M]．北京：科学出版社，2015.

[34] 张策．机械工程简史 [M]．北京：清华大学出版社，2015.

[35] 王细洋．现代制造技术 [M]．2 版 . 北京：国防工业出版社，2017.

[36] 钱丹浩. 工业机器人技术基础 [M]. 北京：机械工业出版社，2020.
[37] 张明文. 工业机器人基础与应用 [M]. 北京：机械工业出版社，2018.
[38] 王万良. 人工智能及其应用 [M]. 4 版. 北京：高等教育出版社，2020.
[39] 李晓雪. 智能制造导论 [M]. 北京：机械工业出版社，2019.